普通高等教育"十一五"国家级规划教材
全国高职高专教育土建类专业教学指导委员会规划推荐教材

建筑工程项目管理（第二版）

（工程造价与建筑管理类专业适用）

项建国　编著

毛义华　马纯杰　主审

中国建筑工业出版社

图书在版编目（CIP）数据

建筑工程项目管理/项建国编著. —2版. —北京：中国建筑工业出版社，2008

普通高等教育"十一五"国家级规划教材. 全国高职高专教育土建类专业教学指导委员会规划推荐教材. （工程造价与建筑管理类专业适用）

ISBN 978-7-112-09826-2

Ⅰ.建… Ⅱ.项… Ⅲ.建筑工程—项目管理—高等学校：技术学校—教材 Ⅳ.TU71

中国版本图书馆CIP数据核字（2008）第045667号

普通高等教育"十一五"国家级规划教材
全国高职高专教育土建类专业教学指导委员会规划推荐教材

建筑工程项目管理
（第二版）
（工程造价与建筑管理类专业适用）

项建国 编著
毛义华 马纯杰 主审

*

中国建筑工业出版社出版、发行（北京西郊百万庄）
各地新华书店、建筑书店经销
北京红光制版公司制版
世界知识印刷厂印刷

*

开本：787×1092毫米 1/16 印张：18¾ 插页：1 字数：460千字
2008年7月第二版 2011年2月第十五次印刷
定价：**32.00**元
ISBN 978-7-112-09826-2
（16530）

版权所有 翻印必究
如有印装质量问题，可寄本社退换
（邮政编码 100037）

本课程是土建学科高等职业教育工程造价专业的主干课程之一，它引入了我国项目管理的最新成果、最新规范和最新技术，讲述如何对建筑工程项目实施全过程的科学有效的管理，是研究建筑工程项目管理与施工组织一般方法和规律的一门综合性学科。本书主要包括：绪论；建筑工程项目管理；建筑工程项目管理组织；建筑工程招标投标管理；建设工程合同；流水施工原理；网络计划技术；建筑工程施工组织；单位工程施工组织设计；劳动要素管理；建筑工程施工成本管理；建筑工程施工质量、安全和文明施工管理；建筑工程质量验收、备案和保修；建筑工程项目信息管理等内容。

　　本书在阐述基本理论和基本知识的同时，注重了方法的应用，注重了工程造价执业能力的培养，可作为高等职业教育工程造价专业及土木工程施工管理专业、建筑经济管理专业及相关专业的教材，也可供高等院校同类专业的师生和工程造价人员学习参考。

＊　　＊　　＊

责任编辑：张　晶　王　跃
责任设计：赵明霞
责任校对：王雪竹　关　健

教材编审委员会名单

主　任：吴　泽

副主任：陈锡宝　范文昭　张怡朋

秘　书：袁建新

委　员：(按姓氏笔画排序)

马纯杰　王武齐　田恒久　任　宏　刘　玲

刘德甫　汤万龙　杨太生　何　辉　宋岩丽

张　晶　张小平　张凌云　但　霞　迟晓明

陈东佐　项建国　秦永高　耿震岗　贾福根

高　远　蒋国秀　景星蓉

第 二 版 序 言

高职高专教育土建类专业教学指导委员会（以下简称教指委）是在原"高等学校土建学科教学指导委员会高等职业教育专业委员会"基础上重新组建的，在教育部、建设部的领导下承担对全国土建类高等职业教育进行"研究、咨询、指导、服务"的专家机构。

2004年以来教指委精心组织全国土建类高职院校的骨干教师编写了工程造价、建筑工程管理、建筑经济管理、房地产经营与估价、物业管理、城市管理与监察等专业的主干课程教材。这些教材较好地体现了高等职业教育"实用型""能力型"的特色，以其权威性、科学性、先进性、实践性等特点，受到了全国同行和读者的欢迎，被全国高职高专院校相关专业广泛采用。

上述教材中有《建筑经济》、《建筑工程预算》《建筑工程项目管理》等11本被评为普通高等教育"十一五"国家级规划教材，另外还有36本教材被评为普通高等教育土建学科专业"十一五"规划教材。

教材建设如何适应教学改革和课程建设发展的需要，一直是我们不断探索的课题。如何将教材编出具有工学结合特色，及时反映行业新规范、新方法、新工艺的内容，也是我们一贯追求的工作目标。我们相信，这套由中国建筑工业出版社陆续修订出版的、反映较新办学理念的规划教材，将会获得更加广泛的使用，进而在推动土建类高等职业教育培养模式和教学模式改革的进程中、在办好国家示范高职学院的工作中，做出应有的贡献。

高职高专教育土建类专业教学指导委员会

第 一 版 序 言

全国高职高专教育土建类专业教学指导委员会工程管理类专业指导分委员会（原名高等学校土建学科教学指导委员会高等职业教育专业委员会管理类专业指导小组）是建设部受教育部委托，由建设部聘任和管理的专家机构。其主要工作任务是，研究如何适应建设事业发展的需要设置高等职业教育专业，明确建设类高等职业教育人才的培养标准和规格，构建理论与实践紧密结合的教学内容体系，构筑"校企合作、产学结合"的人才培养模式，为我国建设事业的健康发展提供智力支持。

在建设部人事教育司和全国高职高专教育土建类专业教学指导委员会的领导下，2002年以来，全国高职高专教育土建类专业教学指导委员会工程管理类专业指导分委员会的工作取得了多项成果，编制了工程管理类高职高专教育指导性专业目录；在重点专业的专业定位、人才培养方案、教学内容体系、主干课程内容等方面取得了共识；制定了"工程造价"、"建筑工程管理"、"建筑经济管理"、"物业管理"等专业的教育标准、人才培养方案、主干课程教学大纲；制定了教材编审原则；启动了建设类高等职业教育建筑管理类专业人才培养模式的研究工作。

全国高职高专教育土建类专业教学指导委员会工程管理类专业指导分委员会指导的专业有工程造价、建筑工程管理、建筑经济管理、房地产经营与估价、物业管理及物业设施管理等6个专业。为了满足上述专业的教学需要，我们在调查研究的基础上制定了这些专业的教育标准和培养方案，根据培养方案认真组织了教学与实践经验较丰富的教授和专家编制了主干课程的教学大纲，然后根据教学大纲编审了本套教材。

本套教材是在高等职业教育有关改革精神指导下，以社会需求为导向，以培养实用为主、技能为本的应用型人才为出发点，根据目前各专业毕业生的岗位走向、生源状况等实际情况，由理论知识扎实、实践能力强的双师型教师和专家编写的。因此，本套教材体现了高等职业教育适应性、实用性强的特点，具有内容新、通俗易懂、紧密结合工程实践和工程管理实际、符合高职学生学习规律的特色。我们希望通过这套教材的使用，进一步提高教学质量，更好地为社会培养具有解决工作中实际问题的有用人材打下基础。也为今后推出更多更好的具有高职教育特色的教材探索一条新的路子，使我国的高职教育办的更加规范和有效。

全国高职高专教育土建类专业教学指导委员会
工程管理类专业指导分委员会

第二版前言

《建筑工程项目管理》为高职工程造价、建筑经济管理、工程管理等专业的主干课程，教材根据全国高等学校土建学科教学指导委员会高等职业教育委员会管理类指导小组制定的培养方案和本课程的教学大纲要求组织编写，第一版于2005年2月出版，2007年11月进行了修订。现为国家"十一五"规划教材，同时该课程也为浙江省精品课程，课程网站为www.zjjy.net/jp03，网站有课程信息、师资队伍、教学信息、实践教学、课程评价和在线答疑等栏目，欢迎广大读者对网站的建设和内容提出宝贵意见，我们将在最短时间内给以答复和改正。

本课程拟通过课堂教学和课内实践，使学生系统地了解、熟悉、掌握建筑工程项目管理的基本内容、基本程序和基本方法；掌握建筑工程项目从招标投标开始到竣工保修全过程中各阶段的管理实施方案；运用项目管理的经验，在高风险的建筑市场中在安全的前提下实现好、快、省地完成建筑工程施工任务的目的。把学生培养成懂管理、会算账、知行情、精技术、肯吃苦、善公关的现代管理人才。

本教材由浙江建设职业技术学院负责编写，项建国老师任主编并编写第一、五、六、八、九、十章；林滨滨老师编写第十一章；徐炜老师编写第三、四章；杨益老师编写第七章；杨琦老师编写第十二章；俞慧刚老师编写第二章；全书由浙江大学毛义华老师和浙江大学建设监理有限公司马纯杰老师主审。在本书的修改过程中得到青海大学宛士春教授大力帮助，在此表示衷心的感谢！

本书在编写的过程中，参考了大量文献资料。在此谨向它们的作者表示衷心的感谢。

由于编者水平有限，本教材难免存在不足之处，敬请老师和同学批评指正。

第 一 版 前 言

随着我国加入世贸组织，建筑行业逐步与国际接轨，各种与国际接轨的注册师应运而生。作为工程造价行业的专门人才，应该面对高风险的建筑市场，学习建筑工程项目管理，运用项目管理的经验，实现好、快、省、安全完成建筑工程施工任务的目的。

本课程将通过课堂讲授和大型作业，使学生系统地了解、熟悉、掌握建筑工程项目管理的基本内容、基本程序和基本方法，掌握建筑工程项目从招投标开始到竣工保修全过程中各阶段的管理实施方案。把学生培养成懂管理、会算账、知行情、懂技术、肯吃苦、善公关的现代管理人才。

本教材根据全国高等学校土建学科教学指导委员会高等职业教育委员会管理类指导小组制定的培养方案和本课程的教学大纲要求组织编写。本教材由浙江建设职业技术学院负责编写，项建国任主编，并编写第一、六、八、九、十、十一、十二章；林滨滨编写第二、三章；徐炜编写第四、五章；杨益编写第七章；杨琦编写第十三、十四章。全书由浙江大学马纯杰主审。

本书在编写过程中，参考了大量文献资料，在此谨向它们的作者表示衷心的感谢。

由于编者水平有限，本教材难免存在不足之处，敬请老师和同学批评指正。

目 录

第一章 绪论 ... 1
- 第一节 项目管理的产生与发展 ... 1
- 第二节 建筑工程项目管理的基本概念 ... 3
- 第三节 建设项目的建设程序 ... 5
- 第四节 建筑工程项目管理的基本内容 ... 10
- 第五节 建筑工程项目管理主体与分类 ... 12
- 第六节 工程项目的承包风险与管理 ... 16
- 思考题 ... 19

第二章 项目管理组织 ... 21
- 第一节 工程项目管理机构的组织 ... 21
- 第二节 建筑工程项目管理的组织机构 ... 24
- 第三节 工程项目经理部 ... 30
- 第四节 工程执业资格制度 ... 38
- 思考题 ... 42

第三章 建筑工程招标投标管理 ... 43
- 第一节 建筑工程招标 ... 43
- 第二节 建筑工程投标 ... 69
- 第三节 建筑工程施工招投标管理 ... 81
- 思考题 ... 82

第四章 建设工程合同 ... 84
- 第一节 合同法律法规概述 ... 84
- 第二节 建设工程合同的概念和分类 ... 86
- 第三节 施工合同的签订 ... 92
- 第四节 建设工程索赔 ... 96
- 第五节 建设工程施工合同管理 ... 103
- 思考题 ... 105

第五章 流水施工原理 ... 107
- 第一节 流水施工的基本概念 ... 107
- 第二节 流水施工的主要参数 ... 109
- 第三节 流水施工的分类及计算 ... 112
- 思考题与习题 ... 116

第六章 网络计划技术 ... 118
- 第一节 网络计划基本概念 ... 118

第二节 网络计划的绘制	122
第三节 网络计划时间参数的计算	128
第四节 网络计划的优化	138
思考题与习题	150

第七章 建筑工程施工组织 153
第一节 建筑工程施工组织概述	153
第二节 施工准备工作	156
第三节 施工组织总设计	162
思考题	165

第八章 单位工程施工组织设计 167
第一节 概述	167
第二节 工程概况和施工特点分析	168
第三节 施工方案	169
第四节 单位工程施工进度计划	182
第五节 单位工程施工平面图	190
第六节 某办公楼工程施工组织设计	195
思考题	208

第九章 建筑工程施工资源管理 209
第一节 施工机具管理	209
第二节 施工材料管理	213
第三节 施工人员管理	217
思考题	220

第十章 建筑工程项目施工成本管理 222
第一节 施工成本管理概述	222
第二节 建筑工程施工成本控制的步骤和方法	226
第三节 建筑工程施工成本核算与分析	230
思考题	232

第十一章 建筑工程施工质量、安全和文明施工管理 233
第一节 建筑工程施工质量管理	233
第二节 建筑工程安全生产管理	249
第三节 建筑工程文明施工管理	259
第四节 单位工程验收、备案与保修	261
思考题	264

第十二章 计算机辅助建筑工程项目管理 265
第一节 计算机辅助项目管理的概述	265
第二节 常用的项目管理软件	268
第三节 Microsoft Project 基本操作方法介绍	273
思考题	288

主要参考文献 289

第一章 绪 论

第一节 项目管理的产生与发展

一、项目管理的产生和发展

项目管理通常被认为是第二次世界大战的产物（如美国研制原子弹的曼哈顿计划），项目管理学科起源于20世纪50年代，当初最有代表性的是由美国杜邦公司所发明的CPM（关键线路法）和由美国海军武器局特种计划办公室所发明的PERT（计划评审技术法）技术，在20世纪40年代和50年代主要应用于国防和军事项目，而后用于建筑和其他领域。项目管理专家通常把项目管理划分为两个阶段：

20世纪80年代之前为传统的项目管理阶段；

20世纪80年代之后为现代项目管理阶段。

20世纪60年代，项目管理的应用范围也还只局限于建筑、国防和航天等少数领域，如美国的阿波罗登月项目，因项目管理在阿波罗登月中取得巨大成功，由此而风靡全球，使得许多人对于项目管理产生了浓厚的兴趣，并逐渐形成了两大项目管理的研究体系，即：以欧洲为首的体系——国际项目管理协会（IPMA），以美国为首的体系——美国项目管理协会（PMI）。在过去的岁月中，他们都做了卓有成效的工作，为推动国际项目管理现代化发挥了积极的作用。20世纪60年代初华罗庚教授将这种技术在中国普及推广，称作统筹方法，我们现在通常称为网络计划技术。

进入20世纪90年代以后，随着信息时代的来临和高新技术产业的飞速发展并成为支柱产业，项目的特点也发生了巨大变化。管理人员发现许多在制造业经济下建立的管理方法，到了信息经济时代已经不再适用。制造业经济环境下，强调的是预测能力和重复性活动，管理的重点很大程度上在于制造过程的合理性和标准化。而在信息经济环境里，事务的独特性取代了重复性过程，信息本身也是动态的、不断变化的。灵活性成了新秩序的代名词。他们很快发现实行项目管理恰恰是实现灵活性的关键手段。他们还发现项目管理在运作方式上最大限度地利用了内外资源，从根本上改善了中层管理人员的工作效率。于是纷纷采用这一管理模式，并成为企业重要的管理手段。经过长期探索总结，在发达国家中，现代项目管理逐步发展成为独立的学科体系和行业，成为现代管理学的重要分支。

用一句话来给一个学科体系下定义是十分困难的，但我们可以通过美国项目管理学会在《项目管理知识指南》中的一段话来了解项目管理的轮廓："项目管理就是指把各种系统、方法和人员结合在一起，在规定的时间、预算和质量目标范围内完成项目的各项工作。有效的项目管理是指在规定用来实现具体目标和指标的时间内，对组织机构资源进行计划、引导和控制工作。"

项目管理的理论来自于管理项目的工作实践。时至今日，项目管理已经成为一门学科，但是当前大多数的项目管理人员拥有的项目管理专业知识不是通过系统教育培训得到的，而是在实践中逐步积累的，并且还有许多项目管理人员仍在不断地重新发现并积累这些专业知识。通常，他们要在相当长的时间内（5～10年），付出昂贵的代价后，才能成为合格的项目管理专业人员。正因为如此，近年来，随着项目管理的重要性为越来越多的组织（包括各类企业，社会团体，甚至政府机关）所认识，组织的决策者开始认识到项目管理知识、工具和技术可以为他们提供帮助，以减少项目的盲目性。于是这些组织开始要求他们的雇员系统地学习项目管理知识，以减少项目进行过程中的偶发性。在多种需求的促进下，项目管理迅速得到推广普及。在西方发达国家高等学院中陆续开设了项目管理硕士、博士学位教育，其毕业生常常比MBA毕业生更受到各大公司的欢迎。

目前，在欧美发达国家，项目管理不仅普遍应用于建筑、航天、国防等传统领域，而且已经在电子、通信、计算机、软件开发、制造业、金融业、保险业甚至政府机关和国际组织中成为其运作的中心模式，比如AT&T、Bell（贝尔）、US West、IBM、EDS、ABB、NCR、Citybank、Morgan Stanley（摩根·斯坦利财团）、美国白宫行政办公室、美国能源部、世界银行等在其运营的核心部门都采用项目管理。

项目管理的理论与实践方法在各行各业的大小项目中都得到了十分广泛的应用，其中不乏许多成功的例子。

二、我国项目管理的现状

我国对项目管理的系统研究和行业实践起步相对较晚。早在20世纪60年代由华罗庚教授创立的"统筹法"可以认为是我国项目管理的开始，但那时只是项目管理技术的应用。一直到1980年邓小平同志亲自主持我国最早的与世界银行合作的教育项目会谈开始，中国才开始吸收利用外资，而项目管理作为世行项目运作的基本管理模式随着中国各部委世界银行贷款、赠款项目的启动而开始被引入并应用于中国。随后，项目管理开始在我国部分重点建设项目中运用，云南鲁布革水电站是我国第一个聘用外国专家、采用国际标准、应用项目管理进行建设的水电工程项目，并取得了巨大的成功。在二滩水电站、三峡水利枢纽建设和其他大型工程建设中，都采用了项目管理这一有效手段，并取得了良好的效果。但是，和国际先进水平相比较，中国项目管理的应用面窄，发展缓慢，缺乏具有国际水平的项目管理专业人才。究其原因，是我国还没有形成自己的理论体系和学科体系，没有建立起完备的项目管理教育培训体系，更没有实现项目管理人员的专业化。

在中国致力于建立现代企业制度的今天，欧美经济发达国家正把自己关注的目光聚焦于项目管理。美国学者David Cleland称：在应付全球化的市场变动中，战略管理和项目管理将起到关键性的作用。美国《财富》杂志预测：项目经理将成为21世纪年轻人首选的职业。项目管理正逐渐成为当今世界的一种主流管理方法。随着中国经济的发展和与世界经济的进一步融合，现在，项目管理的理念已在中国被广泛接受，项目管理的方法、技术与手段也在中国企业管理实践中得到了积极的应用。

但是应当承认我国的项目管理与国际水平仍有相当差距，特别是建设行业。现阶段要做好引进、消化、培养人才的工作，同时也要研究一些中国国情下的特殊问题，逐步形成中国特色的项目管理体系，中国特色应当是先进的特色，而不是落后的特色。例如业主一方在项目管理的整体中起着关键的作用，尤其在中国的国情下，项目管理的各方是不平等的，在公有资产环境中的项目业主与其他项目管理主体，其委任、职责、权限、管理行为和制度上更为显现。

为了规范和完善建设项目管理，制定符合中国特色并与国际接轨的项目管理体系，我国建设部针对建设行业的具体情况，根据《关于印发二〇〇〇至二〇〇一年度工程建设国家标准制订、修订计划的通知》（建标[2001]87号）的要求，由建设部会同有关部门共同编制了《建设工程项目管理规范》，并经有关部门会审，批准为国家标准，编号为GB/T 50326—2001，自2002年5月1日起施行。随着科学技术和管理手段不断发展提高，建设部于2005年对《建设工程项目管理规范》编号为GB/T 50326—2001进行了修订，并将修订后的《建设工程项目管理规范》GB/T 50326—2006批准为国家标准，自2006年12月1日起实施，原《建设工程项目管理规范》GB/T 50326—2001同时废止。这说明了我国政府对建设行业实施项目管理的重视，也给从事建设项目管理的人员提供了可操作的依据。中国的项目管理人员正在以自己的方式努力推进与完善项目管理的现代化。

第二节 建筑工程项目管理的基本概念

一、建筑工程项目

（一）项目

项目是指在一定的约束条件下，具有特定的明确目标和完整的组织结构的一次性任务或活动。简单地说，安排一场演出，开发一种新产品，建一幢房子都可以称之为一个项目。

（二）建设项目

建设项目是为完成依法立项的新建、改建、扩建的各类工程（土木工程、建筑工程及安装工程等）而进行的、有起止日期的、达到规定要求的一组相互关联的受控活动组成的特定过程，包括策划、勘察、设计、采购、施工、试运行、竣工验收和移交等。有时也简称为项目。

（三）建筑工程项目

建筑工程项目是建设项目中的主要组成内容，我们也称建筑产品，建筑产品的最终形式为建筑物和构筑物，它除具有建设项目所有的特点以外，还有以下特点：

1. 建筑产品的特点

（1）庞大性

建筑产品与一般的产品相比，从体积、占地面积和自重上看相当庞大，从耗用的资源品种和数量上看也是相当巨大的。

（2）固定性

建筑产品由于相当庞大，移动非常困难。它又是人类主要的活动场所，不仅需要舒适，更要满足安全、耐用等功能上的要求，这就要求固定地与大地连在一起，和地球一同自转和公转。

（3）多样性

建筑产品的多样性体现在功能不同、承重结构不同、建造地点不同、参与建设的人员不同、使用的材料不同等，使得建筑产品具有人一样的个性即多样性。

例如：按建筑物的使用性质不同可分为居住建筑、公共建筑、工业建筑和农业建筑四大类；按建筑结构的不同一般分为砖木结构、砖混结构、钢筋混凝土结构、钢结构等。

(4) 持久性

建筑产品由于其庞大性和建筑工艺的要求使得建造时间很长，它是人们生活和工作的主要场所，因此它的使用时间则更长，根据房屋建筑的合理使用年限短则几十年，多则上百年。有些建筑距今已有几百年的历史，但仍然完好。

2. 建筑产品施工的特点

(1) 季节性

由于建筑产品的庞大性，使得整个建筑产品的建造过程受到风吹、雨淋、日晒等自然条件的影响，因此工程施工具有冬季施工、夏季施工和雨季施工等季节性施工。

(2) 流动性

由于建筑产品的固定性，它给施工生产带来了流动性，这里因为建筑的房屋是不动的，因此所需要的劳动力、材料、设备等资源均需要从不同的地点流动到建设地。这也给建筑工人的生活、生产带来很多不便和困难。

(3) 复杂性

由于建筑产品的多样性，使得建筑产品的施工应该根据不同的地质条件、不同的结构形式、不同的地域环境、不同的劳动对象、不同的劳动工具和不同的劳动者去组织实施。因此整个的建造过程相当复杂，随着工程进展还需要不断地调整。

(4) 连续性

一般我们把建筑物分成基础工程、主体工程和装饰工程三部分，一个功能完善的建筑产品则需要完成所有的工作步骤才能够使用，另外由于工艺上要求它不能够间断施工使得工作具有一定的连续性，例如混凝土的浇筑。

3. 施工管理的特点

(1) 多变性

由于建筑产品的建造时间长、建造地质和地域差异、环境变化、政策变化、价格变化等因素使得整个过程充满了变数和变化。

(2) 广交性

在整个建筑产品的施工过程中参与的单位和部门繁多，作为一个项目管理者要与上至国家机关各部门的领导，下到施工现场的操作工人打交道，需要协调各方面和各层次之间的关系。

二、建筑工程项目管理

项目管理作为20世纪50年代发展起来的新领域，现已成为现代管理学的重要分支，并越来越受到重视。运用项目管理的知识和经验，可以极大地提高管理人员的工作效率。按照传统的做法，当企业设定了一个项目后，参与这个项目的至少会有好几个部门，包括财务部门、市场部门、行政部门等等。而不同部门在运作项目过程中不可避免地会产生摩擦，须进行协调，这些无疑会增加项目的成本，影响项目实施的效率。项目管理的做法则不同。不同职能部门的成员因为某一个项目而组成团队，项目经理则是项目团队的领导者，他所肩负的责任就是领导他的团队准时、优质地完成全部工作，在不超出预算的情况下实现项目目标。项目的管理者不仅仅是项目执行者，他还参与项目的需求确定、项目选择、计划直至收尾的全过程，并在时间、成本、质量、风险、合同、采购、人力资源等各个方面对项目进行全方位的管理，因此项目管理可以帮助企业处理需要跨领域解决的复杂问题，并实现更高的运营效率。

建设工程项目管理是组织运用系统的观点、理论和方法，对建设工程项目进行的计划、组织、指挥、协调和控制等专业化活动。而建筑工程项目管理则是针对建筑工程而言，是在一定约束条件下，以建筑工程项目为对象，以最优实现建筑工程项目目标为目的，以建筑工程项目经理负责制为基础，以建筑工程承包合同为纽带，对建筑工程项目进行高效率的计划、组织、协调、控制和监督的系统管理活动。

三、建筑工程项目管理的周期

工程项目管理周期，是人们长期在工程建设实践、认识，再实践、再认识的过程中，对理论和实践的高度概括和总结。工程项目周期是指一个工程项目由筹划立项开始，直到项目竣工投产收回投资，达到预期目标的整个过程。

工程项目管理的周期实际就是工程项目的周期，也就是一个建设项目的建设周期。建筑工程项目管理周期相对工程项目管理周期来讲面比较窄，而周期是一致的，当然对于不同的主体来讲周期是不同的，例如：作为项目发包人来说是从整个项目的投资决策到项目报废回收称为全寿命周期的项目管理，而对于项目承包人来讲则是合同周期或法律规定责任周期。

第三节　建设项目的建设程序

一、建设项目的建设程序

建设项目的建设程序，是指建设项目建设全过程中各项工作必须遵循的先后顺序。建设程序是指建设项目从设想、选择、评估、决策、设计、施工到竣工验收、投入生产整个建设过程中，各项工作必须遵循的先后次序的法则。按照建设项目发展的内在联系和发展过程，建设程序分成若干阶段，这些发展阶段有严格的先后次序，不能任意颠倒、违反它的发展规律。

在我国按现行规定，建设项目从建设前期工作到建设、投产一般要经历以下几个阶段的工作程序：

(1) 根据国民经济和社会发展长远规划，结合行业和地区发展规划的要求，提出项目建议书；

(2) 在勘察、试验、调查研究及详细技术经济论证的基础上编制可行性研究报告；

(3) 根据项目的咨询评估情况，对建设项目进行决策；

(4) 根据可行性研究报告编制设计文件；

(5) 初步设计经批准后，做好施工前的各项准备工作；

(6) 组织施工，并根据工程进度，做好生产准备；

(7) 项目按批准的设计内容建成并经竣工验收合格后，正式投产，交付生产使用；

(8) 生产运营一段时间后（一般为两年），进行项目后评价。

以上程序可由项目审批主管部门视项目建设条件、投资规模作适当合并。

目前我国基本建设程序的内容和步骤主要有：前期工作阶段，主要包括项目建议书、可行性研究、设计工作；建设实施阶段，主要包括施工准备、建设实施；竣工验收阶段和后评价阶段。这几个大的阶段中每一阶段都包含着许多环节和内容。

（一）前期工作阶段

1. 项目建议书

项目建议书是要求建设某一具体项目的建议文件，是基本建设程序中最初阶段的工作，是投资决策前对拟建项目的轮廓设想。项目建议书的主要作用是为了推荐一个拟进行建设的项目的初步说明，论述它建设的必要性、条件的可行性和获得的可能性，供基本建设管理部门选择并确定是否进行下一步工作。

项目建议书报经有审批权限的部门批准后，可以进行可行性研究工作，但并不表明项目非上不可，项目建议书不是项目的最终决策。

项目建议书的审批程序：项目建议书首先由项目建设单位通过其主管部门报行业归口主管部门和当地发展计划部门（其中工业技改项目报经贸部门），由行业归口主管部门提出项目审查意见（着重从资金来源、建设布局、资源合理利用、经济合理性、技术可行性等方面进行初审），发展计划部门参考行业归口主管部门的意见，并根据国家规定的分级审批权限负责审、报批。凡行业归口主管部门初审未通过的项目，发展计划部门不予审、报批。

2. 可行性研究

（1）可行性研究。项目建议书一经批准，即可着手进行可行性研究。可行性研究是指在项目决策前，通过对项目有关的工程、技术、经济等各方面条件和情况进行调查、研究、分析，对各种可能的建设方案和技术方案进行比较论证，并对项目建成后的经济效益进行预测和评价的一种科学分析方法，由此考查项目技术上的先进性和适用性，经济上的盈利性和合理性，建设的可能性和可行性。可行性研究是项目前期工作的最重要的内容，它从项目建设和生产经营的全过程考察分析项目的可行性，其目的是回答项目是否有必要建设，是否可能建设和如何进行建设的问题，其结论为投资者的最终决策提供直接的依据。因此，凡大中型项目以及国家有要求的项目，都要进行可行性研究，其他项目有条件的也要进行可行性研究。

（2）可行性研究报告的编制。可行性研究报告是确定建设项目、编制设计文件和项目最终决策的重要依据。要求必须有相当的深度和准确性。承担可行性研究工作的单位必须是经过资格审定的规划、设计和工程咨询单位，要有承担相应项目的资质。

（3）可行性研究报告的审批。可行性研究报告经评估后按项目审批权限由各级审批部门进行审批。其中大中型和限额以上项目的可行性研究报告要逐级报送国家发展和改革委员会审批；同时要委托有资格的工程咨询公司进行评估。小型项目和限额以下项目，一般由省级发展计划部门、行业归口管理部门审批。受省级发展计划部门、行业主管部门的授权或委托，地区发展计划部门可以对授权或委托权限内的项目进行审批。可行性研究报告批准后即国家同意该项目进行建设，一般先列入预备项目计划。列入预备项目计划并不等于列入年度计划，何时列入年度计划，要根据其前期工作进展情况、国家宏观经济政策和对财力、物力等因素进行综合平衡后决定。

3. 设计工作

一般建设项目（包括工业、民用建筑、城市基础设施、水利工程、道路工程等），设计过程划分为初步设计和施工图设计两个阶段。对技术复杂而又缺乏经验的项目，可根据不同行业的特点和需要，增加技术设计阶段。对一些水利枢纽、农业综合开发、林区综合开发项目，为解决总体部署和开发问题，还需进行规划设计或编制总体规划，规划审批后编制具有符合规定深度要求的实施方案。

（1）初步设计（基础设计）。初步设计的内容依项目的类型不同而有所变化，一般来说，它是项目的宏观设计，即项目的总体设计、布局设计，主要的工艺流程、设备的选型和安装设计，土建工程量及费用的估算等。初步设计文件应当满足编制施工招标文件、主要设备材料订货和编制施工图设计文件的需要，是下一阶段施工图设计的基础。

初步设计（包括项目概算），根据审批权限，由发展计划部门委托投资项目评审中心组织专家审查通过后，按照项目实际情况，由发展计划部门或会同其他有关行业主管部门审批。

（2）施工图设计（详细设计）。施工图设计的主要内容是根据批准的初步设计，绘制出正确、完整和尽可能详细的建筑、安装图纸。施工图设计完成后，必须由施工图设计审查单位审查并加盖审查专用章后使用。审查单位必须是取得审查资格，且具有审查权限要求的设计咨询单位。经审查的施工图设计还必须经有权审批的部门进行审批。

（二）建设实施阶段

1. 施工准备

（1）建设开工前的准备。主要内容包括：征地、拆迁和场地平整；完成施工用水、电、路等工程；组织设备、材料订货；准备必要的施工图纸；组织招标投标（包括监理、施工、设备采购、设备安装等方面的招标投标）并择优选择施工单位，签订施工合同。

（2）项目开工审批。建设单位在工程建设项目可行性研究报告批准，建设资金已经落实，各项准备工作就绪后，应当向当地建设行政主管部门或项目主管部门及其授权机构申请项目开工审批。

2. 建设实施

（1）项目开工建设时间。开工许可审批之后即进入项目建设施工阶段。开工之日按统计部门规定是指建设项目设计文件中规定的任何一项永久性工程（无论生产性或非生产性）第一次正式破土开槽开始施工的日期。公路、水库等需要进行大量土、石方工程的，以开始进行土方、石方工程作为正式开工日期。

（2）年度基本建设投资额。国家基本建设计划使用的投资额指标，是以货币形式表现的基本建设工作，是反映一定时期内基本建设规模的综合性指标。年度基本建设投资额是建设项目当年实际完成的工作量，包括用当年资金完成的工作量和动用库存的材料、设备等内部资源完成的工作量；而财务拨款是当年基本建设项目实际货币支出。投资额是以构成工程实体为准，财务拨款是以资金拨付为准。

（3）生产或使用准备。生产准备是生产性施工项目投产前所要进行的一项重要工作。它是基本建设程序中的重要环节，是衔接基本建设和生产的桥梁，是建设阶段转入生产经营的必要条件。使用准备是非生产性施工项目正式投入运营使用所要进行的工作。

（三）竣工验收阶段

1. 竣工验收的范围

根据国家规定，所有建设项目按照上级批准的设计文件所规定的内容和施工图纸的要求全部建成，工业项目经负荷试运转和试生产考核能够生产合格产品，非工业项目符合设计要求，能够正常使用，都要及时组织验收。

2. 竣工验收的依据

按国家现行规定，竣工验收的依据是经过上级审批机关批准的可行性研究报告、初步设计或扩大初步设计（技术设计）、施工图纸和说明、设备技术说明书、招标投标文件和工程承包合同、施工过程中的设计修改签证、现行的施工技术验收标准及规范以及主管部门有关审批、修改、调整文件等。

3. 竣工验收的准备

主要有三方面的工作：一是整理技术资料。各有关单位（包括设计、施工单位）应将技术资料进行系统整理，由建设单位分类立卷，交生产单位或使用单位统一保管。技术资料主要包括土建方面、安装方面、各种有关的文件、合同和试生产的情况报告等。二是绘制竣工图纸。竣工图必须准确、完整、符合归档要求。三是编制竣工决算。建设单位必须及时清理所有财产、物资和未花完或应收回的资金，编制工程竣工决算，分析预（概）算执行情况，考核投资效益，报规定的财政部门审查。

竣工验收必须提供的资料文件。一般非生产项目的验收要提供以下文件资料：项目的审批文件、竣工验收申请报告、工程决算报告、工程质量检查报告、工程质量评估报告、工程质量监督报告、工程竣工财务决算批复、工程竣工审计报告、其他需要提供的资料。

4. 竣工验收的程序和组织

按国家现行规定，建设项目的验收根据项目的规模大小和复杂程度可分为初步验收和竣工验收两个阶段进行。规模较大、较复杂的建设项目应先进行初验，然后进行全部建设项目的竣工验收。规模较小、较简单的项目，可以一次进行全部项目的竣工验收。

建设项目全部完成，经过各单项工程的验收，符合设计要求，并具备竣工图表、竣工决算、工程总结等必要文件资料，由项目主管部门或建设单位向负责验收的单位提出竣工验收申请报告。竣工验收的组织要根据建设项目的重要性、规模大小和隶属关系而定，大中型和限额以上基本建设和技术改造项目，由国家发展和改革委员会或由国家发展和改革委员会委托项目主管部门、地方政府部门组织验收，小型项目和限额以下基本建设和技术改造项目由项目主管部门和地方政府部门组织验收。竣工验收要根据工程的规模大小和复杂程度组成验收委员会或验收组。验收委员会或验收组负责审查工程建设的各个环节，听取各有关单位的工作总结汇报，审阅工程档案并实地查验建筑工程和设备安装，并对工程设计、施工和设备质量等方面作出全面评价。不合格的工程不予验收；对遗留问题提出具体解决意见，限期落实完成。最后经验收委员会或验收组一致通过，形成验收鉴定意见书。验收鉴定意见书由验收会议的组织单位印发各有关单位执行。

生产性项目的验收根据行业不同有不同的规定。工业、农业、林业、水利及其他特殊行业，要按照国家相关的法律、法规及规定执行。上述程序只是反映项目建设共同的规律性程序，不可能反映各行业的差异性。因此，在建设实践中，还要结合行业项目的特点和条件，有效地去贯彻执行基本建设程序。

（四）后评价阶段

建设项目后评价是工程项目竣工投产、生产运营一段时间后，再对项目的立项决策、设计施工、竣工投产、生产运营等全过程进行系统评价的一种技术经济活动。通过建设项目后评价以达到肯定成绩，总结经验，研究问题，吸取教训，提出建议，改进工作，不断提高项目决策水平和投资效果的目的。

我国目前开展的建设项目后评价一般都按三个层次组织实施，即项目单位的自我评价、项目所在行业的评价和各级发展计划部门（或主要投资方）的评价。

二、建设项目各建设阶段常规的参与单位

1. 前期程序比较复杂，牵扯的政府部门比较多，每个地区的做法有一定的区别，可以去当地便民服务中心或办证中心咨询，就可以了解到应该找的相关部门。

2. 建设阶段参与的单位有：建设单位、招标代理单位、施工单位、监理单位、设计单位、质检部门、电力部门、电信部门、有线电视、煤气公司、自来水公司等。

3. 验收阶段参与的单位有：建设单位、施工单位、监理单位、设计单位、质检部门、物管、消防、规划、人防、环保等部门，验收完后到质检部门和档案馆备案。

4. 使用阶段参与的单位有：物管公司、施工单位（保修）、监理公司（保修）等。

以上是一些常规的参与单位，实际上项目不同参与的单位也不同，还是要以具体项目为准。

三、建筑工程施工程序

施工程序，是指项目承包人从承接工程业务到工程竣工验收一系列工作必须遵循的先后顺序，是建设项目建设程序中的一个阶段。它可以分为承接业务签订合同、施工准备、正式施工和竣工验收四个阶段。

（一）承接业务签订合同

项目承包人承接业务的方式有三种：国家或上级主管部门直接下达；受项目发包人委托而承接；通过投标中标而承接。不论采用哪种方式承接业务，项目承包人都要检查项目的合法性。

承接施工任务后，项目发包人与项目承包人应根据《合同法》和《招标投标法》的有关规定及要求签订施工合同。施工合同应规定承包的内容、要求、工期、质量、造价及材料供应等，明确合同双方应承担的义务和职责以及应完成的施工准备工作（土地征购、申请施工用地、施工许可证、拆除障碍物，接通场外水源、电源、道路等内容）。施工合同经双方负责人签字后具有法律效力，必须共同履行。

（二）施工准备

施工合同签订以后，项目承包人应全面了解工程性质、规模、特点及工期要求等，进行场址勘察、技术经济和社会调查，收集有关资料，编制施工组织总设计。施工组织总设计经批准后，项目承包人应组织先遣人员进入施工现场，与项目发包人密切配合，共同做好各项开工前的准备工作，为顺利开工创造条件。根据施工组织总设计的规划，对首批施工的各单位工程，应抓紧落实各项施工准备工作。如图纸会审，编制单位工程施工组织设计，落实劳动力、材料、构件、施工机具及现场"三通一平"等。具备开工条件后，提出开工报告并经审查批准，即可正式开工。

（三）正式施工

施工过程是施工程序中的主要阶段，应从整个施工现场的全局出发，按照施工组织设计，精心组织施工，加强各单位、各部门的配合与协作，协调解决各方面问题，使施工活动顺利开展。

在施工过程中，应加强技术、材料、质量、安全、进度等各项管理工作，落实项目承

包人项目经理负责制及经济责任制，全面做好各项经济核算与管理工作，严格执行各项技术、质量检验制度，抓紧工程收尾和竣工工作。

（四）进行工程验收、交付生产使用

这是施工的最后阶段。在交工验收前，项目承包人内部应先进行预验收，检查各分项分部工程的施工质量，整理各项交工验收的技术经济资料。在此基础上，由项目发包人组织竣工验收，经相关部门验收合格后，到主管部门备案，办理验收签证书，并交付使用。

第四节　建筑工程项目管理的基本内容

一、建筑工程项目管理的工作内容

建设项目管理的内容应包括：编制项目管理规划大纲和项目管理实施规划，项目组织管理、项目进度管理、项目质量管理、项目职业健康安全管理、项目环境管理、项目成本管理、项目采购管理、项目合同管理、项目资源管理、项目信息管理、项目风险管理、项目沟通管理，项目收尾管理。

建筑工程项目是最常见、最典型的工程项目类型，建筑工程项目管理是项目管理在建筑工程项目中的具体应用。建筑工程项目管理是根据各项目管理主体的任务对以上各内容的细分。

二、建筑工程项目管理的程序

建筑工程项目管理的程序应依次为：编制项目管理规划大纲→编制投标书并进行投标→签订施工合同→选定项目经理→项目经理接受企业法定代表人的委托组建项目经理部→企业法定代表人与项目经理签订项目管理目标责任书→项目经理部编制项目管理实施规划→进行项目开工前的准备→施工期间按项目管理实施规划进行管理→在项目竣工验收阶段进行竣工结算、清理各种债权债务、移交资料和工程→进行经济分析→做出项目管理总结报告并送企业管理层有关职能部门审计→企业管理层组织考核委员会→对项目管理工作进行考核评价，并兑现项目管理目标责任书中的奖惩承诺→项目经理部解体→在保修期满前企业管理层根据工程质量保修书的约定进行项目回访保修。

三、建筑工程项目管理规划

项目管理规划作为指导项目管理工作的纲领性文件，应对项目管理的目标、内容、组织、资源、方法、程序和控制措施进行确定。项目管理规划应包括项目管理规划大纲和项目管理实施规划两类文件。项目管理规划大纲应由组织的管理层或组织委托的项目管理单位编制，项目管理实施规划应由项目经理组织编制。施工项目管理实施规划可以用施工组织设计和质量计划代替，但应具备项目管理的内容，能够满足项目管理实施规划的要求。

（一）项目管理规划大纲

项目管理规划大纲是项目管理工作中具有战略性、全局性和宏观性的指导文件。在建筑工程项目中，作为项目管理的主体——承包人在编制项目管理大纲时应该注意以下问题：

1. 建筑工程项目管理规划大纲应由承包人管理层依据下列资料编制：招标文件及发包人对招标文件的解释；企业管理层对招标文件的分析研究结果；工程现场情况；发包人提供的信息和资料；有关市场信息；企业法定代表人的投标决策意见。

2.建筑工程项目管理规划大纲应包括下列内容：项目概况；项目范围管理规划；项目管理目标规划；项目管理组织规划；项目成本管理规划；项目进度管理规划；项目质量管理规划；项目职业健康安全与环境管理规划；项目采购与资源管理规划；项目信息管理规划；项目沟通管理规划；项目风险管理规划；项目收尾管理规划。

（二）项目管理实施规划

项目管理实施规划应对项目管理规划大纲进行细化，使其具有可操作性。

1.项目管理实施规划必须由项目经理组织项目经理部在工程开工之前编制完成。项目管理实施规划应依据下列资料编制：项目管理规划大纲；项目管理目标责任书；施工合同。

2.项目管理实施规划应包括下列内容：工程概况；总体工作计划；组织方案；技术方案；进度计划；质量计划；职业健康安全与环境管理计划；成本计划；资源需求计划；风险管理计划；信息管理计划；项目沟通管理计划；项目收尾管理计划；项目现场平面布置图；项目目标控制措施；技术经济指标。

3.项目管理实施规划应符合下列要求：项目经理签字后报组织管理层审批；与各相关组织的工作协调一致；进行跟踪检查和必要的调整；项目结束后形成总结文件。

4.项目管理实施规划主要内容的编写要求：

（1）项目概况应包括下列内容：工程特点；建设地点及环境特征；施工条件；项目管理特点及总体要求。

（2）施工部署应包括下列内容：项目的质量、进度、成本及安全目标；拟投入的最高人数和平均人数；分包计划，劳动力使用计划，材料供应计划，机械设备供应计划；施工程序；项目管理总体安排。

（3）施工方案应包括下列内容：施工流向和施工顺序；施工阶段划分；施工方法和施工机械选择；安全施工设计；环境保护内容及方法。

（4）施工进度计划应包括：施工总进度计划和单位工程施工进度计划。

（5）资源需求计划应包括下列内容：劳动力需求计划；主要材料和周转材料需求计划；机械设备需求计划；预制品订货和需求计划；大型工具、器具需求计划。

（6）施工准备工作计划应包括下列内容：施工准备工作组织及时间安排；技术准备及编制质量计划；施工现场准备；专业施工队伍和管理人员的准备；物资准备；资金准备。

（7）施工平面图应包括下列内容：施工平面图说明；施工平面图；施工平面图管理规划。施工平面图应按现行制图标准和制度要求进行绘制。

（8）施工技术组织措施计划应包括下列内容：保证进度目标的措施；保证质量目标的措施；保证安全目标的措施；保证成本目标的措施；保证雨季、冬季施工的措施；保护环境的措施；文明施工措施。各项措施应包括技术措施、组织措施、经济措施及合同措施。

（9）项目风险管理规划应包括以下内容：风险项目因素识别一览表；风险可能出现的概率及损失值估计；风险管理要点；风险防范对策；风险责任管理。

（10）信息管理规划应包括下列内容：与项目组织相适应的信息流通系统；信息中心的建立规划；项目管理软件的选择与使用规划；信息管理实施规划。

（11）技术经济指标的计算与分析应包括下列内容：规划的指标；规划指标水平高低的分析和评价；实施难点的对策。

(12) 项目管理实施规划的管理应符合下列规定：项目管理实施规划应经会审后，由项目经理签字并报企业主管领导人审批；当监理机构对项目管理实施规划有异议时，经协商后可由项目经理主持修改；项目管理实施规划应按专业和子项目进行交底，落实执行责任；执行项目管理实施规划过程中应进行检查和调整；项目管理结束后，必须对项目管理实施规划的编制、执行的经验和问题进行总结分析，并归档保存。

四、建筑工程项目管理目标责任书

签订项目管理目标责任书是为了确保项目管理的正确实施，做到责、权、利明晰，所以在项目实施之前，由法定代表人或其授权人与项目经理协商制定。

（一）项目管理目标责任书编制依据：
(1) 项目的合同文件；
(2) 组织的管理制度；
(3) 项目管理规划大纲；
(4) 组织的经营方针和目标。

（二）项目管理目标责任书的内容：
(1) 项目管理实施目标；
(2) 组织与项目经理部之间的责任、权限和利益分配；
(3) 项目设计、采购、施工、试运行等管理的内容和要求；
(4) 项目需用资源的提供方式和核算办法；
(5) 法定代表人向项目经理委托的特殊事项；
(6) 项目经理部应承担的风险；
(7) 项目管理目标评价的原则、内容和方法；
(8) 对项目经理部进行奖惩的依据、标准和办法；
(9) 项目经理解职和项目经理部解体的条件及办法。

第五节 建筑工程项目管理主体与分类

参与建筑工程项目建设管理的各方（管理主体）在工程项目建设中均存在项目管理。

项目承包人受业主委托承担建设项目的勘察、设计及施工，它们有义务对建筑工程项目进行管理。一些大、中型工程项目，发包人（业主）因缺乏项目管理经验，也可委托项目管理咨询公司代为进行项目管理。

在项目建设中，业主、设计单位和施工项目承包人各处不同的地位，对同一个项目各自承担的任务不同，其项目管理的任务也是不相同的。如在费用控制方面，业主要控制整个项目建设的投资总额，而施工项目承包人考虑的是控制该项目的施工成本。又如在进度控制方面，业主应控制整个项目的建设进度，而设计单位主要控制设计进度，施工项目承包人控制所承包部分的工程施工进度。

一、工程项目建设管理的主体

在项目管理规范中明确了管理的主体分为：项目发包人（简称发包人）和项目承包人（简称承包人）。项目发包人是按合同中约定、具有项目发包主体资格和支付合同价款能力的当事人以及取得该当事人资格的合法继承人。项目承包人是按合同中约定、被发包人接受的具有项目承包主体资格的当事人，以及取得该当事人资格的合法继承人。有时承包人也可以作为发包人出现，例如在项目分包过程中。

（一）项目发包人

1. 国家机关等行政部门
2. 国内外企业
3. 在分包活动中的原承包人

（二）项目承包人

1. 勘察设计单位
（1）建筑专业设计院。
（2）其他设计单位（如林业勘察设计院、铁路勘察设计院、轻工勘察设计院等）。
2. 中介机构
（1）专业监理咨询机构。
（2）其他监理咨询机构。
3. 施工企业
（1）综合性施工企业（总包）。
（2）专业性施工企业（分包）。
4. 设备材料供应商
5. 加工、运输商

二、建筑工程项目管理的分类

在建筑工程项目实施过程中每个参与单位依据合同或多或少地进行了项目管理，这里的分类则是按项目管理的侧重点而分。建筑工程项目管理按管理的责任可以划分为：咨询公司（项目管理公司）的项目管理、工程项目总承包方的项目管理、施工方的项目管理、业主方的项目管理、设计方的项目管理、供应商的项目管理以及建设管理部门的项目管理。在我国目前还有采用工程指挥部代替有关部门进行的项目管理。

在工程项目建设的不同阶段，参与工程项目建设的各方的管理内容及重点各不相同。在设计阶段的工程项目管理分为项目发包人的设计管理和设计单位的设计管理两种情况；在施工阶段的工程管理则主要分为业主的工程项目管理、承包商的工程项目管理、监理工程师的工程项目管理。下面对在工程项目管理实践中最常见的管理类型进行介绍。

（一）工程项目总承包方的项目管理

业主在项目决策之后，通过招标择优选定总承包商全面负责建设工程项目的实施全过程，直至最终交付使用功能和质量符合合同文件规定的工程项目。因此，总承包方的项目管理是贯穿于项目实施全过程的全面管理，既包括设计阶段也包括施工安装阶段，以实现其承建工程项目的经营方针和项目管理的目标，取得预期经营效益。显然，总承包方必须在合同条件的约束下，依靠自身的技术和管理优势，通过优化设计及施工方案，在规定的时间内，保质保量并且安全地完成工程项目的承建任务。从交易的角度看，项目业主是买方，总承包单位是卖方，因此两者的地位和利益追求是不同的。

（二）施工方（承包人）项目管理

项目承包人通过工程施工投标取得工程施工承包合同，并以施工合同所界定的工程范围组织项目管理，简称施工项目管理。从完整的意义上说，这种施工项目应该指施工总承包的完整工程项目，包括其中的土建工程施工和建筑设备工程施工安装，最终成果能形成独立使用功能的建筑产品。然而从工程项目系统分析的角度，分项工程、分部工程也是构成工程项目的子系统。按子系统定义项目，既有其特定的约束条件和目标要求，而且也是一次性的任务。

因此，工程项目按专业、按部位分解发包的情况，承包方仍然可以按承包合同界定的局部施工任务作为项目管理的对象，这就是广义的施工企业的项目管理。

承包商的项目管理是对所承担的施工项目目标进行的策划、控制和协调，项目管理的任务主要是集中在施工阶段，也可以向前延伸到设计阶段，向后延伸到动用前准备阶段和保修阶段。

1．施工方项目管理的内容

为了实现施工项目各阶段目标和最终目标，承包商必须加强施工项目管理工作。在投标、签订工程承包合同以后，施工项目管理的主体，便是以施工项目经理为首的项目经理部（即项目管理层）。

管理的客体是具体的施工对象、施工活动及相关的劳动要素。

管理的内容包括：建立施工项目管理组织，进行施工项目管理规划，进行施工项目的目标控制，对施工项目劳动要素进行优化配置和动态管理，施工项目的组织协调，施工项目的合同管理和信息管理以及施工项目管理总结等。

现将上述各项内容简述如下：

（1）建立施工项目管理组织

1）由企业采用适当的方式选聘称职的施工项目经理；

2）根据施工项目组织原则，选用适当的组织形式，组建施工项目管理机构，明确责任、权限和义务；

3）在遵守企业规章制度的前提下，根据施工项目管理的需要，制订施工项目管理制度。

（2）进行施工项目管理规划

施工项目管理规划是对施工项目管理组织、内容、方法、步骤、重点进行预测和决策，做具体安排的纲领性文件。施工项目管理规划的内容主要有：

1）进行工程项目分解，形成施工对象分解体系，以便确定阶段控制目标，从局部到整体地进行施工活动和施工项目管理；

2）建立施工项目管理工作体系，绘制施工项目管理工作体系图和施工项目管理工作信息流程图；

3）编制施工管理规划，确定管理点，形成文件，以利执行。这个文件类似于施工组织设计。

（3）进行施工项目的目标控制

施工项目的目标有阶段性目标和最终目标。实现各项目标是施工项目管理的目的。所以它应当坚持以控制论原理和理论为指导，进行全过程的科学控制。

施工项目的控制目标有以下几项：

1）进度控制目标；

2）质量控制目标；

3）成本控制目标；

4）安全控制目标。

由于在施工项目目标的控制过程中会不断受到各种客观因素的干扰，各种风险因素都有发生的可能性，故应通过组织协调和风险管理对施工项目目标进行动态控制。

(4) 劳动要素管理和施工现场管理

施工项目的劳动要素是施工项目目标得以实现的保证，它主要包括：劳动力、材料、机械设备、资金和技术（即 5M）。施工现场的管理对于节约材料、节省投资、保证施工进度、创建文明工地等方面都至关重要。

这部分的主要内容如下：

1）分析各项劳动要素的特点；

2）按照一定原则、方法对施工项目劳动要素进行优化配置，并对配置状况进行评价；

3）对施工项目的各项劳动要素进行动态管理；

4）进行施工现场平面图设计，做好现场的调度与管理。

(5) 施工项目的组织协调

组织协调为目标控制服务，其内容包括：

1）人际关系的协调；

2）组织关系的协调；

3）配合关系的协调；

4）供求关系的协调；

5）约束关系的协调。

这些关系发生在施工项目管理组织内部、施工项目管理组织与其外部相关单位之间。

(6) 施工项目的合同管理

由于施工项目管理是在市场条件下进行的特殊交易活动的管理，这种交易活动从招标、投标工作开始，并持续于项目管理的全过程，因此必须依法签订合同，进行履约经营。合同管理体制的好坏直接涉及项目管理及工程施工的技术经济效果和目标实现。因此要从招标、投标开始，加强工程承包合同的签订、履行管理。合同管理是一项执法、守法活动，市场有国内市场和国际市场，因此合同管理势必涉及国内和国际上有关法规和合同文本、合同条件，在合同管理中应予高度重视。为了取得经济效益，还必须注意搞好工程索赔，讲究方法和技巧，为获取索赔提供充分的证据。

(7) 施工项目的信息管理

现代化管理要依靠信息。施工项目管理是一项复杂的现代化的管理活动。进行施工项目管理、施工项目目标控制、动态管理，必须依靠信息管理，而信息管理又要依靠电子计算机进行辅助。

(8) 施工项目管理总结

从管理的循环来说，管理的总结阶段既是对管理计划、执行、检查阶段经验和问题的提炼，又是进行新的管理所需信息的来源，其经验可作为新的管理标准和制度，其问题有待于下一循环管理予以解决。施工项目管理由于其一次性，更应注意总结，依靠总结不断提高管理水平，丰富和发展工程项目管理学科。

(三) 业主方项目管理（建设监理）

业主方的项目管理是全过程全方位的，包括项目实施阶段的各个环节，主要有：组织协调，合同管理，信息管理，投资、质量、进度、安全四大目标控制，人们把它通俗地概括为"一协调二管理四控制"或"四控制二管理一协调"。

由于工程项目的实施是一次性的任务，因此，业主方自行进行项目管理往往有很大的局限性。首先在技术和管理方面，缺乏配套的力量，即使配备了管理班子，没有连续的工程任务也是不经济的。计划经济体制下，每个项目发包人都建立一个筹建处或基建处来搞工程，这不符合市场经济条件下资源的优化配置和动态管理，而且也不利于建设经验的积累和应用。因此，在市场经济体制下，工程项目业主完全可以依靠发展的咨询业为其提供项目管理服务，这就是建设监理，监理单位接受工程业主的委托，提供全过程监理服务。由于建设监理的性质是属于智力密集型层次的咨询服务，因此，它可以向前延伸到项目投资决策阶段，包括立项和可行性研究等。这是建设监理和项目管理在时间范围、实施主体和所处地位、任务目标等方面的不同之处。

（四）设计方项目管理

设计单位受业主委托承担工程项目的设计任务，以设计合同所界定的工作目标及其责任义务作为该项工程设计管理的对象、内容和条件，通常简称设计项目管理。设计项目管理也就是设计单位对履行工程设计合同和实现设计单位经营方针目标而进行的设计管理。尽管其地位、作用和利益追求与项目业主不同，但它也是建设工程设计阶段项目管理的重要方面。

只有通过设计合同，依靠设计方的自主项目管理才能贯彻业主的建设意图和实施设计阶段的投资、质量和进度控制。

（五）供货方的项目管理

从建设项目管理的系统分析角度看，建设物资供应工作也是工程项目实施的一个子系统，它有明确的任务和目标，明确的制约条件以及项目实施子系统的内在联系。因此制造厂、供应商同样可以将加工生产制造和供应合同所界定的任务，作为项目进行目标管理和控制，以适应建设项目总目标控制的要求。

（六）建设管理部门的项目管理

建设管理部门的项目管理就是对项目实施的可行性、合法性、政策性、方向性、规范性、计划性进行监督管理。

第六节 工程项目的承包风险与管理

工程项目的立项、可行性研究及设计与计划等都是基于正常的、理想的技术、管理和组织以及对将来情况（政治、经济、社会等各方面）预测的基础之上进行的。在项目的实际运行过程中，所有的这些因素都可能发生变化，而这些变化将可能使原定的目标受到干扰甚至不能实现，这些事先不能确定的内部和外部的干扰因素，称之为风险，风险即是项目中的不可靠因素。任何工程项目都存在风险，风险会造成工程项目实施的失控，如工期延长、成本增加、计划修改等，这些都会造成经济效益的降低，甚至项目的失败。正是由于风险会造成很大的伤害，在现代项目管理中，风险管理已成为必不可少的重要环节。良好的风险管理能获得巨大的经济效果，同时它有助于企业竞争能力、素质和管理水平的提高。

近十几年来，人们在项目管理系统中提出了全面风险管理的概念。全面风险管理是用系统的、动态的方法进行风险控制，以减少项目实行过程中的不确定性。它不仅使各层次的项目管理者建立风险意识，重视风险问题，防患于未然，而且在各个阶段、各个方面实施有效的风险控制，形成一个前后连贯的管理过程。

全面风险管理有四个方面的涵义：一是项目全过程的风险管理，从项目的立项到项目的结束，都必须进行风险的研究与预测、过程控制以及风险评价，实行全过程的有效控制以及积累经验和教训；二是对全部风险的管理；三是全方位的管理；四是全面的组织措施。

一、工程项目风险因素的分析

全面风险管理强调风险的事先分析与评价，风险因素分析是确定一个项目的风险范围，即有哪些风险存在，将这些风险因素逐一列出以作为全面风险管理的对象。罗列风险因素通常要从多角度、多方位进行，形成对项目系统的全方位的透视。风险因素可以从以下方面进行分析：

首先，按项目系统要素进行分析。这主要有三个方面的系统要素风险：

（1）项目环境要素风险，最常见的有政治风险、法律风险、经济风险、自然条件风险、社会风险等；

（2）项目系统结构风险，如以项目单元为分析对象，在实施以及运行过程中可能遇到的技术问题，人工、材料、机械、费用消耗的增加等各种障碍和异常情况等；

（3）项目的行为主体产生的风险，如业主和投资者支付能力差，改变投资方向，违约不能完成合同责任等产生的风险；承包商（分包商、供应商）技术及管理能力不足，不能保证安全质量，无法按时交工等产生的风险；项目管理者（监理工程师）的能力、职业道德、公正性差等产生的风险；

（4）其他方面的风险，如外部主体（政府部门、相关单位）等产生的风险。

其次，按风险对目标的影响分析。这是按照项目的目标系统结构进行分析，它体现的是风险作用的结果，包括以下几个方面的风险：

（1）工期风险，如造成局部的（工程活动、分项工程）或整个工程的工期延长，不能及时投产；

（2）费用风险，包括财务风险、成本超支、投资追加、报价风险、收入减少等；

（3）质量风险，包括材料、工艺、工程等不能通过验收，工程试生产不合格或经过评价工程质量未达到标准或要求；

（4）生产能力风险，项目建成后达不到设计生产能力；

（5）市场风险，工程建成后产品达不到预期的市场份额，销售不足，没有销路，没有竞争力；

（6）信誉风险，可能造成对企业的形象、信誉的损害；

（7）人身伤亡以及工程或设备的损坏；

（8）法律责任风险，可能因此被起诉或承担相关法律的或合同的责任。

再次，按管理的过程和要素分析。这个分析包括极其复杂的内容，但也常常是分析风险责任的主要依据，它主要包括：

(1) 高层战略风险,如指导方针战略思想可能有错误而造成项目目标设计的错误等;
(2) 环境调查和预测的风险;
(3) 决策风险,如错误的选择,错误的投标决策、报价等;
(4) 项目策划风险;
(5) 技术设计风险;
(6) 计划风险,如目标的错误理解,方案错误等;
(7) 实施控制中的风险,如合同、供应、新技术、新工艺、分包、工程管理失误等方面的风险;
(8) 运营管理的风险,如准备不足、无法正常运营、销售不畅等的影响。

二、风险的控制

(一) 风险的分配

项目风险是时刻存在的,这些风险必须在项目参加者(包括投资者、业主、项目管理者、承包商、供应商等)之间进行合理的分配,只有每个参加者都有一定的风险责任,他才有对项目管理和控制的积极性和创造性,只有合理的分配风险才能调动各方面的积极性,才能有项目的高效益。合理分配风险要依照以下几个原则进行:

(1) 从工程整体效益的角度出发,最大限度地发挥各方面的积极性。因为项目参加者如果都不承担任何风险,则他也就没有任何责任,当然也就没有控制的积极性,就不可能搞好工作。如采用成本加酬金合同,承包商则没有任何风险责任,承包商也会千方百计地提高成本以争取工程利润,最终将损害工程的整体效益;如果承包商承担全部的风险也是不可行的,为防备风险,承包商必须提高要价,加大预算,而业主也因不承担风险将随便决策,盲目干预,最终同样会损害整体效益。因此只有让各方承担相应的风险责任,通过风险的分配以加强责任心和积极性,更好地达到计划与控制的目的。

(2) 公平合理,责、权、利平衡。一是风险的责任和权力应是平衡的,有承担风险的责任,也要给承担者以控制和处理的权力,但如果已有某些权力,则同样也要承担相应的风险责任;二是风险与机会尽可能对等,对于风险的承担者应该同时享受风险控制获得的收益和机会收益,也只有这样才能使参与者勇于去承担风险;三是承担的可能性和合理性,承担者应该拥有预测、计划、控制的条件和可能性,有迅速采取控制风险措施的时间、信息等条件,只有这样,参与者才能理性地承担风险。

(3) 符合工程项目的惯例,符合通常的处理方法。如采用国际惯例 FIDIC 合同条款,就明确地规定了承包商和业主之间的风险分配,比较公平合理。

(二) 风险的对策

任何项目都存在不同的风险,风险的承担者应对不同的风险有着不同的准备和对策,这应把它列入计划中的一部分,只有在项目的运营过程中,对产生的不同风险采取相应的风险对策,才能进行良好的风险控制,尽可能地减小风险可能产生的危害,以确保效益。通常的风险对策有:

(1) 权衡利弊后,回避风险大的项目,选择风险小或适中的项目。这在项目决策中就应该提高警惕,对于那些可能明显导致亏损的项目就应该放弃,而对于某些风险超过自己承受能力,并且成功把握不大的项目也应该尽量回避,这是相对保守的风险对策。

(2) 采取先进的技术措施和完善的组织措施,以减小风险产生的可能性和可能产生的影响。如选择有弹性的、抗风险能力强的技术方案，进行预先的技术模拟试验，采用可靠的保护和安全措施。为项目选派得力的技术和管理人员，采取有效的管理组织形式，并在实施的过程中实行严密的控制，加强计划工作，抓紧阶段控制和中间决策等。

（3）购买保险或要求对方担保，以转移风险。对于一些无法排除的风险，可以通过购买保险的办法解决；如果由于合作伙伴可能产生的资信风险，可要求对方出具担保，如银行出具的投标保函，合资项目政府出具的保证，履约的保函以及预付款保函等。

（4）提出合理的风险保证金，这是从财务的角度为风险作准备，在报价中增加一笔不可预见的风险费，以抵消或减少风险发生时的损失。

（5）采取合作方式共同承担风险。因为大部分项目都是多个企业或部门共同合作，这必然有风险的分担，但这必须考虑寻找可靠的即抗风险能力强、信誉好的合作伙伴，以及合理明确的分配风险（通过合同规定）。

（6）可采取其他的方式以减降风险。如采用多领域、多地域、多项目的投资以分散风险，因为这可以扩大投资面及经营范围，扩大资本效用，能与众多合作企业共同承担风险，进而降低总经营风险。

（三）在工程实施中进行全面的风险控制

工程实施中的风险控制贯穿于项目控制（进度、成本、质量、合同控制等）的全过程中，是项目控制中不可缺少的重要环节，也影响项目实施的最终结果。

首先，加强风险的预控和预警工作。在工程的实施过程中，要不断地收集和分析各种信息和动态，捕捉风险的前奏信号，以便更好地准备和采取有效的风险对策，以抵御可能发生的风险。

第二，在风险发生时，及时采取措施以控制风险的影响，这是降低损失，防范风险的有效办法。

第三，在风险状态下，依然必须保证工程的顺利实施，如迅速恢复生产，按原计划保证完成预定的目标，防止工程中断和成本超支，惟有如此才能有机会对已发生和还可能发生的风险进行良好的控制，并争取获得风险的赔偿，如向保险单位、风险责任者提出索赔，以尽可能地减少风险的损失。

思 考 题

1. 项目管理的概念。
2. 项目管理一般分为几个阶段？
3. 什么是项目？
4. 什么是建设项目？
5. 建筑产品的最终形式是什么？
6. 建筑产品有哪些特点？
7. 建筑产品的施工有哪些特点？
8. 施工管理的特点有哪些？
9. 建筑工程项目管理的概念。
10. 工程项目管理周期的概念。
11. 建设项目的建设程序如何？
12. 可行性研究的作用是什么？

13. 建筑工程项目竣工验收如何组织？
14. 建设项目各建设阶段常规的参与单位有哪些？
15. 建筑工程施工程序分为哪几个阶段？
16. 建筑工程项目管理的工作内容有哪些？
17. 建筑工程项目管理的程序如何？
18. 项目管理规划的概念。
19. 项目管理规划大纲的内容有哪些？
20. 项目管理实施规划的内容包括哪些？
21. 项目管理目标责任书的内容有哪些？
22. 建筑工程项目管理的主体有哪几个？
23. 建筑工程项目管理的类型有哪些？
24. 施工方项目管理的内容有哪些？
25. 业主方项目管理的内容有哪些？
26. 全面风险管理的含义是什么？
27. 工程项目的风险因素有哪些？
28. 风险分配有哪些基本原则？
29. 通常的风险对策有哪些？
30. 在工程实施中如何进行全面的风险控制？

第二章 项目管理组织

第一节 工程项目管理机构的组织

一、工程项目管理机构的组织模式

建设项目管理组织是指业主（或项目管理单位）及其相应的管理组织体系。建设项目立项后，应根据项目的性质、投资来源、建设规模大小、工程复杂程度等条件，建立相应的项目管理组织，其作用是对项目的建设进度、质量、安全、资金使用等实施有效的控制与管理。

施工项目管理组织机构同参与项目建设的各方的企业管理组织机构是局部与整体的关系。组织机构设置的目的是为了进一步充分发挥项目管理功能，提高项目整体管理效率，以达到项目管理的最终目标。工程项目管理组织体系和组织机构的建立是项目管理成功的组织保证。

1．"组织"有两种含义。组织的第一种含义是作为名词出现的，指组织机构。组织机构是按一定领导体制、部门设置、层次划分、职责分工、规章制度和信息系统等构成的有机整体，是社会的结合体，可以完成一定的任务，并为此而处理人和人、人和事、人和物的关系。组织的第二种含义是作为动词出现的，指组织行为（活动），即通过一定权力和影响力，为达到一定目标，对所需资源进行合理配置，处理人和人、人和事、人和物的行为（活动）。管理职能是通过两种含义的有机结合而产生和起作用的。

2．施工项目管理的组织，是指为进行施工项目管理、实现组织职能而进行组织系统的设计与建立、组织运行和组织调整三个方面。组织系统的设计与建立是指通过筹划、设计，建立一个可以完成施工项目管理的组织机构，建立必要的规章制度，划分并明确岗位、层次、部门的责任和权力，建立和形成管理信息系统及责任分担系统，并通过一定岗位和部门内人员的规范化的活动和信息流通实现组织目标。

3．组织职能是项目管理基本职能之一，其目的是通过合理设计和职权关系结构来使各方面的工作协调一致。项目管理的组织职能包括五个方面：

（1）组织设计。包括选定一个合理的组织系统，划分各部门的权限和职责，确立各种规章制度。例如：生产指挥系统组织设计、职能部门组织设计等等。

（2）组织联系。就是规定组织机构中各部门的相互关系，明确信息流通和信息反馈的渠道，以及它们之间的协调原则和方法。

（3）组织运行。就是按分担的责任完成各自的工作，规定各组织体的工作顺序和业务管理活动的运行过程。组织运行要抓好三个关键性问题，一是人员配置，二是业务接口关系，三是信息反馈。

（4）组织行为。就是指运用行为科学、社会学及社会心理学原理来研究、理解和影响组织中人们的行为、言语、组织过程、管理风格及组织变更等。

（5）组织调整。组织调整是指根据工作的需要，环境的变化，分析原有的工程项目组织系统的缺陷、适应性和效率性，对原组织系统进行调整和重新组合，包括组织形式的变化、人员的变动、规章制度的修订或废止、责任系统的调整以及信息流通系统的调整等。

二、建设工程项目的组织形式

建设工程项目的组织形式即为管理工程项目的组织建制。国内外常见的工程项目管理的组织形式有以下几种：

（一）业主自管方式

即业主自己设置基建机构（筹建处）负责支配建设资金、办理一切前期手续、委托设计、监理、采购设备、招标施工、验收工程等全部工作；有的还自行组织设计、施工队伍、直接进行设计和施工（自营方式）。

这是我国计划经济中多年惯用的方式，在计划经济体制下，基本任务由国家统一安排、资金统一分配。业主与设计、施工单位及设备物资供应单位关系，如图2-1所示。

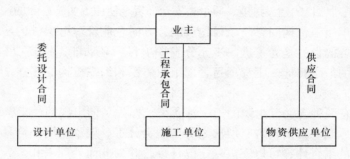

图2-1　建设各方关系示意

这种管理体制是业主和承包单位的管理体制。这种业主的筹建机构并非是专业化、社会化的管理机构，其人员都是临时从四面八方调集来的，多数没有管理工程建设的经验，而当他们有了一些管理经验之后，又随着工程的竣工而停止工程管理工作，改行从事其他工作。如此，其后的其他工程项目建设又在很低的管理水平上重复，使我国建设水平和投资效益永远难以提高。

（二）工程指挥部形式

我国建国后的30年里，一些大型工程项目和重点工程项目的管理都采用这种方式，现仍有这种形式存在。

这种建设指挥部是由专业部门和地方高级行政领导人兼任正副指挥长，用行政手段组织指挥工程建设，由所属的设计和施工队伍承担工程项目的设计与施工。指挥部的组成如图2-2所示。

这种工程指挥部对工程项目建设不承担经济责任，业主在指挥部中处于次要的地位，也无明确的经济责任。设计和施工单位与建设指挥部的关系都属于行政隶属关系，无严格的承包合同，不承担履行合同的责任，这是当时历史条件下的产物。

（三）项目总承包形式

也称一揽子承包方式，即业主仅提出工程项目的使用要求，而将勘察设计、设备选购、工程施工、材料供应、试车验收等工作委托一家承包公司去做，竣工后接过钥匙即可启用。承担这种任务的承包企业有的是科研、设计、施工一体化公司，有的是设计、施工、物资供应和设备制造厂家以及咨询公司等组成的联合集团。我国把这种管理形式叫做

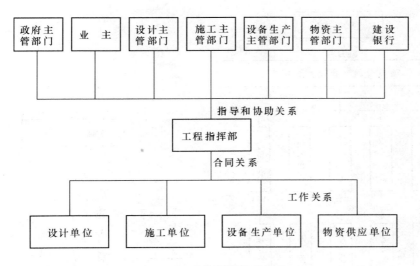

图 2-2 工程指挥部管理方式

"全过程承包"或工程项目总承包。这种总承包的管理组织形式如图 2-3 所示。

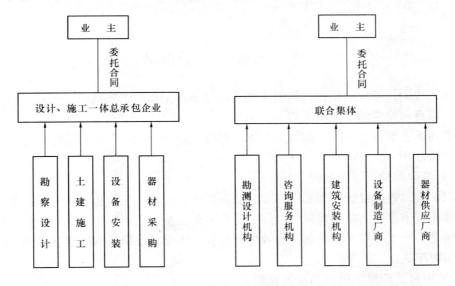

图 2-3 项目总承包形式

（四）工程托管（代建方式）形式

业主将整个工程项目的全部工作，包括可行性研究、场地准备、规划、勘察设计、材料供应、设备采购、施工监理及工程验收等全部任务，都委托给工程项目管理专业公司（代建公司），项目管理公司派出项目经理，再进行招标或组织有关专业公司共同完成整个建设项目，项目管理公司可以是设计单位、咨询单位、监理单位、施工单位等具有项目管理资质的企业。这种管理方式如图 2-4 所示。

（五）三角管理形式

由业主分别与承包单位和咨询公司签订合同，由咨询公司代表业主对承包单位进行管理，这是国际上通行的传统工程管理方式。三方关系如图 2-5 所示。

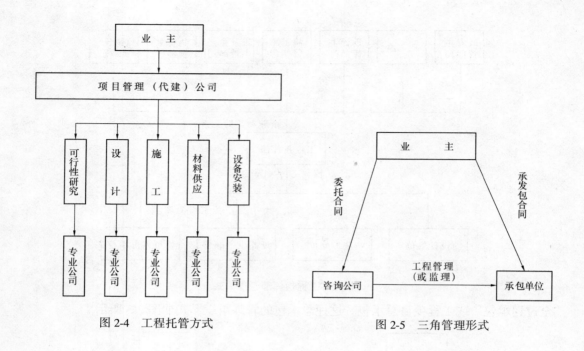

图 2-4 工程托管方式　　　　图 2-5 三角管理形式

第二节　建筑工程项目管理的组织机构

建筑工程项目管理的组织机构的主体,就是施工企业的组织机构——项目部。

一、项目部设置的目的和原则

一个施工企业接到项目之前就应考虑,对该项目管理设一个什么组织机构,才能充分发挥其管理效用。

(一)组织机构设置的目的

组织机构设置的目的是为了进一步充分发挥项目管理功能,为项目管理服务,提高项目管理整体效率以达到项目管理的最终目标。因此,企业在项目施工中合理设置项目管理组织机构是一个至关重要的问题。高效率项目管理体系和组织机构的建立是施工项目管理成功的组织保证。

(二)项目管理组织机构的设置原则

1. 高效精干的原则

项目管理组织机构在保证履行必要职能的前提下,要尽量简化机构、减少层次、从严控制二、三线人员,做到人员精干、一专多能、一人多职。

2. 管理跨度与管理分层统一的原则

项目管理组织机构设置、人员编制是否得当合理,关键是根据项目大小确定管理跨度的科学性。同时大型项目经理部的设置,要注意适当划分几个层次,使每一个层次都能保持适当的工作跨度,以便各级领导集团力量在职责范围内实施有效的管理。

3. 业务系统化管理和协作一致的原则

项目管理组织的系统化原则是由其自身的系统性所决定的。项目管理作为一种整体,是由众多小系统组成的;各子系统之间,在系统内部各单位之间,不同栋号、工种、工序之间存在着大量的"结合部",这就要求项目组织又必须是个完整的组织结构系统,也就是说各业务科室的职能之间要形成一个封闭性的相互制约、相互联系的有机整体。协作就是指在专业分工和业务系统管理的基础上,将各部门的分目标与企业的总目标协调起来,使各级和各个机构在职责和行动上相互配合。

4. 因事设岗、按岗定人、以责授权的原则

项目管理组织机构设置和定员编制的根本目的在于保证项目管理目标的实施。所以,因按目标需要设办事机构、按办事职责范围而确定人员编制多少。坚持因事设岗、按岗定人、以责授权,这是目前施工企业推行项目管理进行体制改革中必须解决的重点问题。

5. 项目组织弹性、流动的原则

组织机构的弹性和管理人员的流动,是由工程项目单件性所决定的。因为项目对管理人员的需求具有质和量的双重因素,所以管理人员的数量和管理的专业要随工程任务的变化而相应地变化,要始终保持管理人员与管理工作相匹配。

二、项目部(项目管理机构)的主要模式

(一)直线制式(图2-6)

1. 特征

机构中各职位都按直线排列,项目经理直接进行单线垂直领导。

2. 运用范围

适用于中小型项目。

3. 优点

人员相对稳定,接受任务快,信息传递迅捷,人事关系容易协调。

4. 缺点

专业分工差,横向联系困难。

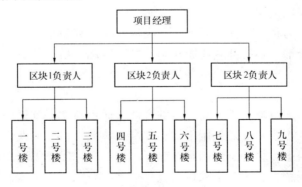

图2-6 直线制式

(二)工程队制式(图2-7)

工程队制式是完全按照对象原则的项目管理机构,企业职能部门处于服务地位。

1. 特征

(1)一般由公司任命项目经理,由项目经理在企业内招聘或抽调职能人员组成,由项目经理指挥,独立性大。

(2)管理班子成员与原部门脱离领导与被领导关系,原单位只负责业务指导和考察。

(3)管理机构与项目施工期同寿命。项目结束后,机构撤消,人员回原部门和岗位。

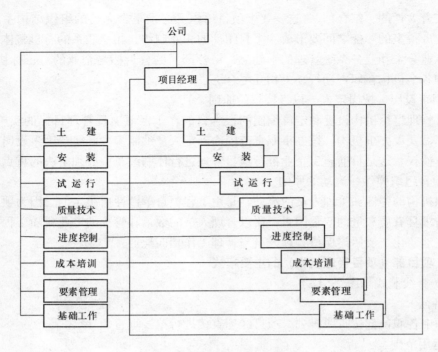

图 2-7 工程队制式

2．适用范围

适用于大型项目、工期紧迫的项目，以及要求多工种多部门密切配合的项目。

3．优点

（1）人员均为各职能专家，可充分发挥专家作用，各种人才都在现场，解决问题迅速，减少了扯皮和时间浪费。

（2）项目经理权力集中，横向干涉少，决策及时，有利于提高工作效率。

（3）减少了结合部，不打乱企业原建制，易于协调关系、避免行政干预，项目经理易于开展工作。

4．缺点

由于临时组合，人员配合工作需一段磨合期，而且各类人员集中在一起，同一时期工作量可能差别很大，很容易造成忙闲不均、此窝工彼缺人，导致人工浪费。由于同一专业人员分配在不同项目上，相互交流困难，专业职能部门的优势无法发挥作用，致使在一个项目上早已解决的问题，在另一个项目上重复探索、研究。基于以上原因，当人才紧缺而同时有多个项目需要完成时，此项目组织类型不宜采用。

（三）部门控制式（图 2-8）

它是按照职能原则建立的项目组织，是在不打乱企业现行建制的条件下，把项目委托给企业内某一专业部门或施工队，由单一部门的领导负责组织项目实施的项目组织形式。

1．特征

是按职能原则建立的项目机构，不打乱企业现行建制。

2．适用范围

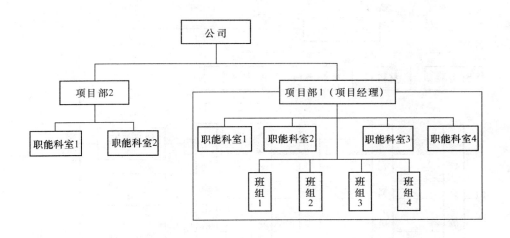

图 2-8 部门控制式

适用于小型的专业性强、不需涉及众多部门的施工项目。例如，煤气管道施工项目、电话、电缆铺设等只涉及到少量技术工种，只交给某地专业施工队即可，如需要专业工程师，可以从技术部门临时供调，该项目可以从这个施工队指定项目经理全权负责。

3. 优点

（1）机构启动快。

（2）职能明确，职能专一，关系简单，便于协调。

（3）项目经理无须专门训练便能进入状态。

4. 缺点

人员固定，不利于精简机构，不能适应大型复杂项目或者涉及各个部门的项目，因而局限性较大。

（四）矩阵式（图 2-9）

矩阵式组织是现代大型项目管理中应用最广泛的新型组织形式，是目前推行项目法施工的一种较好的组织形式。它吸收了部门控制式和混合工程队式的优点，发挥职能部门的纵向优势和项目组织的横向优势，把职能原则和对象原则结合起来。从组织职能上看，矩阵式组织将企业职能和项目职能有机地结合在一起，形成了一种纵向职能机构和横向项目机构相交叉的"矩阵"型组织形式。

在矩阵式组织中，企业的专业职能部门和临时性项目组织同时交互作用。纵向、职能部门负责人对所有项目中的本专业人员负有组织调配、业务指导和管理的责任；横向、项目经理对参加本项目的各种专业人才均负有领导责任，并按项目实施的要求把他们有效地组织协调到一起，为实现项目目标共同配合工作。矩阵中每一个成员，都需要接受来自所在部门负责人和所在项目的项目经理的双重领导。与混合工程队形式不同，矩阵组织中的专业人员参加项目，其行动不完全受控于项目经理，还要接受本部门的领导。部门负责人有权根据不同项目的需要和忙闲程度，将本部门专业人员在项目之间进行适当调配。因为不可能所有的项目都在同一时间需要同一种专业人才，专业人员可能同时为几个项目服务。这就充分发挥了特殊专业人才的作用，特别是某种人才稀缺时，可以避免在一个项目

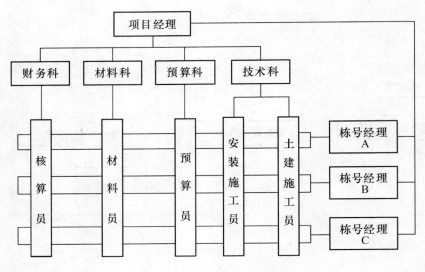

图 2-9 矩阵式

上闲置,而在另一个项目上又奇缺的此窝工彼缺人现象,从而大大提高了人才的利用率。对于项目经理来说,他的主要职责是高效率地完成项目。凡到本项目来的成员他都有权调动和使用,当感到人力不足或某些成员不得力时,他可以向职能部门请求支援或要求调换。这也使项目实施有了多个职能部门作后盾。矩阵组织形式需要在水平和垂直方向上有良好的沟通与协调配合,因而对整个企业组织和项目组织的管理水平、工作效率和组织渠道的畅通都提出了较高的要求。

1. 特征

(1) 将项目机构与职能部门按矩阵式组成,矩阵式的每个结合接受双重领导,部门控制力大于项目控制力。

(2) 项目经理工作有各职能部门支持,有利于信息沟通、人事调配、协调作战。

2. 适用范围

(1) 适用于同时承担多个项目管理的企业。

(2) 适用于大型、复杂的施工项目。

3. 优点

(1) 兼有部门控制式和混合工程队控制式两者的优点,解决了企业组织和项目组织的矛盾。

(2) 能以尽可能少的人力实现多个项目管理的高效率。

4. 缺点

双重领导造成的矛盾;身兼多职造成管理上顾此失彼。

矩阵式组织对企业管理水平、项目管理水平、领导者的素质、组织机构的办事效率、信息沟通渠道的畅通,均有较高要求,因此要精干组织、分层授权、疏通渠道、理顺关系。由于矩阵式组织较为复杂,结合部多,容易造成信息沟通量膨胀和沟通渠道复杂化,致使信息梗阻和失真。这就要求协调组织内容的关系时必须有强有力的组织措施和协调办法以排除难题。为此,层次、职责、权限要明确划分,有意见分歧难以统一时,企业领导要出面及时协调。

(五)事业部式

事业部式项目管理组织,在企业内作为派往项目的管理班子,对企业外具有独立法人资格。图2-10是事业部式项目组织机构示意。

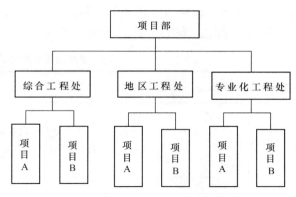

图2-10 事业部式项目组织机构

1.特点

(1)企业成立事业部,事业部对企业内来说是职能部门,对企业外来说享有相对独立的经营权,可以是一个独立单位。它具有相对独立的自主权,有相对独立的利益,相对独立的市场,这三者构成事业部的基本要素。事业部可以按地区设置,也可以按工程类型或经营内容设置。事业部能较迅速适应环境变化,提高企业的应变能力,调动部门积极性。当企业向大型化、智能化发展并实行作业层和经营管理层分离时,事业部式是一种很受欢迎的选择,既可以加强经营战略管理,又可以加强项目管理。

(2)在事业部(一般为其中的工程部或开发部,对外工程公司是海外部)下边设置项目经理部,项目经理由事业部选派,一般对事业部负责,有的可能直接对业主负责,是根据其授权程度决定的。

2.适用范围

事业部式项目组织适用于大型经营性企业的工程承包,特别是适用于远离公司本部的工程承包。需要注意的是,一个地区只有一个项目,没有后续工程时,不宜设立地区事业部,也即它适用于在一个地区内有长期市场或一个企业有多种专业化施工力量时采用。在这些情况下,事业部与地区市场同寿命,地区没有项目时,该事业部应予撤销。

3.优点

事业部式项目组织有利于延伸企业的经营职能,扩大企业的经营业务,便于开拓企业的业务领域。还有利于迅速适应环境变化以加强项目管理。

4.缺点

事业部式项目组织的缺点是企业对项目经理部的约束力减弱,协调指导的机会减少,故有时会造成企业结构松散,必须加强制度约束,加大企业的综合协调能力。

(六)项目部机构的选择思路

选择什么样的项目组织机构,应将企业的素质、任务、条件、基础同工程项目的规模、性质、内容、要求的管理方式结合起来分析,选择最适宜的项目组织机构,不能生搬硬套某一种形式,更不能不加分析地盲目作出决策。一般说来,可按下列思路选择项目组织机构形式:

1.大型综合企业,人员素质好,管理基础强,业务综合性强,可以承担大型任务,宜采用矩阵式、混合工作队式、事业部式的项目组织机构。

2.简单项目、小型项目、承包内容专一的项目,应采用部门控制式项目组织机械。

3.在同一企业内可以根据项目情况采用几种组织形式,如将事业部式与矩阵式的项目组织结合使用,将工作队式项目组织与事业部式结合使用等,但不能同时采用矩阵式及混合工作队式,以免造成管理渠道和管理秩序的混乱。

表 2-1 可供选择项目组织机构形式时参考。

选择项目组织机构形式参考因素   表 2-1

项目组织形式	项目性质	施工企业类型	企业人员素质	企业管理水平
工程队式	大型项目,复杂项目,工期紧的项目	大型综合建筑企业,有得力项目经理的企业	人员素质较强,专业人才多,职工和技术素质较高	管理水平较高,基础工作较强,管理经验丰富
部门控制式	小型项目,简单项目,只涉及个别少数部门的项目	小建筑企业,事务单一的企业,大中型基本保持直线职能制的企业	素质较差,力量薄弱,人员构成单一	管理水平较低,基础工作较差,项目经理难找
矩阵式	多工种、多部门、多技术配合的项目,管理效率要求很高的项目	大型综合建筑企业,经营范围很宽、实力很强的建筑企业	文化素质、管理素质、技术素质很高,但人才紧缺,管理人才多,人员一专多能	管理水平很高,管理渠道畅通,信息沟通灵敏,管理经验丰富
事业部式	大型项目,远离企业基地项目,事业部制企业承揽的项目	大型综合建筑企业,经营能力很强的企业,海外承包企业,跨地区承包企业	人员素质高,项目经理强,专业人才多	经营能力强,信息手段强,管理经验丰富,资金实力大

(七)项目组织效果评价

项目组织确定后,应对其进行评价。基本评价因素如下:

(1) 管理层次及管理跨度的确定是否合适,是否能产生高效率的组织。

(2) 职责分明程度。是否将任务落实到各基本组织单元。

(3) 授权程度。项目授权是否充分,授权保证的程度,授权的范围。

(4) 精干程度。在保证工作顺利完成的前提下,项目工作组成员有多少。

(5) 效能程度。是否能充分调动人员积极性,高效完成任务。

根据所列各评价因素在组织中的重要程度及对组织的影响程度,分别给予一定的权数,然后对各因素打分,得出总分,以作评价。

第三节 工程项目经理部

一、项目经理部

(一)项目经理部概述

1. 项目经理部定义

项目经理部是由项目经理在企业的支持下组建并领导项目管理的组织机构。它是施工项目现场管理的一次性并具有弹性的施工生产组织机构,负责施工项目从开工到竣工的全过程施工生产经营的管理工作，既是企业某一施工项目的管理层，又对劳务作业层负有管理与服务的职能。

项目经理部由项目经理、项目副经理以及其他技术和管理人员组成。项目经理部各类管理人员的选聘，先由项目经理或企业人事部门推荐，或由本人自荐，经项目经理与企业法定代表人或企业管理组织协商同意后按组织程序聘任。

对于企业紧缺的少数专业技术管理人员，也可向社会公开招聘。中型以上项目应配备专职技术、财务、合同预算、材料等业务人员，他们除直接接受项目经理的领导、按岗位责任制实施项目管理外，还应按岗位工作标准的要求，接受主管职能部门的业务指导和监督。

2. 项目经理部的地位

项目经理部直属项目经理领导，接受企业业务部门的指导、监督、检查和考核，是项目管理工作的具体执行机构和监督机构，是在项目经理领导下的施工项目管理层。其职能是对施工项目从开工到竣工实行全过程的综合管理。

施工项目经理部是施工项目管理的中枢，施工项目职责权利的落脚点。相对于企业来说，它是隶属于企业的项目责任部门，就一个施工项目的各方面活动对企业全面负责；相对于建设单位来说，它是建设单位成果目标的直接责任者，是建设单位直接监督控制的对象；相对于项目内部成员而言，它是项目独立利益的代表者和保证者，同时也是项目的最高直接管理者。

确立项目经理部的地位，关键在于正确处理项目经理与项目经理部之间的关系。施工项目经理是施工项目经理部的一个成员，但由于其地位的特殊，一般都把他同项目经理部并列。从总体上说，施工项目经理与施工项目经理部的关系可以总结为：

（1）施工项目经理部是在施工项目经理领导下的机构，要绝对服从施工项目经理的统一指挥；

（2）施工项目经理是施工项目利益的代表和全权负责人，其一切行为必须符合施工项目经理部的整体利益。但在实际工作中，由于施工项目经济责任的形式不同，施工项目经理与施工项目经理部的关系远非如此简单，施工项目经理部的职责权利落实也存在着多种情况，需要具体分析。

3. 项目经理部的性质

施工项目经理部是施工企业内部相对独立的一个综合性的责任单位，其性质可以归纳为三个方面：

（1）施工项目经理部的相对独立性。施工项目经理部的相对独立性是指它与企业存在着双重关系。一方面，它作为施工企业的下属单位，同施工企业存在着行政隶属关系，要绝对服从企业的全面领导；另一方面，它又是一个施工项目机构独立利益的代表，同企业形成一种经济责任关系。

（2）施工项目经理部的综合性。施工项目经理部的综合性主要指如下几个方面：首先，应当明确施工项目经理部是施工企业的经济组织，主要职责是管理施工项目的各种经济活动，但它又要负责一定的行政管理，比如施工项目的思想政治工作；其次，其管理职能是综合的，包括计划、组织、控制、协调、指挥等多方面；第三，其管理业务是综合的，从横向看包括人、财、物、生产和经营活动；从纵向看包括施工项目实施的全过程。

(3) 施工项目经理部的单体性和临时性。施工项目经理部的单体性是指它仅是企业中一个施工项目的责任单位，随着施工项目的开工而成立，随着施工项目的终结而解体。

4. 项目经理部的作用

项目经理部是施工项目管理的工作班子，置于项目经理的领导之下。为了充分发挥项目经理部在项目管理中的主体作用，必须对项目经理部的机构设置特别重视，设计好、组建好、运转好，从而发挥其应有功能。

(1) 负责施工项目从开工到竣工全过程的施工生产经营的管理，对作业层负有管理与服务的双重职能。因此作业层工作的质量取决于项目经理的工作质量。

(2) 为项目经理的决策提供信息依据，当好参谋，同时又要执行项目经理的决策意图，向项目经理全面负责。

(3) 项目经理部作为组织体，应完成企业所赋予的基本任务——项目管理任务。凝聚管理人员的力量，调动其积极性，促进管理人员的合作，建立为事业献身的精神；协调部门之间、管理人员之间的关系，发挥每个人的岗位作用，为共同目标进行工作；影响和改变管理人员的观念和行为，使个人的思想、行为变为组织文化的权极因素；实行责任制，搞好管理；沟通部门之间、项目经理部与作业队之间、与公司之间、与环境之间的关系。

(4) 项目经理部是代表企业履行工程承包合同的主体，对项目产品和建设单位全面、全过程负责，使每个施工项目经理部成为市场竞争的主体成员。

(二) 项目经理部的设立

1. 项目经理部设立的要求

项目经理部的设立应根据施工项目管理的实际需要进行。一般情况下，大、中型施工项目，承包人必须在施工现场设立项目经理部，而不能用其他组织方式代替。在项目经理部内，应根据目标控制和主要管理的需要设立专业职能部门。小型施工项目，如果由企业法定代表人委托某个项目经理部兼管的，也可以不单独设立项目经理部，但委托兼管应征得项目发包人的同意，并不得削弱兼管者的项目管理责任，兼管者应是靠近该项目者。一般情况下，一个项目经理部不得同时兼管两个以上的工程项目部。

2. 项目经理部设立的基本原则

(1) 根据设计的项目组织形式设置项目经理部。项目组织形式不仅与企业对施工项目的管理方式有关，而且与企业对项目经理部的授权有关。不同的组织形式对项目经理部的管理力量和管理职责提出了不同要求，同时也提供了不同的管理环境。

(2) 根据施工项目的规模、复杂程度和专业特点设置项目经理部。例如对大型或较大型项目经理部可以设职能部、处；中型项目经理部可以设处、科；小型或一般型项目经理部一般只需设职能人员即可。如果项目的专业性强，也可设置专业性强的职能部门，如水电处、安装处、基础工程处等等。

(3) 项目经理部是一个具有弹性的一次性的管理组织，不应搞成一级固定性组织。项目经理部不应有固定的作业队伍，而应根据施工的需要，从劳务分包公司吸收人员，进行优化组合和动态管理。

(4) 项目经理部的人员配置应面向现场，满足现场的计划与调度、技术与质量、成本与核算、劳务与物资、安全与文明施工的需要，而不应设置专管经营与咨询、研究与发展、政工与人事等与项目施工关系较少的非生产性管理部门。

3. 项目经理部的设立规模

国家对项目经理部的设置规模无具体规定。目前企业是根据推行施工项目管理的实践经验，按项目的使用性质和规模进行设置。

项目经理部一般按工程的规模大小建立。单独建立项目经理部的工程规模：公共建筑、工业建筑工程规模为 5000m^2 以上的；住宅建设小区 1 万 m^2 以上；其他工程投资在 500 万元以上。根据不同的规模，有人提出把项目经理部分为三个等级。

（1）一级施工项目经理部：建筑面积为 15 万 m^2 及以上的群体工程；面积为 10 万 m^2 及以上的单体工程；投资在 8000 万元及以上的各类施工项目。

（2）二级施工项目经理部：建筑面积在 15 万 m^2 以下，10 万 m^2 及以上的群体工程；面积在 10 万 m^2 以下，5 万 m^2 及以上的单体工程；投资在 8000 万元以下，3000 万元以上的各类施工项目。

（3）三级施工项目经理部：建筑面积在 10 万 m^2 以下，2 万 m^2 及以上的群体工程；面积在 5 万 m^2 以下，1 万 m^2 及以上的单体工程；3000 万元以下，500 万元及以上的各类施工项目。

建筑面积在 1 万 m^2 以下的群体工程，面积在 5000m^2 以下的单体工程，按照项目经理责任制的有关规定，可实行项目授权代管和栋号承包。以栋号长为负责人，直接与代管项目经理签订《栋号管理目标责任书》。

4. 项目经理部的设立步骤

项目经理部的设立应遵循下列步骤：

（1）根据企业批准的《项目管理规划大纲》确定项目经理部的管理任务和组织形式。

项目经理部的组织形式和管理任务的确定应充分考虑工程项目的特点、规模以及企业管理水平和人员素质等因素。组织形式和管理任务的确定是项目经理部设置的前提和依据，对项目经理部的结构和层次起着决定性的作用。

（2）确定项目经理部的层次，设立职能部门与工作岗位。根据项目经理部的组织形式和管理任务进一步确定项目经理部的结构层次，如果管理任务比较复杂，层次就应多一些；如果管理任务比较单一，层次就应简化。此外，职能部门和工作岗位的设置除适应企业已有的管理模式外，还应考虑命令传递的高效化和项目经理部成员工作途径的适应性。

（3）根据部门和岗位进一步定人、定岗，划分各类人员的职责、权限，以及沟通途径和指令渠道。

（4）在组织分工确定后，项目经理即应根据"项目管理目标责任书"对项目管理目标进行分解、细化，使目标落实到岗、到人。

（5）在项目经理的领导下，进一步制定项目经理部的管理制度，做到责任具体、权力到位、利益明确。在此基础上，还应详细制定目标责任考核和奖惩制度，使勤有所奖、懒有所罚，从而保证项目经理部的运行有章可循。

（三）项目经理部的解体

1. 项目经理部解体的条件

项目经理部是一次性并具有弹性的现场生产组织机构，工程竣工后，项目经理部应及时地解体同时做好善后处理工作。项目经理部解体的条件为：

（1）工程已经交工验收，并已经完成竣工结算；

(2) 与各分包单位已经结算完毕；
(3) 已协助企业与发包人签订了《工程质量保修书》；
(4) 《项目管理目标责任书》已经履行完毕，并经承包人审计合格；
(5) 各项善后工作已与企业主管部门协商一致并办理了有关手续。

2. 项目经理部解体的程序与善后工作

(1) 企业工程管理部门是项目经理部组建和解体善后工作的主管部门，主要负责项目经理部的组建及解体后工程项目在保修期间的善后问题处理，包括因质量问题造成的返(维)修、工程剩余款的结算及回收等。

(2) 在施工项目全部竣工并交付验收签字之日起十五天内，项目经理部要根据工作需要向企业工程管理部写出项目经理部解体的申请报告，同时向各业务系统提出本部善后留用和解体合同人员名单及时间，经有关部门审核批准后执行。

(3) 项目经理部解聘工作人员时，为使其有一定的求职时间，应提前发给解聘人员两个月的岗位效益工资。

(4) 项目经理部解体前，应成立以项目经理为首的善后工作小组，其留守人员由主任工程师、技术、预算、财务、材料各一人组成，主要负责剩余材料的处理，工程款的回收，财务账目的结算移交，以及解决与甲方的有关遗留事宜。善后工作一般规定为三个月(从工程管理部门批准项目经理部解体之日起计算)。

(5) 施工项目完成后，还要考虑项目的保修问题，因此在项目经理部解体与工程结算前，要由经营和工程部门根据竣工时间和质量等级确定工程保修费的预留比例。

(6) 项目经理部与企业有关职能部门发生矛盾时，由企业经理办公会裁决。与分包及作业层关系中的纠纷依据双方签订的合同和有关的签证处理。

3. 项目经理部解体的必要性

在施工项目经理部是否解体的问题上，不少企业坚持固化项目管理组织。

固化项目管理组织致命的缺点是不利于优化组织机构和劳动组合，以不变的组织机构应付万变的工程项目的管理任务，严重影响了项目单独的经济核算和管理效果。因此工程项目管理的理论基础和实践要求项目经理部必须解体。

(1) 有利于针对项目的特点建立一次性的项目管理机构。
(2) 有利于建立可以适时调整的弹性项目管理机构。
(3) 有利于对已完成项目进行总结、结算、清算和审计。
(4) 有利于项目经理部集中精力进行项目管理和成本核算。
(5) 有利于企业管理层和项目管理层进行分工协作，明确双方各自的责、权、利。

4. 项目经理部解体后的效益评价与债权债务处理

(1) 项目经理部的剩余材料原则上售让给公司物资设备部，材料价格根据新旧情况按质论价，双方发生争议时可由经营管理部门协调裁决。而对外售让必须经公司主管领导批准。

(2) 由于现场管理工作需要，项目经理部自购的通信、办公等小型固定资产，必须如实建立台账，折价后移交企业。

(3) 项目经理部的工程成本盈亏审计以该项目工程实际发生成本与价款结算回收数为依据，由审计牵头，预算、财务和工程部门参加，于项目经理部解体后第四个月内写出审计评价报告，交公司经理办公会审批。

（4）项目经理部的工程结算、价款回收及加工订货等债权债务处理，一般情况下由留守小组在三个月内完成。若三个月未能全部收回又未办理任何法定手续的，其差额作为项目经理部成本亏损额的一部分。

（5）经审计评估，整个工程项目综合效益除完成指标外仍有盈余者，全部上交，然后根据盈余情况给予奖励。整个经济效益审计为亏损者，其亏损部分一律由项目经理负责，按相应奖励比例从其管理人员风险（责任）抵押金和工资中扣出；亏损额超过一定数额者，经企业经理办公会研究，视情况给予项目经理个人行政与经济处分；亏损数额较大，存在严重的经济问题的，性质严重者，企业有关部门有权起诉追究项目经理的刑事责任。

（6）项目经理部解体、善后工作结束后，项目经理离任重新投标或聘用前，必须按上述规定做到人走场清、账清、物清。

二、项目经理

（一）项目经理的产生及条件

1. 项目管理班子

项目管理班子是以项目经理为核心，共享利益，共担风险，对外代表企业履行与建设单位签订的工程承包合同，对内则是工程项目建设的承包经营者。

项目管理班子应本着满足工作需要，高效、精干、一专多能的原则，依据项目大小、繁简和承包范围确定人员配备。根据一些企业的经验，大型工程项目管理班子的人数为15～25人，中型为10～15人，小型为5～10人。一般项目可设有技术员、施工员、预算员、计划统计员、成本员、材料员、质量员、安全员、定额员等职能岗位。

项目班子的主要职责是以较低的成本，尽可能好的质量，尽可能合理的工期，安全地完成工程建设任务。

2. 项目经理的条件

工程项目管理是以项目经理个人负责制为基础的，即项目经理负责制。项目经理作为建设单位的代表或施工单位委托的管理者，其主要职责是在总体上掌握和控制工程项目建设的全过程，以确保工程项目总目标最优地实现。项目经理是决定项目管理成败的关键人物，是项目管理的柱石，是项目实施的最高决策者、管理者、组织者、指挥者、协调者和责任者。根据有关精神认为项目经理应该根据其水平和经历划分等级，项目经理必须由具有相关专业执业资格的人员担任。因此，要求项目经理必须具备以下基本条件：

（1）具有较高的技术、业务管理水平和实践经验；

（2）有组织领导能力，特别是管理人的能力；

（3）政治素质好，作风正派，廉洁奉公，政策性强，处理问题能把原则性、灵活性和耐心结合起来；具有较强的判断能力，敏捷思考问题的能力和综合、概括的能力；

（4）决策准确、迅速，工作有魄力，敢于承担风险；

（5）工作积极热情，精力充沛，能吃苦耐劳；

（6）具有一定的社交能力和交流沟通的能力。

3. 项目经理的产生

目前，项目经理的产生有以下几个途径：

（1）行政派出，即直接由企业领导决定项目经理人选；

(2) 人事部门推荐，企业聘任，即授权人事部门对干部、职工进行综合考核，提出项目经理候选人名单，提供领导决策，领导一经确定，即行聘任；

(3) 招标确定，即通过自荐，宣布施政纲领，群众选举，领导综合考核等环节产生；

(4) 职工推选，即由职工代表大会或全体职工直接投票选举产生。

作为一个项目经理，其工作特点：一是"忙"，日理万机、头绪很多；二是"繁"，总是处在矛盾、冲突、纠纷之中，负担繁重；三是"风险大"，需要承担项目的质量、安全和经济风险。随着项目法施工在我国的实行，以及为了承揽国际建筑工程，迫切地需要更多的优秀的项目管理人才，这就要求我们一方面要对有一些经验的、有培养前途的、年富力强的中年管理干部进行培训；另一方面对年轻干部要大胆使用，加强实践锻炼，使他们迅速成长为有知识、有技术、有经验、会经营、懂管理的合格的项目管理人才。

（二）项目经理的责权利

1. 项目经理的任务

项目经理的任务主要包括：保证项目按照规定的目标高速、优质、低耗地全面完成；保证各生产要素在项目经理授权范围内最大限度地优化配置。具体包括：

(1) 确定项目管理组织机构的构成并配备人员，制定规章制度，明确有关人员的职责，组织项目经理部开展工作；

(2) 确定管理总目标和阶段性目标，进行目标分解，实行总体控制，确保项目建设成功；

(3) 及时、适当地做出项目管理决策，包括投标报价决策、人事任免决策、重大技术组织措施决策、财务工作决策、资源调配决策、进度决策、合同签订及变更决策，对合同执行情况进行严格管理；

(4) 协调本组织机构与各协作单位之间的协作配合及经济、技术工作，在授权范围内代理（企业法人）进行有关签证，并进行相互监督、检查，确保质量、工期、成本控制和节约；

(5) 建立完善的内部及对外信息管理系统；

(6) 实施合同，处理好合同变更、洽商纠纷和索赔，处理好总分包关系，搞好与有关单位的协作配合，与建设单位的相互监督。

2. 项目经理的基本职责

项目经理的基本职责有：

(1) 代表企业实施施工项目管理，贯彻执行国家法律、法规、方针、政策和强制性标准，执行企业的管理制度，维护企业的合法权益；

(2) 履行"项目管理目标责任书"规定的任务；

(3) 组织编制项目管理实施规划；

(4) 对进入现场的生产要素进行优化配置和动态管理；

(5) 建立质量管理体系和安全管理体系并组织实施；

(6) 在授权范围内负责与企业管理层、劳务作业层、各协作单位、发包人、分包人和监理工程师等的协调，解决项目中出现的问题；

(7) 按《项目管理目标责任书》处理项目经理部与国家、企业、分包单位以及职工之间的利益分配；

（8）进行现场文明施工管理，发现和处理突发事件；

（9）参与工程竣工验收，准备结算资料和分析总结，接受审计，处理项目经理部的善后工作；

（10）协助企业进行项目的检查、鉴定和评奖申报。

3．项目经理的权限

项目经理在授权和企业规章制度范围内，在实施项目管理过程中享有以下权限：

（1）项目投标权。项目经理参与企业进行的施工项目投标和签订施工合同。

（2）人事决策权。项目经理经授权组建项目经理部确定项目经理部的组织结构，选择、聘任管理人员，确定管理人员的职责，组织制定施工项目的各项管理制度，并定期进行考核、评价和奖惩。

（3）财务支付权。项目经理在企业财务制度规定范围内，根据企业法定代表人授权和施工项目管理的需要，决定资金的投入和使用，决定项目经理部组成人员的计酬办法。

（4）物资采购管理权。项目经理在授权范围内，按物资采购程序的文件规定行使采购权。

（5）作业队伍选择权。根据企业法定代表人授权或按照企业的规定，项目经理自主选择、使用作业队伍。

（6）进度计划控制权。根据项目进度总目标和阶段性目标的要求，对项目建设的进度进行检查、调整，并在资源上进行调配，从而对进度计划进行有效的控制。

（7）技术质量决策权。根据项目管理实施规划或项目组织设计，有权批准重大技术方案和重大技术措施，必要时要召开技术方案论证会，把好技术决策关和质量关，防止技术上决策失误，主持处理重大质量事故。

（8）现场管理协调权。项目经理根据企业法定代表人授权，协调和处理与施工项目管理有关的内部与外部事项。

4．项目经理的利益

项目经理最终的利益是项目经理行使权力和承担责任的结果，也是市场经济条件下责、权、利、效相互统一的具体体现。主要表现在：

（1）获得基本工资、岗位工资和绩效工资；

（2）在全面完成《项目管理目标责任书》确定的各项责任目标、交工验收并结算后，接受企业的考核和审计，除按规定获得物质奖励外，还可获得表彰、记功、优秀项目经理等荣誉称号和其他精神奖励；

（3）经考核和审计，未完成《项目管理目标责任书》确定的责任目标或造成亏损的，按有关条款承担责任，并接受经济或行政处罚。

（三）项目经理责任制

1．实行项目经理责任制的条件

实行项目经理责任制，必须坚持管理层与劳务层分离的原则，依靠市场，实行业务系统化管理，通过人、财、物各要素的优化组合，发挥系统管理的有效职能，使管理向专业化、科学化发展，同时又赋予项目经理一定的权力，促使项目高速、优质、低耗地全面完成。

实行项目经理责任制必须具备以下条件：

(1) 项目任务落实，开工手续齐全，具有切实可行的项目管理规划大纲或施工组织设计；

(2) 图纸、工程技术资料、劳动力配备、主材落实，并能按计划提供；

(3) 组织一个精干、得力、高效的项目经理部，有一批懂技术、会管理、敢负责的人；

(4) 建立了企业业务工作系统化管理，企业具有为项目经理部提供人力资源、材料、设备及生活设施等各项服务的功能。

2. 项目管理目标责任书的内容

项目管理目标责任书应包括下列内容：

(1) 企业各业务部门与项目经理部之间的关系；

(2) 项目经理部使用作业队伍的方式，项目所需材料供应方式和机械设备供应方式；

(3) 应达到的项目进度目标、项目质量目标、项目安全目标和项目成本目标；

(4) 在企业制度规定以外，由法定代表人向项目经理委托的事项；

(5) 企业对项目经理部人员进行奖惩的依据、标准、办法及应承担的风险；

(6) 项目经理解职和项目经理部解体的条件及方法。

第四节 工程执业资格制度

《中华人民共和国建筑法》第14条规定："从事建筑活动的专业技术人员，应当依法取得相应的执业资格证书，并在执业证书许可的范围内从事建筑活动。"

改革开放以来，按照《建筑法》的要求，我国在建设领域已设立了注册建筑师、注册结构工程师、注册监理工程师、注册造价工程师、注册房地产估价工程师、注册规划师、注册岩土工程师等执业资格。2002年12月5日，人事部、建设部联合下发了《关于印发〈建造师执业资格制度暂行规定〉的通知》（人发［2002］111号），印发了《建造师执业资格制度暂行规定》，标志着我国建立建造师执业资格制度的工作正式启动。

建造师执业资格制度起源于英国，迄今已有150余年的历史。世界上许多发达国家已经建立了该项制度，具有执业资格的建造师也有了国际性的组织——国际建造师协会，已有11个国家成为该协会会员。我国施工企业有10万多个，从业人员3500多万人，建立建造师执业资格制度非常必要。这个制度的建立，必将促进我国在建筑施工领域与世界同行的合作与交流，必将促进我国工程管理人员素质和管理水平的提高，促进我们进一步开拓国际建筑市场，更好地实施走出去的战略方针。

目前，建设部对建造师执业资格制度这项工作非常重视，正在组织多方面的力量，紧锣密鼓地开展工作，现已作为企业资质的必备条件，是施工企业选派项目经理的条件之一。

一、我国建造师执业资格制度的几个基本问题

（一）建造师的执业定位

建造师是以建设工程项目管理为主业的执业注册人员。注册建造师应是以专业技术为依托，懂管理、懂技术、懂经济、懂法规，综合素质较高的复合型人员。既要有一定的理论水平，更要有丰富的工程管理的实践经验和较强的组织能力。建造师注册后，既可以受

聘担任建设工程施工的项目经理,也可以受聘从事其他施工管理工作(如质量监督、工程管理咨询以及法律、行政法规或国务院建设行政主管部门规定的其他业务)。

(二)建造师的级别与专业

建造师分为一级建造师和二级建造师。

建造师分级管理,可以使整个建造师队伍中有一批具有较高素质和管理水平的人员,便于开展国际互认,也可使整个建造师队伍适合我国建设工程项目量大面广,规模差异悬殊,各地经济、文化和社会发展水平差异较大,不同项目对管理人员要求不同的特点。一级注册建造师可以担任《建筑业企业资质等级标准》中规定的特级、一级建筑业企业承担的建设工程项目施工的项目经理;二级注册建造师只可以担任二级及以下建筑业企业承担的建设工程项目施工的项目经理。

不同类型、不同性质的建设工程项目,有着各自的专业性和技术特点,对项目经理的专业要求也有很大不同。建造师实行分专业管理,就是为了适应各类工程项目对建造师专业技术的不同要求,也是为了与现行建设管理体制相衔接,充分发挥各有关专业部门的作用。建造师共划分为14个专业:房屋建筑工程、公路工程、铁路工程、民航机场工程、港口与航道工程、水利水电工程、电力工程、矿山工程、冶炼工程、石油化工工程、市政公用与城市轨道工程、通信与广电工程、机电安装工程、装饰装修工程。

(三)建造师的资格与注册

建造师要通过考试才能获取执业资格。一级建造师执业资格考试,全国统一考试大纲、统一命题、统一组织考试。二级建造师执业资格考试,全国统一考试大纲,各省、自治区、直辖市命题并组织考试。考试内容分为综合知识与能力、专业知识与能力两部分。符合报考条件的人员,考试合格即可获得一级或者二级建造师的执业资格证书。

取得建造师执业资格证书、且符合注册条件的人员,经过注册登记后,即获得一级或者二级建造师注册证书和执业印章。注册后的建造师方可受聘执业。建造师执业资格注册有效期为3年,有效期满前一个月,要办理再次注册手续。建造师必须接受继续教育,更新知识,不断提高业务水平。

二、建造师与项目经理的定位

(一)建造师的定位

建造师是一种执业资格注册制度。执业资格制度是政府对某种责任重大、社会通用性强、关系公共安全利益的专业技术工作实行的市场准入控制。它是专业技术人员从事某种专业技术工作学识、技术和能力的必备条件。所以,要想取得建造师执业资格,就必须具备一定的条件,比如,规定的学历、从事工作年限等,同时还要通过全国建造师执业资格统一考核或考试,并经国家主管部门授权的管理机构注册后方能取得建造师执业资格证书。建造师从事建造活动,是一种执业行为,取得资格后可使用建造师名称,依法单独执行建造业务,并承担法律责任。

建造师又是一种证明某个专业人士从事某种专业技术工作知识和实践能力的体现。这里特别注重"专业"二字。所以,一旦取得建造师执业资格,提供工作服务的对象有多种选择,可以是建设单位(业主方),也可以是施工单位(承包商),还可以是政府部门、融资代理、学校科研单位等,来从事相关专业的工程项目管理活动。

(二)项目经理的定位

首先，要了解经理的含义。经理或项目经理与建造师不仅是名称不同，其内涵也不一样。经理通常解释为经营管理，这是广义概念。狭义的解释即负责经营管理的人，可以是经理、项目经理和部门经理。作为项目经理，理所当然是负责工程项目经营管理的人，对工程项目的管理是全方位、全过程的。对项目经理的要求，不但在专业知识上要求有建造师资格，更重要的是还必须具备政治和领导素质、组织协调和对外洽谈能力以及工程项目管理的实践经验。美国项目管理专家约翰·宾认为，项目经理应具备以下六大素质：一是具有本专业技术知识；二是工作有干劲；三是具有成熟而客观的判断能力；四是具有管理能力；五是诚实可靠，言行一致；六是机警、精力充沛、能够吃苦耐劳。因此，取得建造师执业资格的人出任项目经理，所从事的建造活动，比一般建造师所从事的专业活动范围更广泛、责任更大。所以我们讲，即使取得了建造师资格也不一定都能担任项目经理。因此，我们既不能把项目经理定位于过去的施工工长，也不能把项目经理定位于建造师，更不能用建造师代替项目经理。

其次，要明确项目经理的地位。工程项目管理活动是一个特定的工程对象，项目经理就是一个特定的项目管理者。正如《过渡办法》中指出的："项目经理岗位是保证工程项目建设质量、安全、工期的重要岗位。"《建设工程项目管理规范》也对项目经理的地位做了明确说明："项目经理是根据企业法定代表人的授权范围、时间和内容，对施工项目自开工准备至竣工验收，实施全过程、全方位管理。"项目经理是企业法定代表人在项目上的一次性授权管理者和责任主体。项目经理从事项目管理活动，通过实行项目经理责任制，履行岗位职责，在授权范围内行使权力，并接受企业的监督考核。项目经理资质是企业资质的人格化体现，从工程投标开始，就必须出示项目经理资质证书，并不得低于工程项目和业主对资质等级的要求。

三、注册建造师与项目经理的关系

（一）项目经理与建造师的理论基础都是工程项目管理

项目管理是当今世界科学技术和管理技术飞跃发展的产物。作为一门新的学科领域和先进的管理模式，有着极其丰富的内涵。对项目管理的定义有各种不同的解释，但一般来说，项目管理具有项目单件性、建设周期性、过程逐渐性、目标明确性、组织临时性、管理整体性以及成果的不可挽回性等特点，它包括项目的发起、论证、启动、规划、控制、结束等阶段。它是运用系统的观点理论和方法对某项复杂的一次性生产或工程项目进行全过程管理，所以我们讲项目管理应有广义和狭义之分。广义的项目管理覆盖了各行各业，凡是具有一次性基本特征的工作或任务，都可以实行项目管理；狭义的项目管理是指某一特定领域的项目管理，如目前我们建筑业企业推行的工程项目管理。同时项目管理又是一个计划、组织、指挥、协调和控制的活动，管理不仅要求"知"，而且重视"行"，强调实践的验证。讲项目管理必然离不开人，离不开组织者和领导者，离不开方法和手段。作为对某一工程进行全过程的项目管理必须有一个责任主体，这就是项目经理。我国建筑业企业项目经理的产生和提出，正是基于学习鲁布革工程管理经验和引进国际项目管理方法这一背景。自1991年建设部颁发《项目经理资质认证管理试行办法》以来，各级政府主管部门、行业协会、广大建筑业企业全方位开展了规范有序、声势浩大的项目经理培训工作，为项目经理的资质考核和管理打下了坚实的基础。目前项目经理在建筑业企业和工程建设中具有的重要地位和他所发挥的积极作用，已越来越被社会和业主重视和承认。

（二）注册建造师与项目经理的关系

项目经理是建筑业企业实施工程项目管理设置的一个岗位职务，项目经理根据企业法定代表人的授权，对工程项目自开工准备至竣工验收实施全面全过程的组织管理。项目经理的资质由行政审批获得。

建造师是从事建设工程管理包括工程项目管理的专业技术人员的执业资格，按照规定具备一定条件，并参加考试合格的人员，才能获得这个资格。获得建造师执业资格的人员，经注册后可以担任工程项目的项目经理及其他有关岗位职务。项目经理责任制与建造师执业资格制度是两个不同的制度，但在工程项目管理中是具有联系的两个制度。

建造师与项目经理定位不同，但所从事的都是建设工程的管理。建造师执业的覆盖面较大，可涉及工程建设项目管理的许多方面，担任项目经理只是建造师执业中的一项，而项目经理则仅限于企业内某一特定工程的项目管理。建造师选择工作的权利相对自主，可在社会市场上有序流动，有较大的活动空间，项目经理岗位则是企业设定的，项目经理是由企业法人代表授权或聘用的、一次性的工程项目施工管理者。

项目经理责任制是我国施工管理体制上的一个重大改革，对加强工程项目管理，提高工程质量起到了很好的作用。建造师执业资格制度建立以后，工程项目管理的推进和实施必须继续发展，项目经理责任制这样一个通过实践证明在施工中发挥了重要作用的制度必须坚持。国发〔2003〕5号文是取消项目经理资质的行政审批，而不是取消项目经理。项目经理仍然是施工企业某一具体工程项目施工的主要负责人，他的职责是根据企业法定代表人的授权，对工程项目自开工准备至竣工验收，实施全面的组织管理。有变化的是，大中型工程项目的项目经理必须由取得建造师执业资格或其他建筑类的注册人员担任。注册建造师资格是担任大中型工程项目经理的一项条件，但选聘哪位建造师担任项目经理，则由企业决定，是企业行为。小型工程项目的项目经理可以由不是建造师的人员担任。建造师执业资格制度不能代替项目经理责任制。所以，要充分发挥有关行业协会的作用，加强项目经理培训，不断提高项目经理队伍的素质。随着中国加入世界贸易组织WTO，我们更应当从经济全球化的高度来认识、推进和发展工程项目管理，不断深化项目经理责任制的重要性。

四、要加强建造师与项目经理的规范化管理

（一）注册建造师执业资格管理

执业资格是按照有关规定的条件，实行统一考试、注册，获得某一准入的凭证。取得建设工程专业注册建筑师资格，等于获得了从事这项活动的执业资格。我国是通过政府行政主管部门发布文件的方式，颁布若干规定，建立了一套专门的资格管理制度。而在国外是通过各种专业协会、学会注册成为职业会员的程序，取得相应执业资格。但只是做法上的不同，其实行执业资格制度的方向是一致的。

由于我国对建设工程系列执业资格划分比较细，当前建造师执业资格还没有与其他执业资格出现碰撞，避免了获得准入后在执业方面产生矛盾。根据《暂行规定》：建造师应主要定位于从事工程项目管理的专业人士，其对象首先应该是承包商，当然符合条件的其他项目管理者也可以提出申请，报名参加全国统一考试。

随着中国加入WTO和经济全球化，市场竞争日趋激烈，取得某种执业资格十分重要。可以预见，除建筑业企业外，一些新型的工程咨询、工程担保、融资代理、网络服务等现代企业在市场经济体制建立过程中,将为未来"一师多岗制"的建造师职业创造更多的用武之地。

(二)项目经理管理

目前我国有关部门颁发的一系列文件和规范都从各方面确定了项目经理在企业和工程项目管理中的重要地位,同时也明确了项目经理从属于企业主体的关系。

我国原实行的项目经理资质行政审批制度,实际上也是对企业进入市场在资质人格化上提出的具体要求。实践证明,实行严格的项目经理资质管理,其好处在于有效地遏制了建筑市场的恶性竞争,提高了工程建设质量和项目管理水平。在市场竞争中,只有企业资质的一般条件,而没有项目经理资质的必要条件相呼应,企业的竞争能力就会受到局限。实行资质管理,要求项目经理资质证书与企业资质证书配套使用,离开所服务的企业,项目经理的资质也就失去了效力。

随着项目经理资质行政审批的取消,一个取得相应执业资格的人能否担任项目经理变为由企业决定。项目经理的综合管理能力及其管理素质要求或者资质标准通过行业协会会同企业共同制定和管理来实现,则更适合中国国情。目前我国有关单位合作研究探讨并借鉴国际上先进的做法,建立了一套既与国际接轨,又符合我国实际情况的"中国建设工程项目经理职业资格标准",继续大力推进和持之以恒地进行项目经理的国际化培训和继续教育,建立项目经理工程项目完成评估认证体系,逐步使项目经理的培训认证、业绩评估、使用考核纳入行业的规范化管理。

思 考 题

1. 组织的内涵是什么?
2. 组织的职能是什么?
3. 工程项目的组织形式有哪几种?
4. 为什么要设置项目部?
5. 项目部应该根据什么样的原则进行设置?
6. 项目部的主要模式有哪些?
7. 各项目组织形式的特点及其适用范围情况是什么?
8. 矩阵式和工程队式项目部有什么联系和区别?
9. 什么是项目经理部,它有哪些特性?
10. 为什么要设立项目经理部?
11. 项目经理部设立有什么要求?应遵循什么样的原则?
12. 项目经理部的设立规模如何确定?
13. 如何设立项目经理部?
14. 项目经理部解体的程序如何?
15. 项目经理的责、权、利是什么?
16. 实行项目经理责任制必须具备哪些条件?
17. 项目管理目标责任书包括哪些内容?
18. 什么是注册建造师,它的定位是什么?
19. 注册建造师与项目经理的关系如何?
20. 如何获取注册建造师职业资格?

第三章 建筑工程招标投标管理

第一节 建筑工程招标

一、建筑工程招标投标的概念

建设工程招标投标,是在市场经济条件下,在工程承包市场围绕建设工程这一特殊商品而进行一系列的特殊交易活动(可行性研究、勘察设计、工程施工、材料设备采购等)。

(一)建设工程招标投标的意义

1. 有利于降低建设工程成本,优化社会资源的配置

建设工程招标投标的本质是竞争,投标竞争一般是围绕建设工程的价格、质量、工期等关键因素进行。投标竞争使建设工程项目的招标人能够最大限度地拓宽询价范围,进行充分地比较和选择,利用投标人之间的竞争,以相对较少的投资、较短的时间来获得质量较好的、能满足既定需要的固定资产,以最低的成本开发建设工程项目,最大限度地提高业主资金的使用效益;激烈的投标竞争也必然迫使工程承包的相关单位加速采用新技术、新结构、新工艺、新的施工方法,注重改善经营管理,不断提高技术装备水平和劳动生产率,想方设法使企业完成某类建设工程项目特定目标所需的个别劳动耗费低于社会必要劳动耗费,努力降低投标报价,以便企业能在激烈的投标竞争中获胜,因而能有效地促进建设工程项目承包的相关企业创造出更多的优质、高效、低耗的产品,促进建筑业及相关产业的发展,这对于整个社会经济而言,必将有利于全社会劳动总量的节约及合理安排,使社会的各种资源通过市场竞争得到优化配置。

2. 有利于合理确定建设工程价格,提高固定资产投资效益

在建设工程招标投标中形成的工程价格,通常都能较好地体现价值规律的客观要求,较灵敏地反映市场供求及价格变动状况,并能有效地促进科技进步,提高相关行业的劳动生产率。因而,这样的建设工程价格是比较合理的,依据这种合理的价格,才能够正确地反映在交换过程中的"等价交换",使建设工程的比价体系乃至整个价格体系逐渐趋于合理,以保证整个国民经济能够持续、稳定、健康地协调发展,确保固定资产再生产的顺利进行和国家固定资产投资总体效益乃至全社会经济效益的提高。

3. 有利于加强国际经济技术合作,促进经济发展。

招标投标作为世界经济技术合作和国际贸易普遍采用的重要方式,广泛地应用于建设工程项目的可行性研究、勘察设计、物资设备采购、建筑施工、设备安装等各个方面,许多国家以立法的形式规定建设工程项目的采购(包括相关的物资设备的采购),必须采用招标投标方式进行。因此,建设工程招标投标亦即业主和承包商就某一特定工程进行商业交易和经济技术合作的行为过程。通过招标投标进行的国际建设工程承包,不但可以输出工程技术和设备,获得丰厚的利润和大量的外汇,而且可以通过各种形式的劳务输出解决一部分剩余劳动力的就业问题,减轻国内劳动力就业的压力;通过对境内工程实行国际招

标，在目前国际承包市场仍属买方市场的情况下，不仅能普遍地降低成本、缩短工期、提高质量，而且能免费学习国外先进的工艺技术及科学的管理方法。同时，还有利于引进外资。这对于促进国内相关产业的发展乃至整个国民经济的发展都是大有益处的。

此外，建设工程招标投标对于促进我国建设工程项目承包的相关单位，增强企业的活力，建立现代企业制度，培育和发展国内的工程承包市场等都发挥着积极的作用。

(二) 建设工程招标概念

所谓建筑工程项目招标，是指招标人（发包人、建设单位、业主，下称业主）为了选择合适的承包人而设立的一种竞争机制，是对自愿参加某一特定建筑工程项目的投标人（承包商）进行审查、评比和选定的过程。

实行工程项目招标，业主要根据它的建设目标，对特定工程项目的建设地点、投资目的、任务数量、质量标准及工程进度等予以明确，通过发布广告或发出邀请函的形式，使自愿参加投标的承包商按照业主的要求投标，业主根据其投标报价的高低、技术水平、人员素质、施工能力、工程经验、财务状况及企业信誉等方面进行综合评价，全面分析，择优选择中标者，并与之签订合同。

二、建筑工程招标的分类和方式

(一) 建筑工程招标的分类

根据不同的分类方式，建筑工程项目招标具有不同的类型。

1. 按工程项目建设程序分类

工程项目建设过程可分类为建设前期阶段、勘察设计阶段和施工阶段。因而按工程项目建设程序，招标可分为工程项目开发招标、勘察设计招标和施工招标三种类型。

(1) 建设项目开发招标

这种招标是业主为选择科学、合理的投资开发建设方案，为进行项目的可行性研究，通过投标竞争寻找满意的承包人（咨询单位等中介机构）的招标。投标人一般为工程咨询单位等中介机构，中标人最终的工作成果是项目的可行性研究报告。承包人须对自己提供的研究成果负责，并得到发包人的认可。

(2) 建筑工程项目勘察设计招标

勘察设计招标指根据批准的可行性研究报告，发包人择优选择勘察设计单位的招标。勘察和设计是两种不同性质的工作，可由勘察单位和设计单位分别完成。勘察单位最终提出施工现场的地理位置、地形、地貌、地质、水文等在内的勘察报告。设计单位（根据勘察单位提出的报告作为依据）最终提供设计图纸和成本预算结果。施工图设计可由中标的设计单位承担，也可由施工（总承包）单位承担，一般不进行单独招标。

(3) 建筑工程施工招标

在建筑工程项目初步设计或施工图设计完成后，发包人用招标的方式选择施工单位的招标。施工单位最终向发包人交付按招标设计文件规定的建筑产品。

2. 按工程承包的范围分类

(1) 项目总承包的范围分类

即选择项目总承包人招标，它又可分为两种类型，其一是指工程项目实施阶段的全过程招标；其二是指工程项目建设全过程的招标。前者是在设计任务书完成后，从项目勘察、设计到交付使用进行一次性招标；后者则是从项目的可行性研究到交付使用进行一次性招标，业主只需提供项目投资和使用要求及竣工、交付使用期限，其可行性研究、勘察设计、材料和设备采购、施工安装、生产准备和试运行、交付使用，均由一个总承包商负责承包，即所谓"交钥匙工程"。

我国由于长期采取设计与施工分开的管理体制，目前具备设计、施工双重能力的施工企业为数较少。因而在国内工程招标中，所谓项目总承包招标往往是指对一个项目全部施工的总招标，与国际惯例所指的总承包尚有相当大的差距，为与国际接轨，提高我国建筑企业在国际建筑市场的竞争能力，深化施工管理体制的改革，造就一批具有真正总包能力的智力密集型的龙头企业，是我国建筑业发展的重要战略目标。

（2）专项工程承包招标

指在工程承包招标中，对其中某项比较复杂，或专业性强、施工和制作要求特殊的单项工程进行单独招标。

3. 按行业类别分类

即按与工程建设相关的业务性质分类的方式，按不同的业务性质，可分为土木工程招标、勘察设计招标、材料设备采购招标、安装工程招标、生产工艺技术转让招标、咨询服务（工程咨询）招标等。

（二）建筑工程项目招标方式

根据《中华人民共和国招标投标法》的具体规定，主要有以下二种招标方式：

1. 公开招标

公开招标又称为无限竞争招标，是由招标人通过报刊、广播、电视、信息网络或其他媒介公开发布招标广告，有意的承包商均可参加资格审查，合格的承包商可购买招标文件，参加投标的招标方式。

公开招标的招标广告一般应载明招标工程概况（包括招标人的名称和地址、招标工程的性质、实施地点和时间、内容、规模、占地面积、周围环境、交通运输条件等），对投标人的资历及其资格预审要求，招标日程安排，招标文件获取的时间、地点、方法等重要事项。

这种招标方式的优点是：投标的承包商多、范围广、竞争激烈，业主有较大的选择余地，有利于降低工程造价，提高工程质量和缩短工期。其缺点是：由于投标的承包商多，招标工作量大，组织工作复杂，需投入较多的人力、物力，招标过程所需时间较长，而且浪费社会资源多，因而此类招标方式主要适用于投资额度大、工艺、结构复杂的较大型工程建设项目。

国内依法必须进行公开招标项目的招标公告，应当通过国家指定的报刊、信息网络等媒体发布。

2. 邀请招标

邀请招标又称为有限竞争性招标。这种方式不发布广告，业主根据自己的经验和所掌握的各种信息资料，向有承担该项工程能力的三个以上（含三个）承包商发出招标邀请书，收到邀请书的单位才有资格参加投标，在我国一般需主管部门批准方能实施。

这种方式的优点是：目标集中，招标的组织工作较容易，工作量比较小。其缺点是：由于参加的投标单位较少，竞争性较差，使招标单位对投标单位的选择余地较少，如果招标单位在选择邀请单位前所掌握信息资料不足，则会失去发现最适合承担该项目的承包商的机会。

公开招标和邀请招标都必须按规定的招标程序进行，要制定统一的招标文件，投标必须按招标文件的规定进行投标。

三、建筑工程施工招标的程序

（一）建设工程项目施工招标条件

《中华人民共和国招标投标法》、《房屋建筑和市政基础设施工程施工招标投标管理办法》及《工程建设项目施工招标投标办法》等有关文件和法规，对建设单位（业主、发包人）及建设项目的招标条件作了明确规定，其目的在于规范招标单位的行为，确保招标工作有条不紊地进行，稳定招投标市场的秩序。

1. 建设单位（业主）招标应当具备的条件

（1）招标单位是法人或依法成立的其他组织；

（2）有与招标工程相适应的经济、技术、管理人员；

（3）有组织编制招标文件的能力；

（4）有审查投标单位资质的能力；

（5）有组织开标、评标、定标的能力。

不具备上述（2）～（5）项条件的，须委托具有相应资格的咨询、监理等单位代理招标。上述五条中，（1）（2）两条是对单位资格的规定，后三条则是对招标人能力的要求。

2. 建设项目招标应具备的条件

（1）概算已经批准；

（2）建设项目已经正式列入国家、部门或地方的年度固定资产投资计划；

（3）建设用地的征用工作已经完成；

（4）有能够满足施工需要的施工图纸及技术资料；

（5）建设资金、设备和主要物资的来源已经落实；

（6）已经建设项目所在地规划部门批准，施工现场"三通一平"已经完成或一并列入施工招标范围。

上述规定的主要目的在于促使建设单位严格按基本建设程序办事，确保招标工作的顺利进行。

（二）建筑工程项目施工招标程序

招标投标是一项整体活动，涉及到业主和承包商两个方面，招标作为整体活动的一部分主要是从业主的角度揭示其工作内容，但同时又须注意到招标与投标活动的关联性，不能将两者割裂开来。

所谓招标程序是指招标活动的内容的逻辑关系，不同的招标方式，具有不同的活动内容。

虽然招投标的内容各有差异，但通常的招投标程序都是类似的，一般经过三个阶段：招标准备阶段、招标阶段、决标成交阶段。

1. 招标准备阶段：从办理招标申请开始到发出招标广告或邀请招标函为止的时间段。主要工作有：

（1）申请批准招标：主要是由业主向建设主管部门的招标管理机构提出招标申请。

（2）组建招标机构。

(3) 选择招标方式：主要由业主确定分标段数量及合同类型及确定招标方式。

(4) 准备招标文件：此时业主可发布招标广告。

(5) 编制标底：招标人可根据项目特点决定是否编制标底。标底由业主或有资质的造价咨询单位编制，且由有关部门进行标底审核。

2. 招标阶段：从发布招标广告之日起到投标截止之日的时间段。主要工作包括：

(1) 邀请承包商参加资格预审，业主刊登资格预审广告，编制资格预审文件，发资格预审文件。

(2) 资格预审：业主根据收到的资格预审文件分析资格预审材料、现场考察，最后组织专家评审提出合格投标商多名，发出投标邀请书邀请合格投标商参加投标。

(3) 发招标文件：发放招标文件，一般需要购买。

(4) 投标者考察现场：安排现场踏勘日期及现场介绍。

(5) 澄清招标文件及发放补遗书。

(6) 投标者提问。

(7) 投标书的提交和接收。

3. 决标成交阶段：从开标之日起到与中标人签订承包合同为止的时间段。主要工作有：

(1) 开标：当众启封标书，并对关键问题进行记录和确认。

(2) 评标：按规定设立的评标委员会根据事先设立的评标细则进行评标，编写评标报告，推荐中标候选人。

(3) 授标：招标人根据评标委员会的评标结果，对中标候选人进行公示，公示无误后发出中标通知书。中标的承包商提交履约保函，合同谈判，准备合同文件，签订合同，通知未中标者，并退回投标保函。

四、招标文件的内容和格式

根据我国建设部《建设施工招标文件范本》的有关规定，对于公开招标的招标文件，一般可分为四卷共十章，其内容的目录如下：

	第一章	投标须知
第一卷 投标须知、合同条件及合同格式	第二章	施工合同通用条款
	第三章	施工合同专用条款
	第四章	合同格式
第二卷 技术规范	第五章	技术规范
	第六章	投标书及投标书附录
第三卷 投标文件	第七章	工程量清单与报价表
	第八章	辅助资料表
	第九章	资格审查表
第四卷 图纸	第十章	图纸

对于邀请招标的招标文件的内容除去上述公开招标文件的第九章资格审查表以外，其余与公开招标文件的完全相同。我国在施工项目招标文件的编制中除合同协议条款较少采用外，基本都按《建设工程施工招标文件范本》的规定进行编制。现将上述内容说明

如下：

（一）投标须知

投标须知是招标文件中很重要的一部分内容，投标者在投标时必须仔细阅读和理解，按须知中的要求进行投标，其内容包括：总则、招标文件、投标报价说明、投标文件的编制、投标文件递交、开标、评标、授予合同等八项内容。一般在投标须知前有一张"前附表"。

"前附表"是将投标者须知中重要条款规定的内容用一个表格的形式列出来，以使投标者在整个投标过程中必须严格遵守和深入的考虑。前附表的格式和内容如表3-1所示。

投标须知的前附表　　　　表 3-1

项　号	内　容　规　定
1	工程名称： 建设地点： 结构类型： 承包方式： 要求工期：　　年　　月　　日开工 　　　　　　　年　　月　　日竣工 　　工期　　　天（日历日） 招标范围：
2	合同名称：
3	资金来源：
4	投标单位资质等级：
5	投标有效期　　天（日历日）
6	投标保证金额：　　%或　　元
7	投标预备会： 　　时间：　　　　地点：
8	投标文件份数 　　正本　份　副本　份
9	投标文件递交至：单位： 　　　　　　　　　地址：
10	投标截止日期： 　　时间：
11	开标时间： 　　时间：　　　　地点：
12	评标办法：

1. 总则

在总则中要说明工程概况和资金的来源，资质与合格条件的要求及投标费用等问题。

(1) 工程概况和资金来源通过前附表中第 1 和第 3 项所述内容获得。

(2) 资质和合格文件中一般应说明如下内容：

1) 参加投标单位至少要求满足前附表第 4 项所规定的资质等级。

2) 参加投标的单位必须具有独立法人资格和相应的施工资质，非本国注册的应按建设行政主管部门有关管理规定取得施工资质。

3) 为说明投标单位符合投标合格的条件和履行合同的能力，在提供的投标文件中应包括下列资料：

A. 营业执照、资质等级证书及中国注册的施工企业建设行政主管部门核准的资质证件。

B. 投标单位在过去三年中已完成合同和正在履行的工程合同的情况。

C. 按规范格式提供项目经理简历及拟在施工现场和不在施工现场的管理和主要施工人员情况。

D. 按规定格式提供完成本合同拟采用的主要施工机械设备情况。

E. 按规定格式提供拟分包的工程项目及承担该分包工程项目的分包单位的情况。

F. 要求投标单位提供自身的财务状况包括近二年经过审计的财务报表，下一年度财务预测报告和投标单位授权其开户银行向招标单位提供其财务状况的授权书。

G. 要求投标单位提供目前和过去二年内参与或涉及的仲裁和诉讼的资料。

4) 对于联营体投标，除要求联营体的每一成员提供上述 A～G 项的资料外，还要求符合以下规定要求：

A. 投标文件及中标后签署的合同协议，对联营体的每一成员均具有法律的约束力。

B. 应指定联营体中的某一成员为主办人，并由联营体各成员的法人代表签署一份授权书，证明其主办人的资格。

C. 联营体应随投标文件递交联营体各成员之间签订的"联营体协议书"的副本。

D. "联营体协议书"应说明其主办人应被授权代表的所有成员承担责任和接受命令，并由主办人负责合同的全面实施，只有主办人可以支付费用等。

E. 在联营体成员签署的授权书和合同协议书中应说明为实施合同他们所承担的共同责任和各自的责任。

F. 参加联营体的各成员不得再以自己的名义单独对该工程项目投标，也不得同时参加两个或两个以上的联营体投标。否则取消该联营体及其各成员的投标资格。

(3) 投标费用

投标单位应承担投标期间的一切费用，不管是否中标，招标单位不承担投标单位的一切投标费用，当然也有些发包人也作象征性的补偿。。

2. 招标文件

(1) 招标文件的组成

招标文件除了在投标须知写明的招标文件的内容外，还应说明对招标文件的解释、修改和补充内容也是招标文件的组成部分。投标单位应对组成招标文件的内容全面阅读。若投标文件实质上有不符合招标文件要求的投标，将有可能被拒绝。

(2) 招标文件的解释

投标单位在得到招标文件后,若有问题需要澄清,应以书面形式向招标单位提出,招标单位应以通讯的形式或招标预备会的形式予以解答,但不说明其问题的来源,答复将以书面形式送交所有的投标者。

(3) 招标文件的修改

在投标截止日期前,招标单位可以补充通知形式修改招标文件。为使投标单位有时间考虑招标文件的修改,招标单位有权延长递交投标文件的截止日期。对投标文件的修改和延长投标截止日期应报招标管理部门的批准。

3. 投标报价说明

投标报价说明应指出对投标报价、投标价格采用的方式和投标货币三个方面的要求。

(1) 投标报价

1) 除非合同另有规定,具有报价的工程量清单中所报的单价和合价,以及报价总表中的价格应包括人工、施工机械、材料、安装、维护、管理、保险、利润、税金,政策性文件规定、合同包含的所有风险和责任等各项费用。

2) 不论是招标单位在招标文件中提出的工程量清单,还是招标单位要求投标单位按招标文件提供的图纸列出的工程量清单,其工程量清单中的每一项的单价和合价都应填写,未填写的将不能得到支付,并认为此项费用已包含在工程量清单的其他单价和合价中。

(2) 投标价格采用的方式

投标价格采用价格固定和价格调整两种方式。

1) 投标价格

A. 采用价格固定方式写明:投标单位所填写的单价和合价在合同实施期间不因市场变化因素而变化,在计算报价时可考虑一定的风险系数。

B. 采用价格调整方式的应写明:投标单位所填写的单价和合价在合同实施期间可因市场变化因素而变动。

2) 投标的货币

关于货币在国际上是根据招标文件中规定的货币名称并考虑汇率水平,对于国内工程的国内投标单位来说应写明:投标文件中的报价全部采用人民币表示。

4. 投标文件的编制

投标文件的编制主要说明投标文件的语言、投标文件的组成、投标有效期、投标保证金、投标预备会、投标文件的份数和签署等内容。

(1) 投标文件的语言

投标文件及投标单位与招标单位之间的来往通知,函件应采用中文。在少数民族聚居的地区也可使用该少数民族的语言文字。

(2) 投标文件的组成

投标文件一般由下列内容组成:投标书、投标书附录、投标保证金、法定代表人的资格证明书、授权委托书、具有价格的工程量清单与报价表、辅助资料表、资格审查表(有资格预审的可不采用)按本须知规定提出的其他资料。

对投标文件中的以上内容通常都在招标文件中提供统一的格式,投标单位按招标文件的统一规定和要求进行填报。

（3）投标有效期

1）投标有效期一般是指从投标截止日起算至公布中标的一段时间。一般在投标须知的前附表中规定投标有效期的时间（例如 28 天），那么投标文件在投标截止日期后的 28 天内有效。

2）在原定投标有效期满之前，如因特殊情况，经招标管理机构同意后，招标单位可以向投标单位书面提出延长投标有效期的要求，此时，投标单位须以书面的形式予以答复，对于不同意延长投标有效期的，招标单位不能因此而没收其投标保证金。对于同意延长投标有效期的，不得要求在此期间修收其投标文件，而且应相应延长其投标保证金的有效期，对投标保证金的各种有关规定在延长期内同样有效。

（4）投标保证金

1）投标保证金是投标文件的一个组成部分，对未能按要求提供投标保证金的投标，招标单位将视为不响应投标而予以拒绝。

2）投标保证金可以是现金、支票、汇票和在中国注册的银行出具的银行保函，对于银行保函应按招标文件规定的格式填写，其有效期应低于招标文件规定的投标有效期。

3）未中标单位的投标保证金，招标单位应尽快将其退还，一般最迟不得超过投标有效期期满后的 14 天。

4）中标单位的投标保证金，在按要求提交履约保证金并签署合同协议后予以退还，但有时直接冲抵履约保证金。

5）对于在投标有效期内撤回其投标文件或在中标后未能按规定提交履约保证金或签署协议者将没收其投标保证金。

（5）招标预备会

招标预备会目的是澄清解答投标单位提出的问题和组织投标单位考察和了解现场情况。

1）勘察现场是招标单位邀请投标单位对工地现场和周围的环境进行考察，以使投标单位取得在编制投标文件和签署合同所需的第一手材料，同时招标单位有可能提供有关施工现场的材料和数据，招标单位对投标单位根据勘察现场期间所获取资料和数据做出的理解、推论及结论不负责任。

2）招标预备会的会议记录包括对投标单位提出问题答复的副本应迅速发送给每个投标单位。对于投标单位提出要求答复的问题要求在招标预备会前 7 天以书面形式送达招标单位，对于在招标预备会期间产生的招标文件的修改按本须知中招标文件修改的规定，以补充通知形式发出。

（6）投标文件的份数和签署

投标文件应明确标明"投标文件正本"和"投标文件副本"，按前附表规定的份数提交，若投标文件的正本与副本有不一致时，以正本为准。投标文件均应使用不能擦去的墨水打印和书写，由投标单位法定代表人亲自签署并加盖法人公章和法定代表人印鉴。

全套投标文件应无涂改和行间插字，若有涂改和行间插字处，应由投标文件签字人签字并加盖印鉴。

5. 投标文件的递交

(1) 投标文件的密封与标志

1) 投标单位应将投标文件的正本和副本分别密封在内层包封内，再密封在一个外层包封内，并在内包封上注明"投标文件正本"或"投标文件副本"。

2) 外层和内层包封都应写明招标单位和地址，合同名称、投标编号并注明开标时间以前不得开封。在内层包封上还应写明投标单位的邮政编码、地址和名称，以便投标出现逾期送达时能原封退回。

3) 如果在内层包封未按上述规定密封并加写标志，招标单位将不承担投标文件错放或提前开封的责任，由此造成的提前开封和投标文件将予以拒绝，并退回投标单位。

(2) 投标截止日期

1) 投标单位应按前附表规定的投标截止日期的时间之前递交投标文件。

2) 招标单位因补充通知修改招标文件而酌情延长投标截止日期的，招标和投标单位在投标截止日期方面有全部权力、责任和义务，将适用延长后新的投标截止期。

(3) 投标文件的修改与撤回

投标单位在递交投标文件后，可以在规定的投标截止时间之前以书面形式向招标单位递交修改或撤回其投标文件的通知。在投标截止时间之后，则不能修改与撤回投标文件，否则，将没收投标保证金。

6. 开标

招标单位应在前附表规定的开标时间和地点举行开标会议，投标单位的法人代表或授权的代表应签名报到，以证明出席开标会议。投标单位未派代表出席开标会议的视为自动弃权。

开标会议在招标管理机构监督下，由招标单位组织主持，对投标文件开封进行检查，确定投标文件内容是否完整和按顺序编制，是否提供了投标保证金，文件签署是否正确。按规定提交合格撤回通知的投标文件不予以开封。

投标文件有下列情况之一者将视为无效：①投标文件未按规定标志和密封；②未经法定代表人签署或未盖投标单位公章或未盖法定代表人印鉴的；③未按规定格式填写，内容不全或字迹模糊、辨认不清的；④投标截止日期以后送达的。

招标单位在开标会议上当众宣布开标结果，包括有效投标名称、投标报价、主要材料用量、工期、投标保证金以及招标单位认为适当的其他内容。

7. 评标

(1) 评标内容的保密

1) 公开开标后，直到宣布授予中标单位为止，凡属于评标机构对投标文件的审查、澄清、评比和比较的有关资料和授予合同的信息、工程标底情况都不应向投标单位和与该过程无关的人员泄露。

2) 在评标和授予合同过程中，投标单位对评标机构的成员施加影响的任何行为，都将导致取消投标资格。

(2) 资格审查

对于未进行资格预审的，评标时必须首先按招标文件的要求对投标文件中投标单位填报的资格审查表进行审查，只有资格审查合格的投标单位，其投标文件才能进行评比与比较。

（3）投标文件的澄清

为了有助于对投标文件的审查评比和比较，评标机构可以个别要求投标单位澄清其投标文件。有关澄清的要求与答复，均须以书面形式进行，在此不涉及投标报价的更改和投标的实质性内容。

（4）投标文件的符合性鉴定

1）在详细评标之前，评标机构将首先审定每份投标文件是否实质上响应了招标文件的要求。所谓实质响应招标文件的要求，应将与招标文件所规定的要求、条件、条款和规范相符，无显著差异或保留。所谓显著差异或保留是指对工程的发包范围、质量标准及运用产生实质影响，或者对合同中规定的招标单位权力及投标单位的责任造成实质性限制，而且纠正这种差异或保留，将会对其他实质上响应要求的投标单位的竞争地位产生不公正的影响。

2）如果投标文件没有实质上响应招标文件的要求，其投标将被予以拒绝，并且不允许通过修正或撤销其不符合要求的差异或保留使其成为具有响应性的投标。

（5）错误的修正

1）评标机构将对确定为实质响应的投标文件进行校核，看其是否有计算和累加的错误，若发现计算错误，按以下修正：

A．如果用数字表示的数额与用文字表示的数额不一致时，以文字数额为准。

B．当单价与合同价不一致时，以单价为准，除非评估机构认为有明显的小数点错位，此时应以标出的合同价为准，并修改单价。

2）按上述修改错误的方法，调整投标书的投标报价须经投标单位同意后，调整后的报价才对投标单位起约束作用。如果投标单位不同意调整投标报价，则视投标单位拒绝投标，没收其投标保证金。

（6）投标文件的评价与比较

1）在评价与比较时应根据前附表评标方法一项规定的评标内容进行。

通常是对招标单位的投标报价、工期、质量标准、主要材料用量、施工方案或施工组织设计、优惠条件、社会信誉及以往业绩等进行综合评价。

2）投标价格采用价格调整的，在评标时不考虑执行合同期间价格变化和允许调整的规定。

8．授予合同

（1）中标通知书

经评标确定出中标单位后，在投标有效期截止前，招标单位将以书面的形式向中标单位发出"中标通知书"，说明中标单位按本合同实施、完成和维修本工程的中标报价（合同价格），以及工期、质量和有关签署合同协议书的日期和地点，同时声明该"中标通知书"为合同的组成部分。

（2）履约保证

中标单位应按规定提交履约保证，履约保证可由在中国注册银行出具的银行保函（保证数额为合同价的5%），也可由具有独立法人资格的经济实体企业出具履约担保书（保证数额为合同价10%）。投标单位可以选其中一种，并使用招标文件中提供的履约保证格式。中标后不提供履约保证的投标单位将没收其投标保证金。

(3) 合同协议书的签署

中标单位按"中标通知书"规定的时间和地点，由投标单位和招标单位的法定代表人按招标文件中提供的合同协议书签署合同。若对合同协议书有进一步的修改或补充，应以"合同协议书谈判附录"形式作为合同的组成部分。

(4) 中标单位按文件规定提供履约保证后，招标单位及时将评标结果通知未中标的投标单位。

(二) 合同条件

建设部颁布的《建设工程施工招标文件范本》中，对招标文件的合同条件规定采用1991年由国家工商行政管理局和建设部颁布的《建设工程施工合同》。该合同由两部分组成，第一部分称《建设工程施工合同条件》，第二部分称《建设工程施工合同协议条款》。

在投标文件编写中，根据实际情况有的招标单位只部分采用上述的《建设工程施工合同》，如只用《建设工程施工合同条件》。有的则用其他的标准合同来代替。

对于《建设工程施工合同文本》，在总结实施经验的基础已作出了进一步的修改。并已公布实施，新修订的施工合同文本由《协议书》、《通用条款》、《专用条款》三部分组成，可在招标文件中采用。

(三) 合同格式

合同格式包含表 3-2 ~ 表 3-5，即合同协议书格式，银行履约保函格式、履约担保格式，预付款银行保函格式。为了便于投标和评标，在招标文件中都用统一的格式，可参考选用以下格式进行编写。

合同协议书格式　　　　　　　　　　　　　　　　　　表 3-2

本协议由　　　（以下简称"发包方"）与　　　（以下简称"承包方"）于　年　月　日商定并签署。

鉴于发包方拟修建　　　（工程简述），并通过　年　月　日的中标通知书接受了承包方以人民币　　　元为本工程施工、竣工和保修所做的投标，双方达成如下协议：

1. 本协议中所用术语的含义与下文提到的合同条件中相应术语的含义相同。
2. 下列文件应作为本协议的组成部分：
(1) 本合同协议书；
(2) 中标通知书；
(3) 投标书及其附件；
(4) 施工合同专用条款；
(5) 施工合同通用条款；
(6) 标准、规范和有关资料；
(7) 图纸；
(8) 已标价的工程量清单；
(9) 工程报价单和预算书。
3. 上述文件互为补充和解释，如有不清或互相矛盾之处，以上面所列顺序在前的为准。
4. 考虑到发包方将按下条规定付款给承包方，承包方在此与发包方立约，保证全面按合同规定承包本工程的施工、竣工和保修。
5. 考虑到承包方将进行本工程的施工、竣工和保修，发包方在此立约，保证按合同规定的方式和时间付款给承包方。

续表

为此，双方代表在此签字并加盖公章。	
发包方代表（签名盖章）：	承包方代表（签名盖章）：
发包方（公章）：	承包方（公章）
地址：	地址：
法定代表人：	法定代表人：
委托代理人：	委托代理人：
开户银行：	开户银行：
账号：	账号：
电话：	电话：
电传：	电传：
邮政编码：	邮政编码：

建设行政主管部门意见：
经办人：　　　　　　　　　　　　　　　　　　　审查机关（盖公章）：
　　　　　　　　　　　　　　　　　　　　　　　　年　月　日

银行履约保函格式　　　　　　　　　　表 3-3

建设单位名称：
　　鉴于　　　　（下称"承包单位"）已保证按　　　　（下称"建设单位"）　　　工程合同施工、竣工和保修该工程（下称"合同"）。
　　鉴于你方在上述合同中要求承包单位向你方提供下述金额的银行开具的保函，作为承包单位履行本合同责任的保证金；
　　本银行同意为承包单位出具本保函；
　　本银行在此代表承包单位向你方承担支付人民币　　　　元的责任，承包单位在履行合同中，由于资金、技术、质量或非不可抗力等原因给造成经济损失时，在你方以书面提出要求上述金额内的任何付款时，本银行即予以支付，不挑剔、不争辩、也不要求你方出具证明或说明背景、理由。
　　本银行放弃你方应先向承包单位要求赔偿上述金额然后再向本银行提出要求的权力。
　　本银行进一步同意在你方和承包单位之间的合同条件、合同项下的工程或合同发生变化、补充或修改后，本银行承担保函的责任也不改变，有关上述变化、补充和修改也无须通知本银行。
　　本保函直至保修责任证书发出后 28 天内一直有效。
银行名称：（盖章）
银行法定代表人：（签字、盖章）
地址：
邮政编码：　　　　　　　　　　　　　　　　　　　日期：　年　月　日

履约担保格式　　　　　　　　　　表 3-4

根据本担保书，投标单位　　　　（下称承包单位）作为委托人和担保单位　　　　（下称担保人）作为担保人共同向债权人　　　　（下称"建设单位"）承担支付人民币　　　　元的责任，承包单位和担保人均受本履约担保书的约束。
　　鉴于承包单位已于　年　月　日向建设单位递交了　　　　工程的投标文件，愿为承包单位在中标后同建设单位签署的工程承包发包合同担保。下文中的合同包括合同中规定的合同协议书、合同文件、图纸、技术规范等；

续表

本担保书的条件是：如果承包单位在履行了上述合同中，由于资金、技术、质量或非不可抗力等原因给建设单位造成经济损失时，当建设单位以书面提出要求得到上述金额内的任何付款时，担保人将迅速予以支付。 本担保人不承担大于本担保书限额的责任。 除了建设单位以外，任何人都无权对本担保书的责任提出履行要求。 本担保书直至保修责任证书发出后28天内一直有效。 承包单位和担保人的法定代表人在此签字盖公章，以资证明。	
担保单位：（盖章）	
法定代表人：（签字、盖章）	日期：　年　月　日
投标单位：（盖章）	
法定代表人：（签字、盖章）	日期：　年　月　日

预付款银行保函格式　　　　　　　　　　　　　　表3-5

建设单位名称： 根据你单位：　　　　工程合同条件（合同条款号）的规定，　　　　（下称"承包单位"）应向你方提交预付款银行保函，金额为人民币　　　　元，以保证其忠实地履行合同的上述条款。 我银行　　　（银行名称）受承包单位委托，作为保证人和主要债务人，当你方以书面形式提出要求就无条件地、不可撤销地支付不超过上述保证金额的款额，也不要求你方先向承包单位提出此项要求；以保证在承包单位没有履行上述合同条件的责任时，你方可以向承包单位收回全部或部分预付款。 我银行还同意：在你方和承包单位之间的合同条件、合同项下的工程或合同文件发生变化、补充或修改后，我行承担本保函的责任也不改变，有关上述变化、补充或修改也无须通知我银行。 本保函的有效期从预付支付日期起至你方向承包单位全部收回预付款的日期止。	
银行名称：（盖章）	
银行法定代表人：（签字、盖章）	
地址：	日期：　年　月　日

（四）技术规范

技术规范主要说明工程现场的自然条件，施工条件及本工程施工技术要求和采用的技术规范。

1. 工程现场的自然条件。应说明工程所处的位置、现场环境、地形、地貌、地质与水文条件、地震烈度、气温、雨雪量、风向、风力等。

2. 施工条件。应说明建设用地面积，建筑物占地面积，场地拆迁及平整情况，施工用水、用电、通信情况，现场地下埋设物及其有关勘探资料等。

3. 施工技术要求。主要说明施工的工期、材料供应、技术质量标准有关规定，以及工程管理中对分包、各类工程报告（开工报告、测量报告、试验报告、材料检验报告、工程自检报告、工程进度报告、竣工报告、工程事故报告等）测量、试验、施工机械、工程记录、工程检验、施工安装、竣工资料的要求等。

4. 技术规范。一般可采用国际国内公认的标准及施工图中规定的施工技术要求。

在招标文件中的技术规范必须由招标单位根据工程的实际要求，自行决定其具体的内容和格式，由招标文件的编写人员自己编写，没有标准化内容和格式可以套用。技术规范是检验工程质量的标准和质量管理的依据，招标单位对这部分文件的编写应特别地重视。

（五）投标书及投标书附录

投标书是由投标单位授权的代表签署的一份投标文件，投标书是对业主和承包商双方均具有约束力的合同的重要部分。与投标书跟随的有投标书附录、投标保证书和投标单位的法人代表资格证书及授权委托书。投标书附录是对合同条件规定的重要要求的具体化，投标保证书可选择银行保函，担保公司、证券公司、保险公司提供的担保书，其一般格式如下。

投 标 书　　　　　　　　　　　表 3-6

建设单位：

1. 根据已收到的招标编号为　　　　的　　　　　工程的招标文件、遵照《工程建设施工招标投标管理办法》的规定，我单位经考察现场和研究上述工程招标文件的投标须知、合同条件、技术规范、图纸、工程量清单和其他有关文件后，我方愿以人民币　　　　　元的总价，按上述合同条件、技术规范、图纸、工程量清单的条件承包上述工程的施工、竣工的保修。

2. 一旦我方中标，我方保证在　年　月　日开工，　年　月　日竣工，即　　天（日历日）内竣工并移交整个工程。

3. 如果我方中标，我方将按照规定提交上述总价 5%的银行保函或上述总价 10%的具备独立法人资格的经济实体企业出具的履约担保书，做为履约保证金，共同地和分别地承担责任。

4. 我方同意所递交的投标文件在"投标须知"规定的投标有效期内有效，在此期间内我方的投标有可能中标，我方将受约束。

5. 除非另外达成协议并生效，你方的中标通知书和本投标书将构成我们双方的合同。

6. 我方金额为人民币　　　　元的投标保证金与投标书同时递交。

投标单位：（盖章）

单位地址：

法定代表人：（签字、盖章）

邮政编码：

电话：

传真：

开户银行名称：

银行账号：

开户银行地址：

电话：

日期：　年　月　日

投 标 书 附 录　　　　　　　　　表 3-7

序 号	项 目 内 容	合同条款号	
1	履约保证金： 银行保函金额 履约担保书金额	8.1 8.1	合同价格的　　%（5%） 合同价格的　　%（10%）
2	发出通知的时间	10.1	签订合同协议书　　天内
3	延长赔偿费金额	12.5	元/天
4	误期赔偿费限额	12.5	合同价格的　　%
5	提前工程奖	13.1	元/天
6	工期质量达到优良标准补偿金	15.1	元
7	工程质量未达到要求优良标准时的赔偿费	15.2	元
8	预付款金额	20.1	合同价格的　　%
9	保留金金额	22.2.5	每次付款额的　　%（10%）

续表

序 号	项 目 内 容	合同条款号	
10	保留金限额	22.2.5	合同价格的 ％（3％）
11	竣工时间	27.5	天（日历日）
12	保修期	29.1	天（日历日）

投标单位：（盖章）

法定代表人：（签字、盖章）

日期： 年 月 日

投标保证金银行保函

表 3-8

鉴于　　　（下称"投标单位"）于　年　月　日参加　　　（下称"招标单位"）工程的投标。

本银行　　　（下称"本银行"）在此承担向招标单位支付总金额人民币　　　元的责任。

本责任的条件是：

一、如果投标单位在招标文件规定的投标有效期内撤回其投标；或

二、如果投标单位人在投标有效期内收到招标单位的中标通知书后：

1. 不能或拒绝按投标须知的要求签署合同协议书；或

2. 不能或拒绝按投标须知的规定提交履约保证金。

只要招标单位指明投标单位出现上述情况的条件，则本银行在接到招标单位通知就支付上述金额之内的任何金额，并不需要招标单位申述和证实其他的要求。

本保函在投标有效期后或招标单位这段时间内延长的投标有效期28天后保持有效，本银行不要求得到延长有效期的通知，但任何索款要求应在有效期内送到本银行。

银行名称：（盖章）

法定代表人：（签字、盖章）

银行地址：

邮政编码：

电话：

日期： 年 月 日

投标保证金担保书

表 3-9

根据本担保书　　　（投标人名称）做为委托人（以下称"委托人"）和在中国注册的　　　（担保公司、证券公司或保险公司）做为担保人　　　（以下称担保人）共同向债权人（建设单位名称）（以下称建设单位）承担支付人民币　　　元的责任。

鉴于委托人已于　年　月　日就（合同名称）的建设向建设单位递交了投标书（以下称"投标"）。

本担保书的条件是：

1. 如果委托人在投标书规定的投标有效期撤回其投标；或

2. 如果委托人在收到建设单位的中标通知书后：

（1）不能或拒绝按投标须知的要求签署合同协议书；

（2）不能或拒绝按投标须知的规定提交履约保证金，则本担保有效，否则无效。

但本担保不承担支付下列金额的责任：

1. 大于本担保书规定的金额；或

2. 大于投标报价与建设单位接受报价之间的差额的金额。

担保人在此之间确认本担保书责任在投标有效期后或招标单位延期投标有效期这段时间后的28天内保持有效。延长投标有效期应通知担保人。

委托人代表（签字 盖公章）　　　担保人代表（签字 盖公章）

姓名：　　　　　　　　　　　　　姓名：

地址：　　　　　　　　　　　　　地址：

日期： 年 月 日

法定代表人资格证明书　　　　　　　　　　　表 3-10

| 单位名称： |
| 地址： |
| 姓名：　　　　　性别：　　　年龄：　　　　职务： |
| 系　　　　的法定代表人。为施工、竣工和保修　　　　　的工程，签署上述工程的投标文件、进行合同谈判、签署合同的处理与之有关的一切事务。 |
| 特此证明。 |
| 投标单位：（盖章）　　　　　　　　　　　　　　　　　　　上级主管部门：（盖章） |
| 日期：　年　月　日　　　　　　　　　　　　　　　　　　　日期：　年　月　日 |

授 权 委 托 书　　　　　　　　　　　表 3-11

| 本授权委托书声明：我　　　　（姓名）系　　　　（投标单位名称）的法定代表人，现授权委托　　　（单位名称）的　　　　（姓名）为我公司代理人，以本公司的名义参加　　　　（招标单位）的工程的投标活动。代理人在开标、评标、合同谈判过程中所签署的一切文件和处理与之有关的一切事务，我均予以承认。代理人无转委权。特此委托。 |
| 代理人：　　　　　性别：　　　年龄：　　 |
| 单位：　　　　　部门：　　　职务： |
| 投标单位：（盖章） |
| 法定代表人：（签字、盖章） |
| 　　　　　　　　　　　　　　　　　　　　　　　　　　　　日期：　年　月　日 |

（六）工程量清单与报价表

1．工程量清单与报价表的用途

工程理清单与报价表有三个主要用途：一是为投标单位按统一的规格报价，填报表中各栏目价格，按价格的组成逐项汇总，按逐项的价格汇总成整个工程的投标报价；二是方便工程进度款的支付，每月结算时可按工程量清单和报价表的序号，已实施的项目单价或价格来计算应给承包商的款项；三是在工程变更或增加新的项目时，可选用或参照工程量清单与报价表单价来确定工程变更或新增项目的单价和合价。

2．工程量清单与报价表的分类

在工程量清单与报价表中，可分为两类，一类是按"单价"计价的项目，另一类是按"项"包干的项目。在编制工程量清单时要按工程的施工要求进行工作分解来立项，在立项时，注意将不同等级的工程区分开，将同性质但不属同一部位的工作分开，将情况不同可进行不同报价的工作分开。尽力做到使工程量清单中各项既满足工序进度控制要求，又能满足成本控制的要求，既便于报价，又便于工程进度款的结算和支付。

3．工程量清单与报价表的前言说明

在招标文件中，对工程量清单与报价表的前言中应做以下说明：

（1）工程量清单应与投标须知、合同条件、技术规范和图纸一起使用。

（2）工程量清单所列工程量系招标单位估算和临时作为投标单位共同报价的基础而用的，付款以实际完成的工程量为依据，由承包单位计量，监理工程师核准的实际完成工程量。

（3）工程量清单中所填入的单价和合价，对于综合单价应说明包括人工费、材料费、机械费、其他直接费、间接费、有关文件规定的调价、利润、税金以及现行取费中的有关费用、材料差价以及采用固定价格的工程所测算的风险等全部费用。对于工料单价应说明按照现行预算定额的工料机消耗及预算价格确定，作为直接费的基础，其他在直接费、间接费、有关文件规定的调价、利润、税金、材料差价、设备价、现场因素费用、施工技术措施费用以及采用固定价格的工程所测算的风险金等按现行计算方法计取，计入其他相应的报价表中。

(4) 工程量清单不再重复或概括工程及材料的一般说明，在编制和填写工程量清单的每一项单价和合价时应考虑投标须知和合同文件的有关条款。

(5) 应根据建设单位选定的工程测量标准和计量方法进行测量和计算，所有工程量应为完工后测量的净值。

(6) 所有报价应用人民币表示。

4．报价表格

在招标文件中一般列出投标报价的工程量清单和报价表有：

(1) 报表汇总表。

(2) 工程量清单报价表。

(3) 设备清单及报价表。

(4) 现场因素、施工技术措施及赶工措施费用报价表。

(5) 材料清单及材料差价。

（七）辅助资料表

辅助资料表是进一步了解投标单位对工程施工人员、机械和各项工作的安排情况，便于评标时进行比较，同时便于业主在工程实施过程中安排资金计划。在招标文件中统一拟定各类表格或提出具体要求让投标单位填写或说明。一般列出辅助资料表有：

1．项目经理简历表

2．主要施工管理人员表

3．主要施工机械设备表

4．拟分包项目情况表

5．劳动力计划表

6．施工方案或施工组织设计

(1) 工程完整的施工方案，保证质量的措施；

(2) 施工机械进场计划；

(3) 工程材料进场计划；

(4) 施工现场平面布置及施工道路平面图；

(5) 冬、雨季施工措施；

(6) 地下管线及其他地上设施的加固措施；

(7) 保证安全生产，文明施工、降低环境污染和噪声的措施。

7．计划开工、竣工日期和施工进度表

投标单位应提供初步的施工进度表，说明按招标文件要求的工期进行施工的各个关键日期，可采用横道图或网络图表示，说明计划开工日期和各分项工程完工日期。施工进度计划与施工方案或组织设计相适应。

8．临时设施布置及临时用地表

（八）资格审查表

对于未经过资格预审的，在招标文件中应编制资格审查表，以便进行资格后审，在评标前，必须首先按资格审查表的要求进行资格审查，只有资格审查通过者，才有资格进入评标。

资格审查表的内容如下：

1．投标单位企业概况；
2．近三年来所承建工程情况一览表；
3．在建施工情况一览表；
4．目前剩余劳动力和机械设备情况表；
5．财务状况；
6．其他资料（各种奖罚）；
7．联营体协议和授权书。

包括固定资产、流动资产、长期负债、流动负债、近三年完成的投资，经审计的财务报表等。

（九）图纸

图纸是招标文件的重要组成部分，是投标单位在拟定施工方案，确定施工方法，提出替代方案，确定工程量清单和计算投标报价不可缺少的资料。

图纸的详细程度取决于设计的深度与合同的类型。实际上，在工程实施中陆续补充和修改图纸，这些补充和修改的图纸必须经监理工程师签字后正式下达，才能作为施工和结算的依据。

对于地质钻孔柱状图，水文地质和气象等资料也属图纸的一部分，建设单位应对这些资料的正确性负责，而投标单位据此做出自己的分析判断，拟定的施工方案和施工方法，建设单位和监理单位工程师不负责任。

五、招标文件的审查和发布

（一）资格预审通告与招标公告

对于要求资格预审的公开招标应发布资格预审通告，对于进行资格后审的公开招标应发布招标公告。资格预审通告和招标公告都应在有关的报刊、杂志、信息网络公开发布，其格式如下：

资格预审通告　　　　　　　　　表 3-12

1．　　　（建设单位名称）的　　　　　工程，建设地点在　　　　，结构类型为　　　　，建设规模为：　　　　。招标申请已得到招标管理机构批准，现通过资格预审确定出合格的施工单位参加投标。 2．参加资格预审的施工单位其资质等级须是　　　　级以上施工企业，施工单位应具备以往类似经验，并证明在机械设备、人员和资金、技术等方面有能力执行上述工程，以便通过资格预审。 3．工程质量要求达到国家施工验收规范（优良、合格）标准。计划开工日期为　　年　　月　　日，计划竣工日期为　　年　　月　　日，工期　　天（日历日）。 4．　　　　受建设单位的委托作为招标单位，现邀请合格的施工单位就下述工程内容的施工、竣工、保修进行密封投标，以得到必要的劳动力、材料、设备和服务。该工程的发包方式为（包工包料或包工不包料），工程招标范围：　　　　。

续表

5.有意的施工单位可按下述地点向招标单位领取资格预审文件。资格预审文件的发放日期为　　年　月　日至　年　月　日，每天　时至　时（公休日、节假日除外）。 6.施工单位所填写的资格预审文件须在　　年　月　日时前，按下述地点送达招标单位。 招标单位：（盖章） 法定代表人：（签字、盖章） 地址： 邮政编码： 联系人： 电话： 日期：　年　月　日

招 标 公 告　　　　　　　表3-13

1.　　（建设单位名称）的　　　工程，建设地点在　　　，结构类型为　　　，建设规模为：　　　。招标报建和申请已得到建设管理部门批准，现通过公开招标选定承包单位。 2.工程质量要求达到国家施工验收规范（优良、合格）标准。计划开工日期为　年　月　日，工期　　天（日历日）。 3.　　　受建设单位的委托作为招标单位，现邀请合格的投标单位进行密封投标，以得到必要的劳动力、材料、设备和服务，建设和完成　　　工程。 4.投标单位的施工资质等级须是　　　级以上的施工企业，愿意参加投标的施工单位，可携带营业执照、施工资质等级证书向招标单位领取招标文件。同时缴纳押金　　　元。 5.该工程的发包方式（包工包料或包工不包料），招标范围为　　　。 6.招标工程安排： （1）发放招标文件单位： （2）发放招标文件时间：　年　月　日起至　年　月　日，每天上午：　　下午：　　（公休日、节假日除外）。 （3）投标地点及时间： （4）现场勘察时间： （5）投标预备会时间： （6）投标截止时间：　年　月　日　时 （7）开标时间：　年　月　日　时 （8）开标地点： 招标单位：（盖章） 法定代表人：（签字、盖章） 地址： 邮政编码： 联系人： 电话： 日期：　年　月　日

（二）资格预审文件

对于要求资格预审的应编制预审文件，资格预审文件包括的内容，除上述的资格预审通告外，还包括如下的资格预审须知、资格预审表和资料、资格预审合格通知书等。

1．资格预审须知，其内容包括：

（1）工程概况，说明工程名称、建设地点、结构类型、建设规模、发包方式、工程质量要求、计划开工日期和竣工日期、发包范围等。

（2）资金来源，说明筹资方式。

（3）资格和合格条件要求。

为了证明投标单位符合规定要求投标合格条件和履约合同的能力，参加资格预审的投标单位应提供如下资料：

1）营业执照、资质等级证书及非本国注册的施工企业经建设单位行政主管部门核准的资质文件等具有法律地位的文件。

2）在过去三年内完成的与本合同相似的工程的情况和现在履行的合同的工程情况。

3）提供管理和执行本合同拟派的管理人员和主要施工人员情况。

4）提供完成本合同拟采用的主要施工机械设备情况。

5）提供完成本合同拟分包的项目及其分包单位的情况。

6）提供财务状况情况，包括近二年经过审计的财务报表，下一年度财务预测报告。

7）有关目前和过去二年参与或涉及诉讼案的资料。

（4）如果参加资格预审的施工单位是一个由几个独立分支机构或专业单位组成的，其预审申请应具体说明各单位承担工程的哪个主要部分。所提供的资格预审资料仅涉及实际参加施工的分支机构或单位，评审时也仅考虑分支机构或单位的资质条件、经验、规模、设备和财务能力，以确定是否能通过资格预审。

（5）对联营体（联合体）资格预审的要求

1）联营体的每一个成员提交同单独参加资格预审单位一样要求的全套文件。

2）提交预审文件时应附上联营体协议，包括：

A.指出联营体的主办人，该主办人应被授权代表所有联营体成员接受指令，并由主办人负责整个合同的全面实施。

B.联营体递交的投标文件连同中标后签署的合同对联营体整体及每个成员均具有法律约束务。

3）资格预审后，如果联营体组成和合格性发生变化，应在投标截止日期之前征得招标单位的书面同意。若联营体的变化，导至下列情况则不允许：

A.联营体成员中有事先未通过资格预审的单位（无论是单独还是作为联营体的成员）。

B.使联营体的资格降到了资格预审文件中规定的标准以下。

4）作为联营体的成员通过资格预审合格的，不能认为作为单独成员或其他联营体的成员的资格预审的合格者。

（6）在资格预审合格通过后改变分包人所承担的分包责任或改变承担分包责任的分包人之前，必须征得招标单位的书面同意，否则，资格预审合格无效。

（7）将资格预审文件按规定的正本和副本份数和指定时间，地点送达招标单位。

（8）招标单位将资格预审结果以书面形式通知所有参加预审的施工单位，对资格预审合格的单位应以书面形式通知投标单位准备投标。

2.资格预审表和资料

在资格预审文件中应规定统一表格让参加资格预审的单位填报和提交有关资料（如属

联营体，主办人和各成员分别填报）。

(1) 资格预审单位概况

1）企业简历。

2）人员和机械设备情况。

(2) 财务状况

1）基本资料，包括固定和流动的资产总额和负债总额，近五年平均完成投资额。

2）近三年每年完成投资额和本年预计完成的投资额。

3）近二年经审计的财务报表（附财务报表）。

4）下一年度财务预测报告（附财务预测报告）。

5）可查到财务信息的开户银行的名称、地址，及申请单位的开户银行出具的招标单位可查证的授权书。

(3) 拟投入的主要管理人员情况

(4) 拟投入劳动力和施工机械设备情况

1）劳力情况表，包括管理人员、技术工人和普通工人。

2）机械设备情况表，包括名称、型号、数量、功率、制造国别和制造年份等。

(5) 近三年来所承建的工程和在建工程情况一览表

包括建设单位，项目名称与建设地点，结构类型，建设规模，开竣工日期，合同价格，质量要求和达到的标准。

(6) 目前和过去二年涉及的诉讼和仲裁情况

(7) 其他情况（各种奖励和处罚等）

(8) 联营体协议书和授权书（附联营体协议副本和各成员是法定代表签署的授权书）

3. 资格预审合格通知书

在资格预审完成后除向所有参加资格预审单位发通知书外，对资格预审合格的单位还应发资格预审合格通知书，其格式如下：

资格预审合格通知书　　　　　　　　　　　　　表 3-14

（建设单位名称）座落在　　　　　的　　　　工程，结构类型为　　　　，建设规模　　　　。经招标单位申请，招标管理机构批准同意，通过对参加资格预审单位以往经验和施工机械设备、人员、财务状况，以及技术能力等方面审查，确定以下名单中的施工单位为资格预审合格，现就上述工程的施工、竣工和保修所需的劳动力、材料和服务的供应，按照《工程建设施工招标投标管理办法》的规定进行招标，择优选定承包单位，望收到通知书后于　　年　月　日前，到　　　　领取招标文件、图纸和有关技术资料。同是缴纳押金　　　元。

资审合格单位名单：

招标单位：（盖章）　　　　　　　招标管理机构审核意见：（盖章）

法定代表人：（签字、盖章）

日期：　　年　月　日　　　　　日期：　　年　月　日

（三）勘察现场

招标单位组织投标单位进行勘察现场的目的在于了解工程场地和周围环境情况，招标单位应尽力向投标单位提供现场的信息资料和满足进行现场勘察的条件，为便于解答投标单位提出的问题，勘察现场一般安排在投标预备会之前。投标单位的问题应在预备会之前以书面形式向招标单位提出。

招标单位应向投标单位介绍有关施工现场如下的情况：

（1）是否达到招标文件规定的条件；

（2）地形、地貌；

（3）水文地质、土质、地下水位等情况；

（4）气候条件，包括气温、湿度、风力、降雨、降雪情况；

（5）现场的通信、饮水、污水排放、生活用电、用气等；

（6）工程在施工现场中的位置；

（7）可提供的施工用地和临时设施等。

（四）工程标底的编制

在评标过程中，为了对投标报价进行评价，特别是采用在标底上下浮动一定范围内的投标报价为有效报价时，招标单位应编制工程标底。

标底是由招标单位或委托建设行政主管部门批准的具有编制标底资格和能力的中介代理机构，根据国家（或地方）公布的统一工程项目划分、统一的计量单位、统一的计算规则以及施工图纸、招标文件，并参照国家规定的技术标准、经济定额所编制的工程价格。

1．标底编制的原则

（1）统一工程项目划分，统一计量单位，统一计算规则；

（2）以施工图纸、招标文件和国家规定的技术标准和工程造价定额为依据；

（3）力求与市场的实际变化吻合，有利于竞争和保证工程质量；

（4）标底价格一般应控制在批准的总概算（或修正概算）及投资包干的限额内；

（5）根据我国现行的工程造价计算方法，并考虑到向国际惯例靠拢，提倡优质优价；

（6）一个工程只能编制一个标底；

（7）标底必须经招标管理机构审定；

（8）标底审定后必须及时妥善封存、严格保密，不得泄漏。

2．计价方法

标底价格由成本、利润、税金等组成，应考虑人工、材料、机械台班等价格变化因素，还应包括不可预见费、预算包干费、措施费（赶工措施费、施工技术措施费）现场因素费用、保险以及采用固定价格的工程风险金等。计价方法可选用我国现行规定的工料单价和综合单价两种方法计算。

3．标底编制的基本依据

（1）招标商务条款；

（2）工程施工图纸、编制工程量清单的基础资料、编制标底所依据的施工方案、工程建设地点的现场地质、水文及地上情况的有关资料；

（3）编制标底前的施工图纸设计交底及施工方案交底。

4．标底编审程序

（1）确定标底计价内容及计算方法、编制总说明、施工方案或施工组织设计、编制（或审查确定）工程量清单、临时设施布置临时用地表、材料设备清单、补充定额单价、钢筋铁件调整、预算包干、按工程类别的取费标准等；

(2) 确定材料设备的市场价格；

(3) 采用固定价格的工程，测算施工周期内的人工、材料、设备、机械台班价格波动风险系数；

(4) 确定施工方案或施工组织设计中计费内容；

(5) 计算标底价格；

(6) 标底送审。标底应在投标截止日期后，开标之前报招标管理机构审查，结构不太复杂的中小型工程在投标截止日期后7天内上报，结构复杂的大型工程在14天内上报。未经审查的标底一律无效；

(7) 标底价格审定交底。

当采用工料单价计价方法时，其主要审定内容包括：

1) 标底计价内容；

2) 预算内容；

3) 预算外费用。

当采用综合单价计价方法时，其主要审定内容包括：

1) 标底计价内容；

2) 工程单价组成分析；

3) 设备市场供应价格、措施费（赶工措施费、施工技术措施费）现场因素费用等。

(五) 开标

1. 开标应当在投标截止时间后，按照招标文件规定的时间和地点公开进行。已建立建设工程交易中心的地方，开标应当在建设工程交易中心举行。

2. 开标由招标单位主持，并邀请所有投标单位的法定代表人或者其代理人和评标委员会全体成员参加。

建设行政主管部门及其工程招标投标监督管理机构依法实施监督。

3. 开标一般应按照下列程序进行：

(1) 主持人宣布开标会议开始，介绍参加开标会议的单位、人员名单及工程项目的有关情况；

(2) 请投标单位代表确认投标文件的密封性；

(3) 宣布公正、唱标、记录人员名单和招标文件规定的评标原则、定标办法；

(4) 宣读投标单位的名称、投标报价、工期、质量目标、主要材料用量、投标担保或保函以及投标文件的修改、撤回等情况，并作当场记录；

(5) 与会的投标单位法定代表人或者其代理人在记录上签字，确认开标结果；

(6) 宣布开标会议结束，进入评标阶段。

4. 投标文件有下列情形之一的，应当在开标时当场宣布无效：

(1) 未加密封或者逾期送达的；

(2) 无投标单位及其法定代表人或者其代理人印鉴的；

(3) 关键内容不全、字迹辨认不清或者明显不符合招标文件要求的。

无效投标文件，不得进入评标阶段。

5. 招标单位可以编制标底，也可以不编制标底。需要编制标底的工程，由招标单位或者由其委托具有相应能力的单位编制；不编制标底的，实行合理低价中标。

对于编制标底的工程，招标单位可以规定在标底上下浮动一定范围内的投标报价为有效，并在招标文件中写明。在开招时，如果仅有少于三家的投标报价符合规定的浮动范围，招标单位可以采用加权平均的方法修订规定，或者宣布实行合理低价中标，或者重新组织招标。

（六）评标

1．评标由评标委员会负责。评标委员会的负责人由招标单位的法定代表人或者其代理人担任。

评标委员会的成员由招标单位、上级主管部门和受聘的专家组成（如果委托招标代理或者工程监理的，应当有招标代理、工程监理单位的代表参加）为5人以上的单数，其中技术、经济等方面的专家不得少于三分之二。招标单位参与人员不得大于三分之一。

2．省、自治区、直辖市和地级以上城市（包括地、州、盟）建设行政主管部门，应当在建设工程交易中心建立评标专家库。评标专家须由从事相关领域工作满八年，并具有高级职称或者具有同等专业水平的工程技术、经济管理人员担任，并实行动态管理。

评标专家库应当拥有相当数量符合条件的评标专家，并可以根据需要，按照不同的专业和工程分类设置专业评标专家库。

3．招标单位根据工程性质、规模和评标的需要，可在开标前若干小时之内从评标专家库中随机抽取专家聘为评委。工程招标投标监督管理机构依法实施监督。专家评委与该工程的投标单位不得有隶属或者其他利益关系。

专家评委在评标活动中有徇私舞弊、显失公平行为的，应当取消其评委资格。

4．评标可以采用合理低标价法和综合评议法。具体评标方法由招标单位决定，并在招标文件中载明。对于大型或者技术复杂的工程，可以采用技术标、商务标两阶段评标法。

评标委员会可以要求投标单位对其投标文件中含义不清的内容作必要的澄清或者说明，但其澄清或者说明不得更改投标文件的实质性内容。

任何单位和个人不得非法干预或者影响评标的过程和结果。

5．评标结束后，评标委员会应当编制评标报告。评标报告应包括下列主要内容：

（1）招标情况，包括工程概况、招标范围和招标的主要过程；

（2）开标情况，包括开标的时间、地点、参加开标会议的单位和人员，以及唱标等情况；

（3）评标情况，包括评标委员会的组成人员名单，评标的方法、内容和依据，对各投标文件的公析论证及评审意见；

（4）对投标单位的评标结果排序，并提出中标候选人的推荐名单。

评标报告须经评标委员会全体成员签字确认。

（七）定标

1．招标单位应当依据评标委员会的评标报告，并从其推荐的中标候选人名单中确定中标单位，也可以授权评标委员会直接定标。

实行合理低标价法评标的，在满足招标文件各项要求的前提下，投标报价最低的投标单位应当为中标单位，但评委员会可以要求其对保证工程质量、降低工程成本拟采用的技术措施作出说明，并据此提出评价意见，供招标单位定标时参考；实行综合评议法，得票最多或者得分最高的投标单位应当为中标单位。

招标单位未按照推荐的中标候选人排序确定中标单位的，应当在其招标投标情况的书面报告中说明理由。

2. 在评标委员会提交评标报告后，招标单位应当在招标文件规定的时间内完成定标。定标后，招标单位须向中标单位发出《中标通知书》。《中标通知书》的实质内容应当与中标单位投标文件的内容相一致。

《中标通知书》的格式如表 3-15 所示。

中 标 通 知 书　　　　　　　　　　表 3-15

```
    （建设单位名称）的       （建设地点）       工程，结构类型为           ，建设规模
      ，经    年   月   日公开开标后，经评标小组评定并报招标管理机构核准，确定       为中标单
位，中标标价人民币       元，中标工期自   年   月   日开工，   年   月   日竣工，工期   天
（日历日），工程质量达到国家施工验收规范（优良、合格）标准。
    中标单位收到中标通知书后，在   年   月   日   时前到   （地点）与建设单位签订合同。
    建设单位：（盖章）
    法定代表人：（签字、盖章）
                        日期：    年    月    日
    招标单位：（盖章）
    法定代表人：（签字、盖章）
                        日期：    年    月    日
    招标管理机构：（盖章）
    审核人：（签字、盖章）
    审核日期：                                                        年    月    日
```

3. 自《中标通知书》发出之日 30 日内，招标单位应当与中标单位签订合同，合同价应当与中标价相一致；合同的其他主要条款，应当与招标文件、《中标通知书》相一致。

4. 中标后，除不可抗力外，中标单位拒绝与招标单位签订合同的，招标单位可以不退还其投标保证金，并可以要求赔偿相应的损失；招标单位拒绝与中标单位签订合同的，应当双倍返还其投标保证金，并赔偿相应的损失。

5. 中标单位与招标单位签订合同时，应当按照招标文件的要求，向招标单位提供履约保证。履约保证可以采用银行履约保函（一般为合同价的 5%～10%），或者其他担保方式（一般为合同价的 10%～20%）。招标单位应当向中标单位提供工程款支付担保。

（八）招标代理

1. 招标单位可以委托具有相应资质条件的招标代理单位代理其招标业务。招标代理单位受招标单位的委托，按照委托代理合同，依法组织招标活动，并按照合同约定取得酬金。

2. 招标代理单位在开展招标代理业务时，应当维护招标单位的合法权益，对于提供的招标文件、评标报告等的科学性、准确性负责，并不得向外泄露可能影响公正、公平竞争的有关情况。

3. 招标代理单位不得接受同一招标工程的投标代理和投标咨询业务，也不得转让招标代理业务。招标代理单位与行政机关和其他国家机关以及被代理工程的投标单位不得有隶属关系或者其他利益关系。

第二节　建筑工程投标

一、建筑工程投标的概念

建筑工程投标是指投标人（承包人、施工单位等）为了获取工程任务而参与竞争的一种手段。也就是投标人在同意招标人在招标文件中所提出的条件和要求的前提下，对招标项目估计自己的报价，在规定的日期内填写标书并递交给招标人，参加竞争及争取中标的过程。

（一）投标人及其条件

投标人是响应招标、参加投标竞争的法人或者其他组织，并应有以下几方面的要求：

1. 投标人应具备承担招标项目的能力；国家有关规定或者招标文件对投标人资格条件有规定的，投标人应当具备规定的资格条件。

2. 投标人应当按照招标文件的要求编制投标文件，投标文件应当对招标文件提出的要求和条件作出实质性响应。

投标文件的内容应当包括拟派出的项目负责人与主要技术人员的简历、业绩和拟用于完成招标项目的机械设备等。

3. 投标人应当在招标文件所要求提交投标文件的截止时间前，将投标文件送达投标地点。招收人收到投标文件后，应当签收保存，不得开启。

招标人对招标文件要求提交投标文件的截止时间后收到的投标文件，应当原样退还，不得开启。

4. 投标人在招标文件要求提交投标文件的截止时间前，可以补充、修改或者撤回已提交的投标文件，并书面通知招标人。补充、修改的内容为投标文件的组成部分。

5. 投标人根据招标文件载明的项目实际情况，拟在中标后将中标项目的部分非主体、非关键性工作交由他人完成的，应当在投标文件中载明。

6. 两个以上法人或者其他组织可以组成一个联合体，以一个投标人的身份共同投标。

联合体各方均应当具备承担招标项目的相应能力；国家有关规定或者招标文件对投标人资格条件有规定的，联合体各方均应当具备规定的相应资格条件。由同一专业的单位组成的联合体，按照资质等级较低的单位确定资质等级。联合体各方应当签订共同投标协议，明确约定各方拟承担的工作和相应的责任，并将共同投标协议连同投标文件一并提交招标人。联合体中标的联合体各方应当共同与招标人签订合同，就中标项目向招标人承担连带责任，但是共同投标协议另有约定的除外。

招标人不得强制投标人组成联合体共同投标，不得限制投标人之间的竞争。

7. 投标人不得相互串通投标报价，不得排挤其他投标人的公平竞争，损害招标人或者他人的合法权益。

8. 投标人不得以低于合理预算成本的报价竞争，也不得以他人名义投标或者以其他方式弄虚作假，骗取中标。

所谓合理预算成本，即按照国家有关成本核算的规定计算的成本。

(二) 投标组织

进行工程投标，需要有专门的机构和人员对投标的全部活动过程加以组织和管理。实践证明，建立一个强有力的、内行的投标班子是投标获得成功的根本保证。

在工程承包招标投标竞争中，对于业主来说，招标就是择优。由于工程的性质和业主的评价标准的不同，择优可能有不同的侧重面，但一般包含如下四个主要方面：

(1) 较低的价格；

(2) 先进的技术；

(3) 优良的质量；

(4) 较短的工期。

业主通过招标，从众多的投标者中进行评选，既要从其突出的侧重面进行衡量，又要综合考虑上述四个方面的因素，最后确定中标者。

对于投标人来说，参加投标就面临一场竞争。不仅比报价的高低，而且比技术、经验、实力和信誉。特别是在当前国际承包市场上，越来越多的是技术密集型工程项目，势必要给投标人带来两方面的挑战。一方面是技术上的挑战，要求投标人具有先进的科学技术，能够完成高、新、尖、难工程；另一方面是管理上的挑战，要求投标人具有现代先进的组织管理水平。

为迎接技术和管理方面的挑战，在竞争中取胜，投标人的投标班子应该由如下三种类型的人才组成：一是经营管理类人才；二是技术专业类人才；三是商务金融类人才。

经营管理类人才：是指专门从事工程承包经营管理、制定和贯彻经营方针与规划，负责工作的全面筹划和安排具有决策水平的人才。为此，这类人才应具备以下基本条件：

(1) 知识渊博、视野广阔。经营管理类人员必须在经营管理领域有造诣，对其他相关学科也应有相当知识水平。只有这样，才能全面地、系统地观察和分析问题。

(2) 具备一定的法律知识和实际工作经验。该类人员应了解我国，乃至国际上有关的法律和国际惯例，并对开展投标业务所应遵循的各项规章制度有充分的了解。同时，丰富的阅历和实际工作经验，可以使投标人员具有较强的预测能力和应变能力，对可能出现的各种问题进行预测并采取相应的措施。

(3) 必须勇于开拓，具有较强的思维能力和社会活动能力。渊博的知识和丰富的经验，只有和较强的思维能力结合，才能保证经营管理人员对各种问题进行综合、概括、分析，并作出正确的判断和决策。此外，该类人员还应具备较强的社会活动能力，积极参加有关的社会活动，扩大信息交流，不断地吸收投标业务工作所必需的新知识和情报。

(4) 掌握一套科学的研究方法和手段，诸如科学的调查、统计、分析、预测的方法。

专业技术人才：主要是指工程及施工中的各类技术人员，诸如建筑师、土木工程师、造价师、电气工程师、机械工程师等各类专业技术人员。他们应拥有本学科最新的专业知识，具备熟练的实际操作能力，以便在投标时能从本公司的实际技术水平出发，考虑各项专业实施方案。

商务金融类人才：是指具有金融、贸易、税法、保险、采购、保函、索赔等专业知识的人才。财务人员要懂税收、保险、涉外财会、外汇管理和结算等方面的知识。

以上是对投标班子三类人员个体素质的基本要求。一个投标班子仅仅做到个体素质良好，往往是不够的，还需要各方的共同参与，协同作战，充分发挥群体的力量。

除上述关于投标班子的组成和要求外，一个公司还需要注意：保持投标班子成员的相对稳定，不断提高其素质和水平，对于提高投标的竞争力至关紧要；同时，逐步采用或开发有关投标报价的软件，使投标报价工作更加快速、准确。如果是国际工程（包含境内涉外工程）投标，则应配备懂得专业和合同管理的外语翻译人员。

二、投标文件的有关规定

投标文件是投标人根据招标人的要求及其拟定的文件格式填写的标函。它表明投标单位的具体投标意见，关系着投标的成败及其中标后的盈亏。要正确编制投标文件，应该做到以下几点：

（一）必须根据招标人的具体要求编制投标文件

首先，务必按照招标人要求的条件编制投标文件。因为参与某项工程的投标是以同意招标人所提条件为前提的，只有在重大方面都符合要求的投标书才能为业主方面接受，而所谓重大方面符合要求的标书，一般是指符合招标文件条款、条件和格式而无重大偏离或保留的标书，这里的"重大偏离或保留"是指在任何重大方面影响工程范围、质量或性能的情况，或者是与招标文件不一致，在重大方面限制了承包人的责任和业主的权利的情况。业主方面如果接受这种与招标文件所提条件有偏离或保留的标书，就必然严重影响其他那些重大方面都符合招标人要求的投标人的竞争地位，产生不公平竞争。因此，业主方面必须拒绝在重大方面都不符合招标文件要求的标书，并且不允许再由投标人改正或撤回不符合要求的偏离和保留而使之符合要求。投标人在编制投标文件时，必须全面、准确地把握招标人具体要求，在重大方面与招标人所提条件一致，确保标书能为业主所接受，不成为"废标"。

第二，投标文件的内容必须完整。投标文件一般由投标人须知、合同条件、投标书及其附件、技术规范、工程量表及单价表、图纸及设计资料等组成。投标文件中需要投标人填写的主要内容一般是：关于标函的综合说明；报价单上的分项工程单价、每平方米建筑面积造价、工程总价等价格指标；工程费用支付及奖罚方法；中标后开工日期及全部工程竣工的日期；施工组织与工程进度安排；工程质量和安全措施；主要工程的施工方法和主要施工机械等。投标人在编制、报送投标文件时，文件的种类必须齐全，应填写的主要内容必须完整。这样才能保证投标文件的有效性。

第三，投标文件使用的语言必须符合招标人的规定。

第四，投标文件中各类文件的具体格式应满足招标人的要求。

（二）必须正确确定投标文件中的投标报价水平

投标文件是以投标报价为核心的。编制、报送投标文件又是以在投标竞争中获胜中标，承包某项工程，取得最大限度的盈利为目标的。所以投标竞争通常是围绕"报价"进行。投标人要达到中标的目的，必须正确确定投标报价的水平。这就要求投标人一是必须坚持"预期利润最大"（即在中标前提下可获最大利润）的原则把握报价总水平；二是根据费用"早摊为上，适可而止"的原则控制项目早、中、后期施工的工程价格水平，以保证提出的投标报价有较强的竞争力。

（三）必须力争列入对投标人有利的施工索赔条款

施工索赔是指承包人通过合法途径和程序要求业主偿还他在项目施工中的费用及工期方面的损失。投标承包工程由于业主方面的原因、施工条件的变化、特殊风险的出现等而导致工程承包人的费用及工期损失,承包人必须进行施工索赔才能保证及争取自身经济利益,完整地履行自己的义务;特别在低价中标竞争中,索赔显得尤为重要。

施工索赔的重要依据是合同文件中有关索赔条款的规定。投标人在编制投标文件过程中必须力争与索赔有关的合同条款,保证日后的施工索赔有据可依,自身的经济利益不受或少受影响。

三、投标的程序

（一）投标程序

已经具备投标资格并愿意投标的投标人,可以按以下步骤进行投标。其中主要内容将在本章以下各节中重点说明。

(1) 获取招标信息;
(2) 投标决策;
(3) 申报资格预审（若资格预审未通过到此结束）;
(4) 购买招标文件;
(5) 组织投标班子,选择咨询单位;
(6) 现场勘察;
(7) 计算和复核工程量;
(8) 业主答复问题;
(9) 询价及市场调查;
(10) 制定施工规划;
(11) 制定资金计划;
(12) 投标技巧研究;
(13) 选择定额、确定费率;
(14) 计算单价、汇总投标价;
(15) 投标价评估及调整;
(16) 编制投标文件;
(17) 封送投标书、保函（后期）;
(18) 开标;
(19) 评标（若未中标到此结束）;
(20) 中标;
(21) 办理履约保函;
(22) 签订合同。

（二）投标过程

投标过程是指从填写资格预审表开始,到将正式投标文件送交业主为止所进行的全部工作。这一阶段工作量很大,时间紧迫,一般需要完成下列各项工作:

(1) 填写资格预审调查表,申报资格预审;
(2) 购买招标文件（当资格预审通过后）;
(3) 组织投标班子;

(4) 进行投标前调查与现场考察；
(5) 选择咨询单位；
(6) 分析招标文件，校核工程量，编制施工规划；
(7) 工程估价，确定利润方针，计算和确定报价；
(8) 编制投标文件；
(9) 办理投标担保；
(10) 递送投标文件。

下面分别介绍投标过程中的各个步骤：

1. 资格预审

资格预审能否通过是承包商投标过程中的第一关。有关资格预审文件的要求、内容以及资格预审评定的内容在第四章中已有详细介绍。这里仅就投标人申报资格预审时注意的事项作一介绍。

首先，应注意平时对一般资格预审的有关资料的积累工作，并储存在计算机内，到针对某个项目填写资格预审调查表时，再将有关资料调出来，并加以补充完善。如果平时不积累资料，完全靠临时填写，则往往会达不到业主要求而失去机会。

其次，加强填表时的分析，既要针对工程特点，下功夫填好重点部位，又要反映出本公司的施工经验、施工水平和施工组织能力。这往往是业主考虑的重点。

第三，在投标决策阶段，研究并确定今后本公司发展的地区和项目时，注意收集信息，如果有合适的项目，及早作资格预审的申请准备。这样可以及早发现问题。如果发现某个方面的缺陷（如资金、技术水平、经验年限等）不是本公司自己可以解决者，则应考虑寻找适宜的伙伴，组成联营体来参加资格预审。

第四，作好递交资格预审表后的跟踪工作，如果是国外工程可通过当地分公司或代理人，以便及时发现问题，补充资料。

2. 投标前的调查与现场考察

这是投标前极其重要的一步准备工作。如果在前述的投标决策的前期阶段对拟去的地区进行了较为深入的调查研究，则拿到招标文件后就只需进行有针对性的补充调查了。否则，应进行全面的调查研究。如果是去国外投标，拿到招标文件后再进行调研，则时间是很紧迫的。

现场考察主要指的是去工地现场进行考察，招标单位一般在招标文件中要注明现场考察的时间和地点，在文件发出后就应按排投标者进行现场考察的准备工作。

施工现场考察是投标者必须经过的投标程序。按照国际惯例，投标者提出的报价单一般被认为是在现场考察的基础上编制报价的。一旦报价单提出之后，投标者就无权因为现场考察不周，情况了解不细或因素考虑不全面而提出修改投标、调整报价或提出补偿等要求。

现场考察既是投标者的权利又是他的职责。因此，投标者在报价以前必须认真地进行施工现场考察，全面地、仔细地调查了解现场及其周围的政治、经济、地理等情况。

现场考察之前，应先仔细地研究招标文件，特别是文件中的工作范围、专用条款，以及设计图纸和说明，然后拟定出调研提纲，确定重点解决的问题，做到事先有准备，因有时业主只组织投标者进行一次工地现场考察。

现场考察费用均由投标者自费进行。

进行现场考察应从下述五方面调查了解：

（1）工程的性质与其他工程之间关系；

（2）投标人投标的那一部分工程与其他承包商或分包商之间的关系；

（3）工地地貌、地质、气候、交通、电力、水源等情况，有无障碍物等；

（4）工地附近有无住宿条件，料场开采条件，其他加工条件，设备维修条件等；

（5）工地附近治安情况等。

3. 分析招标文件、校核工程量、编制施工规划

（1）分析招标文件。招标文件是投标的主要依据，因此应该仔细地分析研究。研究招标文件，重点应放在投标者须知、合同条件、设计图纸、工程范围以及工程量表上，最好有专人或小组研究技术规范和设计图纸，弄清其特殊要求。

（2）校核工程量。对于招标文件中的工程量清单，投标者一定要进行校核，因为它直接影响投标报价及中标机会，例如当投标人大体上确定了工程总报价之后，以某些项目工程量可能增加的，可以提高单价；而对某些项目工程量估计会减少的，可以降低单价。

如发现工程量有重大出入的，特别是漏项的，必要时可找招标人核对，要求招标人认可，并给予书面证明，这对于总价固定合同，尤为重要。

（3）编制施工规划。该工作对于投标报价影响很大。

在投标过程中，必须编制全面的施工规划，其深度和广度低于施工组织设计。一旦中标，再编制施工组织设计。

施工规划的内容，一般包括施工方案和施工方法、施工进度计划、施工机械、材料、设备和劳动力计划，以及临时生产、生活设施。制定施工规划的依据是设计图纸，现行的规范，经复核的工程量，招标文件要求的开工、竣工日期以及对市场材料、机械设备、劳力价格的调查。编制的原则是在保证工期和工程质量的前提下，如何使成本最低，利润最大。

1）选择和确定施工方法。根据工程类型，研究可以采用的施工方法。对于一般的土方工程、混凝土工程、房建工程、灌溉工程等比较简单的工程，可结合已有施工机械及工人技术水平来选定实施方法，努力做到节省开支，加快进度。

对于大型复杂工程则要考虑几种施工方案，进行综合比较。如水利工程中的施工导流方式，对工程造价及工期均有很大影响，投标人应结合施工进度计划及能力进行研究确定。又如地下工程（开挖隧洞或洞室），则要进行地质资料分析，确定开挖方法（用掘进机，还是钻孔爆破法……）确定支洞、斜井、竖井数量和位置，以及出渣方法、通风方式等。

2）选择施工设备和施工设施，一般与研究施工方法同时进行。在工程估价过程中还要不断进行施工设备和施工设施的比较，利用旧设备还是采购新设备，在国内采购还是在国外采购，须对设备的型号、配套、数量（包括使用数量和备用数量）进行比较，还应研究哪些类型的机械可以采用租赁办法，对于特殊的、专用的设备折旧率须进行单独考虑，订货设备清单中还应考虑辅助和修配机械以及备用零件，尤其是订购外国机械时应特别注意这一点。

3）编制施工进度计划。编制施工进度计划应紧密结合施工方法和施工设备。施工

进度计划中应提出各时段应完成的工程量及限定日期。施工进度计划是采用网络进度计划还是线条进度计划，根据招标文件要求而定。在投标阶段，一般用线条进度即可满足要求。

4. 投标报价的计算

投标报价计算包括定额分析、单价分析、计算工程成本、确定利润方针，最后确定标价。

5. 编制投标文件

编制投标文件也称填写投标书，或称编制报价书。

投标文件应完全按照招标文件的各项要求编制。一般不能带任何附加条件，否则将导致投标作废。

6. 准备备忘录提要

招标文件中一般都有明确规定，不允许投标者对招标文件的各项要求进行随意取舍、修改或提出保留。但是在投标过程中，投标人对招标文件反复深入地进行研究后，往往会发现很多问题，这些问题大体可分为三类：

第一类是对投标人有利的，可以在投标时加以利用或在以后提出索赔要求的，这类问题投标者一般在投标时是不提的。

第二类是发现的错误明显对投标人不利的，如总价包干合同工程项目漏项或是工程量偏少的，这类问题投标人应及时向业主提出质疑，要求业主更正。

第三类问题是投标者企图通过修改某些招标文件和条款或是希望补充某些规定，以使自己在合同实施时能处于主动地位的问题。

上述问题在准备投标文件时应单独写成一份备忘录提要。但这份备忘录提要不能附在投标文件中提交，只能自己保存。第三类问题留待合同谈判时使用，也就是说，当该投标使招标人感兴趣，邀请投标人谈判时，再把这些问题根据当时情况，一个一个地拿出来谈判，并将谈判结果写入合同协议书的备忘录中。

7. 递送投标文件

递送投标文件也称递标。是指投标人在规定的截止日期之前，将准备妥的所有投标文件密封递送到招标单位的行为。

对于招标单位，在收到投标人的投标文件后，应签收或通知投标人已收到其投标文件，并记录收到日期和时间；同时，在收到投标文件到开标之前，所有投标文件均不得启封，并应采取措施确保投标文件的安全。

除了上述规定的投标书外，投标者还可以写一封更为详细的致函，对自己的投标报价作必要的说明，以吸引招标人、咨询工程师和评标委员会对递送这份投标书的投标人感兴趣和有信心。例如，关于降价的决定，说明编完报价单后考虑到同业主友好的长远合作的诚意，决定按报价单的汇总价格无条件地降低某一个百分比，即总价降到多少金额，并愿意以这一降低后的价格签订合同。又如若招标文件允许替代方案，并且投标人又制定了替代方案，可以说明替代方案的优点，明确如果采用替代方案，可能降低或增加的标价。还应说明愿意在评标时，同业主或咨询公司进行进一步讨论，使报价更为合理，等等。

四、投标决策与技巧

（一）投标决策的含义

投标人通过投标获取项目,但作为投标人,并不是每标必投,因为投标人要想在投标中获胜,即中标得到承包工程,然后又要从承包工程中盈利,就需要研究投标决策的问题。所谓投标决策,包括三方面内容:其一,针对项目招标是投标,或是不投标;其二,倘若去投标,是投什么性质的标;其三,投标中如何采用以长制短,以优胜劣的策略和技巧。投标决策的正确与否,关系到能否中标和中标后的效益;关系到施工企业的发展前景和职工的经济利益。因此,企业的决策班子必须充分认识到投标决策的重要意义,把这一工作摆在企业的重要议事日程上。

(二)投标决策阶段的划分

投标决策可以分为两阶段进行。这两阶段就是投标决策的前期阶段和投标决策的后期阶段。

投标决策的前期阶段必须在购买投标人资格预审资料前后完成。决策的主要依据是招标广告,以及公司对招标工程、业主情况的调研和了解程度,如果是国际工程,还包括对工程所在国和工程所在地的调研和了解程度。前期阶段必须对投标与否做出论证。通常情况下,下列招标项目应放弃投标:

(1)本施工企业主管和兼营能力之外的项目;
(2)工程规模、技术要求超过本施工企业技术等级的项目;
(3)本施工企业生产任务饱满,且招标工程的盈利水平较低或风险较大的项目;
(4)本施工企业技术等级、信誉、施工水平明显不如竞争对手的项目。

如果决定投标,即进入投标决策的后期,它是指从申报资格预审至投标报价(封送投标书)前完成的决策研究阶段。主要研究倘若去投标、是投什么性质的标,以及在投标中采取的策略问题。

按性质分,投标有风险标和保险标;按效益分,投标有盈利标和保本标。

风险标:明知工程承包难度大、风险大,且技术、设备、资金上都有未解决的问题,但由于施工队伍窝工,或因为工程盈利丰厚,或为了开拓新技术领域而决定参加投标,同时设法解决存在的问题,即是风险标。投标后,如问题解决得好,可取得较好的经济效益,可锻炼出一支好的施工队伍,使企业更上一层楼;解决得不好,企业的信誉、就会受到损害,严重者可能导致企业亏损以至破产。因此,投风险标必须审慎从事。

保险标:对可以预见的情况从技术、设备、资金等重大问题都有了解决的对策之后再投标,谓之保险标。企业经济实力较弱,经不起失误的打击,则往往投保险标。当前,我国施工企业多数都愿意投保险标,特别是在国际工程承包市场上投保险标。

盈利标:如果招标工程既是本企业的强项,又是竞争对手的弱项;或建设单位意向明确;或本企业任务饱满,利润丰厚,才考虑让企业超负荷运转时,此种情况下的投标,称投盈利标。

保本标:当企业无后继工程,或已经出现部分窝工,必须争取中标。但招标的工程项目本企业又无优势可言,竞争对手又多,此时,就是投保本标,最多投薄利标。

需要强调的是在考虑和作出决策的同时,必须牢记招标投标活动应当遵循公开、公平、公正和诚实信用的原则,按照《招标投标法》规定:投标人相互串通投标报价,排挤其他投标人的公平竞争,损害招标人,其他投标人的合法权益的;或者投标人与招标人串通投标,损害国家利益、社会公共利益或者他人合法权益的,中标无效,处中标项目金额

5‰以上 10‰以下的罚款，对单位直接负责的主管人员和其他直接责任人员单位处罚款数额 5%以上 10%以下的罚款；有违法所得的，并处没收违法所得；情况严重的，取消其一年至二年内参加依法必须进行招标的项目的投标资格并予以公告，直至由工商行政管理机关吊销营业执照；构成犯罪的，依法追究刑事责任；给他人造成损失的，依法承担赔偿责任；投标人以低于合理预算成本的报价竞标的责令改正；有违法所得的，处以没收违法所得；已中标的，中标无效；投标人以他人名义投标或者以其他方式弄虚作假，骗取中标的，中标无效，处中标项目金额 5‰以上 10‰以下的罚款，对单位直接负责的主要人员和其他直接责任人员处单位罚款数额 5%以上 10%以下的罚款；有违法所得的，并处没收违法所得；情况严重的，取消其一年至三年内参加依法必须进行招标的项目的投标资格并予以公告，直至由工商行政管机关吊销营业执照；构成犯罪的，依法追究刑事责任。

（三）影响投标决策的主观因素

"知彼知己，百战不殆。"工程投标决策研究就是知彼知己的研究。这个"彼"就是影响投标决策的客观因素，"己"就是影响投标决策的主观因素。

投标或是弃标，首先取决于投标单位的实力，实力表现在如下几个方面：

1. 技术方面的实力

（1）有精通本行业的估算师、建筑师、工程师、会计师和管理专家组成的组织机构；

（2）有工程项目设计、施工专业特长，能解决技术难度大和各类工程施工中的技术难题的能力；

（3）有国内外与招标项目同类型工程的施工经验；

（4）有一定技术实力的合作伙伴，如实力强的分包商、合营伙伴和代理人。

2. 经济方面的实力

（1）具有垫付资金的能力。如预付款是多少，在什么条件下拿到预付款，应注意国际上，有的业主要求"带资承包工程"、"实物支付工程"，根本没有预付款。所谓"带资承包工程"，是指工程由承包商筹资兴建，从建设中期或建成后某一时期开始，业主分批偿还承包商的投资及利息，但有时这种利率低于银行贷款利息。承包这种工程时，承包商需投入大部分工程项目建设投资，而不止是一般承包所需的少量流动资金。所谓"实物支付工程"，是指有的发包方用该国滞销的农产品、矿产品折价支付工程款，而承包商推销上述物资而谋求利润将存在一定难度。因此，遇上这种项目须要慎重对待。

（2）具有一定的固定的资产和机具设备及其投入所需的资金。大型施工机械的投入，不可能一次摊销。因此，新增施工机械将会占到一定资金。另外，为完成项目必须要有一批周转材料，如模板、脚手架等，这也是占用资金的组成部分。

（3）具有一定的资金周转用来支付施工用款。因为，对已完成的工程量需要监理工程师确认后并经过一定手续、一定的时间后才能将工程款拨入。

（4）承担国际工程尚须筹集承包工程所需外汇。

（5）具有支付各种担保的能力。承包国内工程需要担保。承包国际工程更需要担保，不仅担保的形式多种多样，而且费用也较高，诸如投标保函（或担保）履约保函（或担保）预付款保函（或担保）缺陷责任期保函（或担保）等等。

（6）具有支付各种纳税和保险的能力。尤其在国际工程中，税种繁多，税率也高，诸如关税、进口调节税、营业税、印花税、所得税、建筑税、排污税以及临时进入机械押金等等。

(7) 由于不可抗力带来的风险。即使是属于业主的风险，承包商也会损失；如果不属于业主的风险，则承包商损失更大，要有财力承担不可抗力带来的风险。

(8) 承担国际工程往往需要重金聘请有丰富经验或有较高地位的代理人，以及其他"佣金"，也需要承包商具有这方面的支付的能力。

3. 管理方面的实力

建筑承包市场属于买方市场，承包工程的合同价格由作为买方的发包方起支配作用。承包商为打开承包工程的局面，应以低报价甚至低利润取胜。为此，承包商必须在成本控制上下功夫，向管理要效益。如缩短工期，进行定额管理，辅以奖罚办法，减少管理人员，工人一专多能，节约材料，采用先进的施工方法不断提高技术水平，特别是要有"重质量"、"重合同"的意识，并有相应的切实可行的措施。

4. 信誉方面的实力

承包商一定要有良好的信誉，这是投标中标的一条重要标准。要建立良好的信誉，就必须遵守法律和行政法规，或按国际惯例办事，同时，认真履约，保证工程的施工安全、工期和质量，而且，各方面的实力雄厚。

(四) 决定投标或弃标的客观因素及情况

1. 业主和监理工程师的情况

业主的合法地位、支付能力、履约能力；监理工程师处理问题的公正性、合理性等，也是投标决策的影响因素。

2. 竞争对手和竞争形势的分析

是否投标，应注意竞争对手的实力、优势及投标环境的优劣情况。另外，竞争对手的在建工程情况也十分重要。如果对手的在建工程即将完工，可能急于获得新承包项目心切，投标报价不会很高；如果对手在建工程规模大、时间长，如仍参加投标，则标价可能很高。从总的竞争形势来看，大型工程的承包公司技术水平高，善于管理大型复杂工程，其适应性强，可以承包大型工程；中小型工程由中小型工程公司或当地的工程公司承包可能性大。因为，当地中小型公司在当地有自己熟悉的材料、劳力供应渠道；管理人员相对比较少；有自己惯用的特殊施工方法等优势。

3. 法律、法规的情况

对于国内工程承包，自然适用本国的法律和法规，而且法律环境基本相同。因为，我国的法律、法规具有统一或基本统一的特点。如果是国际工程承包，则有法律适用问题。法律适用的原则有5条：

(1) 强制适用工程所在地法的原则；

(2) 意思自治原则；

(3) 最密切联系原则；

(4) 适用国际惯例原则；

(5) 国际法效力优于国内法效力的原则。

其中，所谓"最密切联系的原则"是指与投标或合同有最密切联系的因素作为客观标志，并以此作为确定证据的依据。至于最密切联系因素，在国际上主要有投标或合同签订地法、合同履行地法、法人国籍所属国的法律、债务人住所地法律、标的物所在地法律、管理合同争议的法院或仲裁机构所在地的法律等。事实上，多数国家是以上述诸因素中的一种因素为主，结合其他因素进行综合判断的。

如很多国家规定，外国承包商或公司在本国承包工程，必须同当地的公司成立联营体才能承包该国的工程。因此，我们对合作伙伴需作必要的分析，具体来说是对合作者的信誉、资历、技术水平、资金、债权与债务等方面进行全面的分析，然后再决定投标还是弃标。

又如外汇管理制情况。外汇管理制关系到承包公司能否将在当地所获外汇收益转移回国的问题。目前，各国管制法规不一，有的规定：可以自由退税、汇出，基本上无任何管制；有的规定，则有一定限制，必须履行一定的审批手续；有的规定：外国公司不能将全部利润汇出，而是在缴纳所得税后其剩余部分的50%可兑换成自由外汇汇出，其余50%只能在当地用作扩大再生产或再投资。这是在该类国家承包工程必须注意的"亏汇"问题。

4. 风险问题

在国内承包工程，其风险相对要小一些，对国际承包工程则风险要大得多。

投标与否，要考虑的因素很多，需要投标人广泛、深入地调查研究，系统地积累资料，并作出全面的分析，才能使投标作出正确决策。

决定投标与否，更重要的是它的效益性。投标人应对承包工程的成本、利润进行预测和分析，以供投标决策之用。

（五）投标技巧

投标技巧研究，其实是在保证工程质量与工期条件下，寻求一个好的报价以求中标，中标后又能获得期望的效益，因而投标的全过程几乎都要研究报价的技巧问题。

如果以投标程序中的开标为界，可将投标的技巧研究分为两阶段，即开标前的技巧研究和开标至签订合同的技巧研究。

1. 开标前的投标技巧研究

（1）不平衡报价

不平衡报价，指在总价基本确定的前提下，如何调整内部各个子项的报价，以期既不影响总报价，又在中标后投标人能够尽早收回垫支于工程中的资金和获取较好的经济效益。但要注意避免畸高畸低现象，避免失去中标机会。通常采用的不平衡报价有下列几种情况：

1）对能早期结账收回工程款的项目（如土方、基础等）的单价可报以较高价，以利于资金周转；对后期项目（如装饰、电气设备安装等）单价可适当降低。

2）估计今后工程量可能增加的项目，其单价可提高，而工程量可能减少的项目，其单价可降低。

但上述两点要统筹考虑。对于工程量数量有错误的早期工程，如不可能完成工程量表中的数量，则不能盲目抬高单价，需要具体分析后再确定。

3）图纸内容不明确或有错误，估计修改后工程量增加的，其单价可提高；而工程内容不明确的，其单价可降低。

4）没有工程量只填报单价的项目（如疏浚工程中的开挖淤泥工作等），其单价宜高。这样，既不影响总的投标报价，又可多获利。

5) 对于暂定项目，其实施的可能性大的项目，价格可定高价；估计工程不一定实施的可定低价。

(2) 零星用工（计日工）一般可稍高于工程单价表中的工资单价

之所以这样做是因为零星用工不属于承包有效合同总价的范围，发生时实报实销，也可多获利。

(3) 多方案报价法

多方案报价法是利用工程说明书或合同条款不够明确之处，以争取达到修改工程说明书和合同为目的的一种报价方法。当工程说明书或合同条款有些不够明确之处时，往往使投标人承担较大风险。为了减少风险就必须扩大工程单价。增加"不可预见费"，但这样做又会因报价过高而增加被淘汰的可能性。多方案报价法就是为对付这种两难局面而出现的。其具体做法是在标书上报两价目单价，一是按原工程说明书合同条款报一个价，二是加以注解，如工程说明书或合同条款可作某些改变时，则可降低多少的费用，使报价成为最低，以吸引业主修改说明书和合同条款。

还有一种方法是对工程中一部分没有把握的工作，注明按成本加若干酬金结算的办法。

但是，如有规定，政府工程合同的方案是不容许改动的，这个方法就不能使用。

2. 开标后的投标技巧研究

投标人通过公开开标这一程序可以得知众多投标人的报价。但低价并不一定中标，需要综合各方面的因素，反复阅审，经过议标谈判，方能确定中标人。若投标人利用议标谈判施展竞争手段，就可以变自己的投标书的不利因素为有利因素，大大提高获胜机会。

从招标的原则来看，投标人在标书有效期内，是不能修改其报价的。但是，某些议标谈判可以例外。在议标谈判中的投标技巧主要有：

(1) 降低投标价格

投标价格不是中标的唯一因素，但却是中标的关键性因素。在议标中，投标者适时提出降价要求是议标的主要手段。需要注意的是：其一，要摸清招标人的意图，在得到其希望降低报价的暗示后，再提出降低的要求。因为，有些国家的政府关于招标的法规中规定，已投出的投标书不得改动任何文字。若有改动，投标即告无效。其二，降低投标价要适当，不得损害投标人自己的利益。

降低投标价可从以下三方面入手，即降低投标利润、降低经营管理费和设定降价系数。

投标利润的确定，既要围绕争取最大未来收益这个目标而定立，又要考虑中标率和竞争人数因素的影响。通常，投标人准备两个价格，即准备了应付一般情况的适中价格，又同时准备了应付竞争特殊环境需要的替代价格，它是通过调整报价利润所得出的总报价。两价格中，后者可以低于前者，也可以高于前者。如果需要降低投标报价，即可采用低于适中价格，使利润减少以降低投标报价。

经营管理费，应该作为间接成本进行计算。为了竞争的需要也可以降低这部分费用。

降低系数，是指投标人在投标作价时，预先考虑一个未来可能降价的系数。如果开标后需要降价竞争，就可以参照这个系数进行降价；如果竞争局面对投标人有利，则不必降价。

(2) 补充投标优惠条件

除中标的关键因素——价格外,在议标谈判的技巧中,还可以考虑其他许多重要因素,如缩短工期,提高工程质量,降低支付条件要求,提出新技术和新设计方案,培训技术人才,以及提供补充物资和设备等,以此优惠条件争取得到招标人的赞许,争取中标。

第三节 建筑工程施工招投标管理

为了规范房屋建筑工程招标和投标活动,维护招标、投标人当事人的合法权益,国家和建设部门分别在相关的法律法规中明确了建筑工程施工招投标的管理办法。

一、分级、属地管理

施工招标投标活动及其当事人应当依法接受监督。建设行政主管部门依法对施工招标投标活动实施监督,查处施工招标投标活动中的违法行为。国务院建设行政主管部门负责全国工程施工招标投标活动的监督管理。县级以上地方人民政府建设行政主管部门负责本行政区域内工程施工招标投标活动的监督管理。具体的监督管理工作,可以委托工程招标投标监督管理机构负责实施。

二、招标项目的范围及招投标行为规范

房屋建筑和市政基础设施工程的施工单项合同估算价在 200 万元人民币以上,或者项目总投资在 3000 万元人民币以上的,必须进行招标。省、自治区、直辖市人民政府建设行政主管部门报经同级人民政府批准,可以根据实际情况,规定本地区必须进行工程施工招标的具体范围和规模标准,但不得缩小《办法》确定的必须进行施工招标的范围。

任何单位和个人不得违反法律、行政法规规定,限制或者排斥本地区、本系统以外的法人或者其他组织参加投标,不得以任何方式非法干涉施工招标投标活动。

工程施工招标由招标人依法组织实施。招标人不得以不合理条件限制或者排斥潜在投标人,不得对潜在投标人实行歧视待遇,不得对潜在投标人提出与招标工程实际要求不符的过高的资质等级要求和其他要求。

投标人不得相互串通投标,不得排挤其他投标人的公平竞争,损害招标人或者其他投标人的合法权益。投标人不得与招标人串通投标,损害国家利益、社会公共利益或者他人的合法权益。禁止投标人以向招标人或者评标委员会成员行贿的手段谋取中标。投标人不得以低于其企业成本的报价竞标,不得以他人名义投标或者以其他方式弄虚作假,骗取中标。

三、招标方式的规定

工程施工招标分为公开招标和邀请招标。办法规定,全部使用国有资金投资或者国有资金投资占控股或者主导地位的工程,应当公开招标,但经国家计委或者省、自治区、直辖市人民政府依法批准可以进行邀请招标的重点建设项目除外;其他工程可以实行邀请招标。招标人采用邀请招标方式的,应当向 3 个以上符合资质条件的施工企业发出投标邀请书。

工程有下列情形之一的,经县级以上地方人民政府建设行政主管部门批准,可以不进行施工招标:

(1) 停建或者缓建后恢复建设的单位工程,且承包人未发生变更的;

81

(2) 施工企业自建自用的工程，且该施工企业资质等级符合工程要求的；

(3) 在建工程追加的附属小型工程或者主体加层工程，且承包人未发生变更的；

(4) 法律、法规、规章规定的其他情形。全部使用国有资金投资或者国有资金投资占控股或者主导地位，依法必须进行施工招标的工程项目，应当进入有形建筑市场进行招标投标活动。

四、招标人应该具备的条件

依法必须进行施工招标的工程，招标人自行办理施工招标事宜的，应当具有编制招标文件和组织评标的能力：

(1) 有专门的施工招标组织机构；

(2) 有与工程规模、复杂程度相适应并具有同类工程施工招标经验、熟悉有关工程施工招标法律法规的工程技术、概预算及工程管理的专业人员。

不具备上述条件的，招标人应当委托具有相应资格的工程招标代理机构代理施工招标。

五、工程招标施工招标应具备的条件

(1) 按照国家规定需要履行项目审批手续的，已经履行审批手续；

(2) 工程资金或者资金来源已经落实；

(3) 有满足施工招标需要的设计文件及其技术资料；

(4) 法律、法规、规章规定的其他条件。

六、新型的项目运作模式

1. BOT 项目模式

BOT 是英文 Build-Operate-Transfer 的缩写，意思是建设—运营—转让。它是指私营机构参与国家项目（一般是基础设施或公共工程项目的开发和运营），政府机构与私营公司之间形成一种"伙伴关系"，以此在互惠互利、商业化、社会化的基础上分享项目计划和实施过程中的资源、风险和利益。

BOT 承包方式，指由一国政府或由政府授权的政府机构授予外国私营公司或私营公司联合体在一定的期限内以自筹资金方式建造项目并自费经营和维护，向东道国售项目产品或服务，收取付款和酬金，期满后再将项目全部无偿移交给东道国政府。

2. PPP 项目模式

PPP 项是英文 Public-Private-Partnership 的字母缩写，通常译为"公共私营合作制"，是指政府与私人组织之间，为了合作建设城市基础设施项目，或是为了提供某种公共物品和服务，以特许权协议为基础，彼此之间形成一种伙伴式的合作关系，并通过签署合同来明确双方的权利和义务，以确保合作的顺序完成，最终使合作各方达到比预期单独行动更为有利的结果。

新型的项目运作模式必将给招标人和投标人予以新的思路和方法。

思 考 题

1. 简述建设工程招投标的概念及意义。
2. 简述建筑工程招标的分类及方式。
3. 公开招标与邀请招标的优缺点各是什么？

4. 建设工程项目施工招标条件有哪些?
5. 招投标程序一般分为哪几个阶段?
6. 招标文件的内容由哪几个部分组成?
7. 建设工程施工合同内容由哪几个部分组成?
8. 辅助资料表的内容包括哪些?
9.《中华人民共和国招标投标法》规定哪些工程必须招标?
10. 简述标底编制的原则及基本依据。
11. 投标文件何种情形的,在开标时当场宣布无效?
12. 当代经营管理类人才应具备的条件有哪些?
13. 正确编制投标文件,应该做到哪几点?
14. 简述建筑工程施工招标的程序。
15. 简述建筑工程施工投标的一般程序。
16. 投标过程中需要完成的工作有哪些?
17. 简述投标决策阶段的划分。
18. 投标按性质分可分为哪几类,并谈谈你对它们的理解?
19. 投标按效益分可分为哪几类,并谈谈你对它们的理解?
20. 如何进行对投标人的资格审查?
21. 简述对联营体资格预审的要求包括哪些?
22. 资格预审文件包括哪些内容?
23. 如何进行投标前的现场考察?
24. 招标单位组织投标单位进行勘察现场的目的是什么?
25. 试阐述评标报告的内容?
26. 简述编制施工规划的内容及原则。
27. 在建筑工程投标中可用哪些决策技巧?
28. 影响投标决策的主观因素有哪些?
29. 简述 BOT 和 PPP 项目模式?
30. 建筑工程施工招投标的管理方式?

第四章　建设工程合同

第一节　合同法律法规概述

一、合同法律关系

（一）合同法律关系概述

1. 法律关系与合同法律关系

法律关系，是指由法律规范所确认和调整的人与人之间的权利和义务关系。合同法律关系，是指由合同法律规范调整的当事人在民事流转过程中形成的权利义务关系。合同法律关系是由主体、客体和内容三个不可缺少的部分组成。

2. 合同法律关系的主体、客体和内容

合同法律关系主体，是指合同法律关系的参加者或当事人，即参与合同法律关系，依法享有权利、承担义务的当事人。包括自然人、法人、其他组织。

合同法律关系客体，是指合同法律关系主体的权利和义务所指向的对象。包括物、财、行为、智力成果等。

合同法律关系内容，是指合同条款所规范的合同法律关系主体的权利和义务。

（二）合同法律事实

合同法律事实，是指能够引起合同法律关系产生、变更或消灭的客观现象。这种客观现象多种多样，既可发生在人类社会，也可发生在自然界，但主要包括行为和事件两大类。

二、代理制度

（一）代理及其法律特征

代理，是指代理人在代理权限内，以被代理人的名义向第三人作出意思表示，所产生的权利义务由被代理人享有和承担的法律行为。代理具有明确的法律特征。

1. 代理是代理人代替被代理人所为的民事法律行为

代理是一种民事法律行为，许多被代理人的民事法律行为都可以由代理人的行为来实现，比如代订合同等。

2. 代理人必须在代理权限范围内实施代理行为

无论代理权的产生是基于何种法律事实，代理人都不得擅自减少或扩大代理权限，代理人超越代理权限的行为不属于代理行为，被代理人对此不承担责任。

3. 代理人以被代理人的名义实施代理行为

4. 代理人在被代理人的授权范围内独立地表示自己的意志

5. 被代理人对代理行为承担民事责任

（二）代理的种类

代理的种类有委托代理、法定代理和指定代理三种形式。

委托代理：是指根据被代理人的委托授权而产生的代理。如公民委托律师代理诉讼即属于委托代理。委托代理可采用口头形式委托，也可采用书面形式委托，如果法律明确规定必须采用书面形式委托的，必须采用书面形式，如代签合同的行为，就必须采用书面形式。

法定代理：是基于法律的直接规定而产生的代理。如父母代理未成年人进行民事活动就属于法定代理。法定代理是为了保护无行为能力的人或限制行为能力的人的合法权益而设立的一种代理形式，适用范围比较窄。

指定代理：是指根据主管机关或人民法院的指定而产生的代理。这种代理也主要是为无行为能力的人和限制行为能力的人而设立的。

（三）无权代理

无权代理：是指行为人没有代理权而以他人名义进行民事、经济活动。无权代理主要有以下几种表现形式：

（1）无合法授权的"代理"行为；

（2）超越代理权限的"代理"行为；

（3）代理权终止后的"代理"行为。

对于无权代理行为，"被代理人"不承担法律责任。《民事通则》规定，无权代理行为只有经过被代理人的追认，被代理人才能承担民事责任。未经追认的行为，由行为人承担民事责任，但本人知道他人以自己的名义实施民事行为而未表示否认的视为同意。

（四）代理制度中的民事责任

代理关系是一种民事法律关系，必然涉及民事责任，我国《民法通则》中对代理制度中的民事责任作了专门的规定：

（1）委托书授权不明的，被代理人应当向第三人承担民事责任，代理人负连带责任；

（2）没有代理权、超越代理权或者代理权终止的行为，如果未经被代理人追认，由行为人承担民事责任；

（3）第三人知道行为人没有代理权、超越代理权或者代理权已终止，还与行为人实施民事行为，给他人造成损害的，由第三人和行为人负连带责任；

（4）代理人不履行职责而给被代理人造成损害的代理人应当承担民事责任；

（5）代理人和第三人串通，损害被代理人利益的，由被代理人和第三人负连带责任；

（6）代理人知道被委托代理的事项违法仍然进行代理活动的，或者被代理人知道代理人的代理行为违法不表示反对的，由被代理人和代理人负连带责任。

三、担保制度

（一）担保及其目的

担保，是指合同的当事人双方为了使合同能够得到切实履行，根据法律、行政法规的规定，经双方协商一致而采取的一种具有法律效力的保护措施。担保的目的在于促使当事人履行合同，从而在更大程度上使权利人的权益得以实现。

（二）担保的方式

我国《担保法》规定的担保方式有五种，即保证、抵押、质押、留置和定金。

保证：是指保证人和债权人约定，当债务人不履行债务时，保证人按照约定履行债务或承担责任的行为。

抵押：是指债务人或第三人在不转移对抵押财产的占有情况下，将该财产作为债权的担保。当债务人不履行债务时，债权人有权依法将该财产折价或以拍卖、变卖该财产的价款优先受偿。

质押：是指债务人或第三人将其动产或权利移交债权人占有，用以担保债权的履行，当债务人不能履行债务时，债权人依法有权就该动产或权利优先得到清偿的担保。采用质押这种担保方式时，出质人与质权人应以书面形式订立质押合同。质押分为动产质押和权利质押两种。

留置：是指债权人按照合同的约定占有债务人的动产，债务人不按照合同约定的期限履行债务的，债权人有权依法留置该财产，以该财产折价或以拍卖、变卖该财产的价款优先受偿。留置担保的范围包括主债权及利息、违约金、损害赔偿金、留置物保管费用和实现留置权的费用。

定金：是指合同当事人一方为了证明合同成立及担保合同的履行在合同中约定应给付对方一定数额的货币。合同履行后，定金可收回或抵作价款。给付定金的一方不履行合同的，无权要求返还定金；收受定金的一方不履行合同的，应双倍返还定金。

四、保险制度

保险：是指投保人根据合同的约定，向保险人支付保险费，保险人对于合同约定可能发生的事故因其发生所造成的财产损失承担赔偿保险金责任，或者当被保险人死亡、伤残、疾病或者达到合同约定的年龄、期限时承担给付保险金责任的商业保险行为。工程保险上的保险包括建筑工程一切险和安装工程一切险。

建筑工程一切险简称建工险，是对施工期间工程本身、施工机具或工具设备因自然灾害或意外事故所遭受的损失予以赔偿，并对因施工而对工地及邻近地区的第三者造成的物质损失或人员伤亡承担赔偿责任的一种工程保险。建筑工程一切险承保各类民用、工业和公共事业建筑工程项目，包括道路、水坝、桥梁、港口等。

安装工程一切险简称安工险，属于技术险种，目的在于为各种机器的安装及钢结构工程的实施提供尽可能全面的专业保险，适用于安装各种工厂用的机器、设备、储油罐、钢结构、起重机以及包含各种机械工程因素的各种建造工程。

第二节 建设工程合同的概念和分类

一、建设工程合同的基本概念

（一）建设工程合同的概念

我国《合同法》规定，建设工程合同是承包人进行工程建设，发包人支付价款的合同。进行工程建设的行为包括勘察、设计、施工，建设工程实行监理的，发包人也应当与监理人订立委托监理合同。

建设工程合同是一种诺成合同，合同订立生效后双方应当严格履行。同时，建设工程合同也是一种双务、有偿合同，当事人双方在合同中都有各自的权利和义务，在享有权利的同时必须履行义务。

从合同理论上说，建设工程合同是广义的承揽合同的一种，也是承揽人（承包人）按照定作人（发包人）的要求完成工作（工程建设），交付工作成果（竣工工程），定作人给付报酬的合同。但由于工程建设合同在经济活动、社会生活中的重要作用，以及在国家管理、合同标的等方面均有别于一般的承揽合同，我国一直将建设工程合同列为单独的一类重要合同。同时，考虑到建设工程合同毕竟是从承揽合同中分离出来的，《合同法》规定，建设工程合同中没有规定的，适用承揽合同的有关规定。

（二）建设工程合同的特征

（1）合同主体的严格性。建设工程合同主体一般只能是法人。发包人一般只能是经过批准进行工程项目建设的法人，必须有国家批准的建设项目，落实投资计划，并且应当具备相应的协调能力；承包人则必须具备法人资格，而且应当具备相应的从事勘察设计、施工等资质。无营业执照或无承包资质的单位不能作为建设工程合同的主体，资质等级低的单位不能越级承包建设工程。

（2）合同标的的特殊性。建设工程合同的标的是各类建筑产品，建筑产品通常是与大地相连的，建筑形态往往是多种多样的，就是采用同一套图纸施工的建筑产品往往也是各不相同（价格、位置等）。建筑产品的单件性及固定性等自身的特性，决定了建筑工程合同标的特殊性，相互之间具有不可代替性。

（3）合同履行期限的长期性。建设工程由于结构复杂、体积大、建筑材料多、工作量大、投资巨大，使得建筑工程的生产周期与一般工业产品的生产相比较长，这导致建筑合同履行期限较长。而且，因为投资的巨大，建筑工程合同的订立和履行一般都需要较长的准备期，同时，在合同的履行过程中，还可能因为不可抗力、工程变更、材料供应不及时等原因而导致合同期限的延长，所有这些情况，决定了建设工程合同的履行期限具有长期性。

（4）投资和程序上的严格性。由于工程建设对国家的经济发展、公民的工作和生活都有重大的影响，因此，国家对工程建设在投资和程序上有严格的管理制度。订立建设工程合同也必须以国家批准的投资计划为前提，即使是国家投资以外的，以其他方式筹集的投资也要受到当年的贷款规模和批准限额的限制，纳入当年投资规模的平衡，并经过严格的审批程序。建设合同的订立和履行还必须遵守国家关于建设程序的规定。

二、建设工程合同的种类

（一）按承发包的范围和数量分类

按承发包的范围和数量，可以将建设工程合同分为建设工程总承包合同、建设工程承包合同、分包合同。发包人将工程建设的全过程发包给一个承包人的合同即为建设工程总承包合同。发包人如果将建设工程的勘察、设计、施工等的每一项分别发包给一个承包人的合同即为建设工程承包合同。经合同约定和发包人认可，从工程承包人的工程中承包部分工程而订立的合同即为建设工程分包合同。

（二）按完成承包的内容分类

按完成承包的内容来划分，建设工程合同可以分为建设工程勘察合同、建设工程设计合同和建设工程施工合同三类。

（三）按计价方式分类

业主与承包商所签订的合同，按支付方式不同，可以划分为总价合同、单价合同和成本加酬金合同三大类型。建设工程勘察、设计合同和设备加工采购合同，一般为总价合同；而建设工程施工合同则根据招标准备情况和工程项目特点不同，可选择其适用的一种合同。

1. 总价合同

总价合同又分为固定总价合同、可调整总价合同和固定工程量总价合同。

（1）固定总价合同。合同双方以招标时的图纸和工程量等说明为依据，承包商按投标时业主接受的合同价格承包实施，并一笔包死。合同履行过程中，如果业主没有要求变更原定的承包内容，完满实施承包工作内容后，不论承包商的实际成本是什么，均应按合同价获得项目款的支付。采用这种合同形式，承包商要考虑承担合同履行过程中的主要风险，因此，投标报价一般较高。

固定总价合同的适用条件一般为：招标时的设计深度已达到施工图设计阶段，合同履行过程中不会出现较大的设计变更；工程规模较小，技术不太复杂的中小型工程或承包工作内容中较为简单的工程部位；合同工期较短，一般为1年期之内的承包合同等。

（2）可调整总价合同。这种合同与固定总价合同基本相同，但合同期较长（1年以上），只是在固定总价合同基础上，增加合同履行过程中因市场价格浮动等因素对承包价格调整的条款。通常的调价方法有下列3种：

1）文件证明法。合同履行期间，当合同内约定的某一级以上有关主管部门或地方建设行政管理机构颁发价格调整文件时，按文件规定执行。

2）票据价格调整法。票据调整法是指合同履行期间，承包商依据实际采购的票据和用工量，向业主实报实销与报价单中该项内容所报基价的差额。这种计价方式的合同，应在条款中明确约定允许调整价格的内容和基价，凡未包括在内的项目尽管也受到了物价浮动的影响但不作调整，按双方应承担的风险来对待。

3）公式调价法。常用的调价公式可以概括为如下形式：

$$C = C_0(a_0 + a_1 M/M_0 + a_2 L/L_0 + \cdots + a_n T/T_0 - 1) \tag{4-1}$$

式中 C——合同价格调整后应予增加或扣减的金额；

C_0——阶段支付时或一次结算时，承包商在该阶段按合同约定计算的应得款；

M、L、T——分别代表合同内约定允许调整价格项目的价格指数（如分别地表示材料费、人工费、运输费、燃料费等），分母带脚标"0"的项为签订合同时该项费用的基价；分子项为支付结算时的现行基价；

a_0——非调价因子的加权系数，即合同价格内不受物价浮动影响或不允许调价部分在合同价格内所占的比例；

a_1、a_2、$\cdots$、a_n——相应于各有关调价项的加权系数，一般通过对工程概算分解确定，各项加权系数之和应等于1，即 $a_0 + a_1 + a_2 + \cdots + a_n = 1$。

（3）固定工程量总价合同。在工程量报价单内，业主按单位工程及分项工作内容列出实施工程量，承包商分别填报各项内容的直接费单价，然后再汇总算出总价，并据以签订合同。合同内原定工作内容全部完成后，业主按总价支付给承包商全部费用。如果中途发生设计变更或增加新的工作内容，则用合同内已确定的单价来计算新增工程量而对总价进行调整。

2. 单价合同

单价合同：是指承包商按工程量报价单内分项工程内容填报单价，以实际完成工程量乘以所报单价计算结算款的合同。承包商所填报的单价应为计及各种摊销费用以后的综合单价，而非直接费单价。合同履行过程中无特殊情况，一般不得变更单价。单价合同的执行原则是，工程量清单中分项开列的工程量，在合同实施过程允许有上下浮动变化，但该项工作内容的单价不变，结算支付时以实际完成工程量为依据。因此，按投标书报价单中预计工程量乘以所报单价计算的合同价格，并不一定就是承包商完满实施合同中规定的任务后所获得的全部款项，可能比它多，也可能比它少。

单价合同大多用于工期长、技术复杂、实施过程中发生各种不可预见因素较多的大型复杂工程的施工，以及业主为了缩短项目建设周期，初步设计完成后就进行施工招标的工程。单价合同的工程量清单内所开列的工程量为估计工程量，而非准确工程量。

常用的单价合同有估计工程量单价合同、纯单价合同和单价与包干混合合同三种。

（1）估计工程量单价合同。承包商在投标时以工程量报价单中开列的工作内容和估计工程量填报相应的单价后，累计计算合同价，此时的单价应为计及各种摊销费用后的综合单价，即成品价，不再包括其他费用项目。合同履行过程中以实际完成工程量乘以单价作为支付和结算依据，这种合同方式较为合理地分担了合同履行过程中的风险。估计工程量单价合同按合同工期长短也可分为固定单价合同和可调单价合同两类，调价方法与总价合同相同。

（2）纯单价合同。招标文件中仅给出各项工程内工作项目一览表，工程范围和必要的说明，而不提供工程量。投标人只要包出各项目的单价即可，实施过程中按实际完成工程量结算。由于同一工程在不同的施工部位和外部环境条件下，承包商的实际成本投入并不尽相同，因此，仅以工作内容填报单价不易准确。而且对于间接费分摊在许多工种中的复杂情况，还有些不易计算工程量的项目内容，采用纯单价合同往往会引起结算过程中的麻烦，甚至导致合同争议。

（3）单价与包干混合合同。这种合同是总价合同与单价合同的一种结合形式。对内容简单、工程量准确部分，采用总价合同承包；对技术复杂、工程量为估算值部分采用单价合同方式承包。但应注意，在合同内必须详细注明两种计价方式所限定的工作范围。

3. 成本加酬金合同

成本加酬金合同，是将工程项目的实际投资划分为直接成本费和承包商完成工作后应得酬金两部分。实施过程中发生的直接成本费由业主实报实销，另按合同约定的方式付给承包商相应的报酬。成本加酬金合同大多适用于边设计边施工的紧急工程或灾后修复工程，以议标方式与承包商签订合同。由于在签订合同时，业主还提供不出可供承包商准确报价的详细资料，因此，合同内只能商定酬金的计算方法。按照酬金的计算方式不同，成本加酬金合同又可分为成本加固定百分比酬金合同、成本加固定酬金合同、成本加浮动酬金合同及目标成本加奖罚合同4种类型。

（1）成本加固定百分比酬金合同。签订合同时双方约定，酬金按实际发生的直接成本费乘以某一具体百分比计算，这种合同的工程总造价表达式为：

$$总造价 = 实际发生的直接费(1 + 双方事先商定的酬金固定百分比) \quad (4-2)$$

（2）成本加固定酬金合同。酬金在合同内约定为某一固定值，计算表达式为：

$$总造价 = 实际发生的直接费 + 双方约定的酬金具体数额 \quad (4-3)$$

(3) 成本加浮动酬金合同。签订合同时，双方预先约定该工程的预期成本和固定酬金，以及实际发生的直接成本与预期成本比较后的奖罚计算办法，计算表达式为：

$$总造价 = 签定合同时双方约定的预期成本 + 酬金奖罚部分 \qquad (4-4)$$

(4) 目标成本加奖罚合同。在仅有粗略的初步设计或工程说明书就迫切需要开工的情况下，可以根据大致估算的工程量和适当的单价表编制粗略概算作为目标成本。随着设计的逐步深化，工程量和目标并以百分比形式约定基本酬金和奖罚酬金的计算方法。最后结算时，如果实际直接成本超过目标成本事先商定的界限（如5%），则在基本酬金内扣减超出部分按约定百分比计算的承包商应负责任；反之如有节约时（也应有一个幅度界限），则应增加酬金。

此外，还可以另行约定工期奖罚计算办法，这种合同有助于鼓励承包商节约成本和缩短工期，业主和承包商都不会承担太大风险。

不同计价方式合同类型的比较，参见表4-1。

不同计价方式合同类型的比较　　　　　表4-1

合同类型	总价合同	单价合同	成本加酬金合同			
			百分比酬金	固定酬金	浮动酬金	目标成本加奖罚
应用范围	广泛	广泛	有局限性			酌情
业主投资控制	易	较易	最难	难	不易	有可能
承包商风险	风险大	风险小	基本无风险		风险不大	有风险

三、建设工程中的主要合同关系

建设工程项目是个极为复杂的社会生产过程，它分别经历可行性研究、勘察设计、工程施工和运行等阶段，有土建、水电、机械设备、通信等专业设计和施工活动，需要各种材料、设备、资金和劳动力的供应。由于现代的社会化大生产和专业化分工，一个稍大一点的工程其参加单位就有十几个、几十个，甚至成百上千个，它们之间形成各式各样的经济关系。由于工程中维系这种关系的纽带是合同，所以就有各式各样的合同。工程项目的建设过程实质上又是一系列经济合同的签订和履行过程。

在一个工程中，相关的合同可能有几份、几十份、几百份，甚至几千份，形成一个复杂的合同网络，在这个网络中，业主和工程承包商是两个最主要的节点。

(一) 业主的主要合同关系

业主作为工程或服务的买方，是工程的所有者，它可能是政府、企业、其他投资者、几个企业的组合、政府与企业的组合（例如，BOT项目或PPP项目的业主）。它投资一个项目，通常委派一个代理人（或代表）以业主的身份进行工程的经营管理。

业主根据对工程的需求，确定工程项目的整体目标，这个目标是所有相关工程合同的核心。要实现工程目标，业主必须将建筑工程的勘察设计、各专业工程施工、设备和材料供应等工作委托出去，必须与有关单位签订如下的各种合同：

(1) 咨询（监理）合同。即业主与咨询（监理）公司签订的合同，咨询（监理）公司负责工程的可行性研究、设计监理、招标和施工阶段监理等某一项或几项工作。

(2) 勘察设计合同。即业主与勘察设计单位签订的合同，勘察设计单位负责工程的地质勘察和技术设计工作，往往勘察和设计合同是单独签订的。

(3) 供应合同。对由业主负责提供的材料和设备，他必须与有关的材料和设备供应单位签订供应（采购）合同。

(4) 工程施工合同。即业主与工程承包商签订的工程施工合同，一个或几个承包商分别承包土建、机械安装、电器安装、装饰、通信等工程施工。

(5) 贷款合同。即业主与金融机构签订的合同，后者向业主提供资金保证，按照资金来源不同，可能有贷款合同、合资合同、BOT（或PPP）合同等。

按照工程承包方式和范围的不同，业主可能订立几十份合同，例如将工程分专业、分阶段委托，将材料和设备供应分别委托，也可能将上述委托以各种形式合并，如把土建和安装委托给一个承包商，把整个设备委托给一个成套设备供应企业。当然，业主还可以与一个承包商订立一个总承包合同，由该承包商负责整个工程的设计，供应、施工，甚至管理等工作。因此，一份合同的工程范围和内容会有很大区别。

(二) 承包商的主要合同关系

承包商是工程施工的具体实施者，是工程承包合同的执行者。承包商通过投标接受业主的委托，签订工程总承包合同。承包商要完成承包合同的责任，包括由工程量表所确定的工程范围的施工、竣工和保修，为完成这些工程提供劳动力、施工设备、材料，有时也包括技术设计。任何承包商都不可能，也不具备所有的专业工程的施工能力、材料和设备的生产和供应能力，他同样必须将许多专业工作委托出去。所以，承包商常常又有自己复杂的合同关系。

(1) 分包合同。对于一些大的工程，承包商常常必须与其他承包商合作才能完成总承包合同责任。承包商把从业主那里承接到的工程中的某些分项工程或工作分包给另一承包商来完成，则与他签订分包合同。

承包商在承包合同下可能订立许多分包合同，而分包商仅完成与总承包商签订合同的工程范围，与业主无合同关系。总包仍向业主担负全部工程责任，负责工程的管理和所属各分包商工作之间的协调，以及各分包商之间合同责任界面的划分，同时承担协调失误造成损失的责任，向业主承担工程风险。

在投标书中，承包商必须附上拟定的分包商的名单，供业主审查。如果在工程施工中重新委托分包商，必须经过工程师的批准。

(2) 供应合同。承包商为工程所进行的必要的材料和设备的采购，必须与供应商签订供应合同。

(3) 运输合同。这是承包商为解决材料和设备的运输问题而与运输单位签订供应合同。

(4) 加工合同。即承包商将建筑构配件、特殊构件加工任务委托给加工承揽单位而签订的合同。

(5) 租赁合同。在建设工程中，承包商需要许多施工设备、运输设备、周转材料。但有些设备、周转材料在现场使用率较低，或自己购置需要大量资金投入而自己又不具备这个经济实力时，可以采用租赁方式，与租赁单位签订租赁合同。

(6) 劳务供应合同。建筑产品往往要花费大量的人力、物力和财力，承包商不可能全部采用固定工来完成该项工程，为了满足任务的临时需要，往往要与劳务供应商签订劳务供应合同，由劳务供应商向工程提供劳务。

(7) 保险合同。承包商按施工合同要求对工程进行保险，与保险公司签订保险合同。承包商的这些合同都与工程承包合同相关，都是为了完成承包合同责任而签订的。

此外，在许多大工程中，尤其是在业主要求总包的工程中，承包商经常是几个企业的联营，即联营承包或联合承包（最常见的是设备供应商、土建承包商、安装承包商、勘察设计单位的联合投标），这些承包商之间还需订立联营合同。

(三) 建设工程合同体系

按照上述的分析和项目任务的结构分解，就得到不同层次、不同种类的合同，它们共同构成如图4-1所示的合同体系。

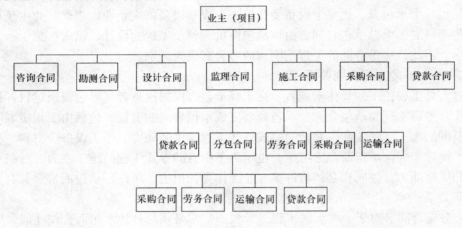

图4-1 合同体系

在该合同体系中，这些合同都是为了完成业主的工程项目目标，都必须围绕这个目标签订和实施。由于这些合同之间存在着复杂的内部联系，构成了该工程的合同网络。其中，建设工程施工合同是最有代表性、最普遍，也是最复杂的合同类型，它在建设工程项目的合同体系中处于主导地位，是整个建设工程项目合同管理的重点，无论是业主、监理工程师或承包商都将它作为合同管理的主要对象。

建设工程项目的合同体系在项目管理中也是一个非常重要的概念，它从一个重要角度反映了项目的形象，对整个项目管理的运作有很大的影响。

(1) 它反映了项目任务的范围和划分方式；

(2) 它反映了项目所采用的管理模式，例如监理制度、全包方式和平等承包方式；

(3) 它在很大程度上决定了项目的组织形式，因为不同层次的合同常常决定了该合同的实施者在项目组织结构中的地位。

第三节 施工合同的签订

一、建设工程合同签订基本原则

(一) 合同第一性原则

在市场经济中，合同作为当事人双方经过协商达成一致的协议，签订合同是双方的民事行为。在合同所定义的经济活动中，合同是第一位的，作为双方的最高行为准则，合同限定和调节着双方的义务和权利。任何工程问题和争议首先都要按照合同解决，只有当法律判定合同无效，或争议超过合同范围时才按法律解决，所以在工程中，合同具有法律上的最高优先地位。合同一经签订，则成为一个法律文件，双方按合同内容承担相应的法律责任，享有相应的法律权利。所以，合同双方都必须用合同规范自己的行为，并用合同保护自己。

在任何国家，法律确定经济活动的约束范围和行为规则，而具体经济活动的细节由合同规定。例如FIDIC合同条件国际通用，适用于各个法律健全的或不健全的国家，但对它的解释却比较统一。

（二）合同自由原则

合同自由是市场经济运行的基本原则之一，也是一般国家的法律准则。合同自由体现在：

（1）合同签订前，双方当事人在平等自由的条件下进行商讨。双方自由表达意见，自己决定签订与否，自己对自己的行为负责。任何人不得对对方进行胁迫，利用权利、暴力或其他手段签订违背对方意愿的合同。

（2）合同自由构成。合同的形式、内容、范围由双方商定，合同的签订、修改、变更、补充、解释，以及合同争执等均由双方商定，只要双方一致同意即可，他人不得随便干预。

（三）合同的法律原则

建设工程合同都是在一定的法律背景条件下签订和实施的，合同的签订和实施必须符合合同的法律原则。它具体体现在：

（1）合同不能违反法律，合同不能与法律抵触，否则合同无效，这是对合同有效性的控制。

（2）合同自由原则受法律原则的限制，所以工程实施和合同管理必须在法律所限定的范围内进行，超越这个范围，触犯这个范围，触犯法律，会导致合同无效，经济活动失败，甚至会带来承担法律责任的后果。

（3）法律保护合法合同的签订和实施。签订合同是一个法律行为，合同一经签订，合同以及双方的权益即受法律保护。如果合同一方不履行或不正确履行合同，致使对方受到损害，则必须赔偿对方的经济损失。

（四）诚实信用原则

合同的签订和顺利实施是基于承包商、业主、监理工程师紧密协作、互相配合、互相信任的基础之上的。合同各方对自己的合作伙伴、对合同及工程的总目标充满信心，业主和承包商都能圆满地执行合同，工程师正确地公正地解释和履行合同。在工程施工中，互相信任才能紧密合作，有条不紊的工作。这样可以从总体上减少双方心理上的互相提防和由此产生的不必要的互相制约措施和障碍，使工程更为顺利实施，风险和误解较少，工程花费较少。

诚实信用有一些基本的要求和条件：

（1）签约时双方应互相了解，任何一方应尽力让对方正确地了解自己的要求、意图等情况。业主应尽可能地提供详细的工程资料、工程地质条件的信息，并尽可能详细地解答承包商的问题，为承包商的报价提供条件。承包商提供真实可靠的资格预审资料文件、各种报价单、实施方案、技术组织措施文件。合同是双方真实意思的表达。

(2) 真实地提供信息，对所提供信息的正确性承担责任，任何一方都有权相信对方提供的信息。

(3) 不欺诈，不误导。承包商按照自己的实际能力和情况正确报价，不盲目压价，明白业主的意图和自己的工程责任。

(4) 双方真诚合作。承包商正确全面完成合同责任，积极施工，遇到干扰应尽力避免业主损失，防止损失的发生和扩大。

(5) 在现代市场经济中，诚实信用原则还必须有经济的、合同的甚至法律的措施予以保证，没有这些措施保证，或措施不完备，则难以形成诚实信用的氛围。例如：工程中的保函，保留金和其他担保措施；合同中对违约的处罚规定和仲裁条款；法律对合法合同的保护措施；法律和市场对不诚实信用行为的打击和惩罚措施等。

(五) 公平合理原则

建设工程合同调节双方合同法律关系，应不偏不倚，维持合同双方在工程中公平合理的关系，具体反映在如下几个方面：

(1) 承包商提供的工程（或服务）与业主支付的价格之间应体现公平，这种公平通常以当时的市场价格为依据。

(2) 合同中的责任和权利应平衡，任何一方有一项责任则必须有相应的权利；反之有权利，就必须有相应的责任。防止单方面权利和单方面义务条款。

(3) 风险的分担应公平合理。

(4) 工程合同应体现工程惯例。工程惯例指工程中通常采用的做法，一般比较公平合理，如果合同中的规定或条款严重违反惯例，往往就违反了公平合理原则。

(5) 在合同执行中，合同双方公平地解释合同，统一地使用法律尺度来约束合同双方。

二、建设工程施工合同的订立

(一) 订立施工合同的条件

(1) 初步设计已经批准。
(2) 工程项目已经列入年度建设计划。
(3) 有能够满足施工需要的设计文件和有关技术资料。
(4) 建设资金和主要建筑材料设备来源已经落实。
(5) 招投标工程中标通知书已经下达。

(二) 承包人签订施工合同应注意的问题

(1) 符合企业的经营战略。
(2) 积极合理地争取自己的正当权益。
(3) 双方达成的一致意见要形成书面文件。
(4) 认真审查合同和进行风险分析。
(5) 尽可能采用标准的合同范本。
(6) 加强沟通和了解。

(三) 施工合同的内容

订立施工合同通常按所选定的合同示范文本或双方约定的合同条件、协商、签订以下主要内容：合同的法律基础；合同语言；合同文本的范围；双方当事人的权利及义务（包括工程师的权力及工作内容）；合同价格；工期与进度控制；质量检查、验收和工程保修；工程变更；风险、双方的违约责任和合同的终止；索赔和争议的解决等。

三、建设工程施工合同的履行

工程施工过程就是施工合同的实施过程，要使合同顺利实施，合同双方必须共同完成各自的合同责任，确保工程圆满完成。

（一）发包人（或工程师）的施工合同履行

发包人和监理工程师在合同履行中，应当严格按照施工合同的规定，履行应尽的义务。施工合同内规定应由发包人负责的工作，都是合同履行的基础，是为承包人开工、施工创造的先决条件，发包人必须严格履行。

发包人及工程师也应在进度管理方面、质量管理方面、费用管理方面、施工合同档案管理方面、工程变更及索赔管理方面实现自己的权利、履行自己的职责，对承包人的施工活动进行监督、检查。

（二）承包人的施工合同履行

合同签订后，承包人就要拟定项目管理小组中合同管理人员在施工合同履行过程中的主要管理工作。

（1）建立合同实施的保证体系，以保证合同实施过程中的一切日常事务性工作有秩序地进行，使工程项目的全部合同事件处于控制中，保证合同目标的实现。

（2）监督承包人的工程小组和分包商按合同实施，并做好各分包合同的协调和管理工作。承包人应以积极合作的态度完成自己的合同责任，努力做好自我监督。同时，也应督促发包人、工程师完成他们的合同责任，以保证工程顺利进行。

（3）对合同实施情况进行跟踪；收集合同实施的信息，收集各种工程资料，并作出相应的信息处理；将合同实施情况与合同分析资料进行对比分析，找出其中的偏差，对合同履行情况作出诊断，向项目经理及时通报合同实施情况及问题，提出合同实施方面的意见、建议，甚至警告。

（4）进行合同变更管理。这里主要包括参与变更谈判，对合同变更进行事务性的处理；落实变更措施；修改变更相关的资料；检查变更措施的落实情况。

（5）日常的索赔管理。在工程实施过程中，承包人与业主、总（分）包商、材料供应商、银行之间都可能有索赔，合同管理人员承担着主要的索赔任务，负责日常的索赔处理事务。

四、合同中止与解除

施工合同签订后，对合同双方都有约束力，任何一方如违反合同规定都应承担经济责任，以此促进双方较好的履行合同。但是实际工作中，由于国家政策的变化，不可抗力以及承发包双方之外的原因导致工程停建或缓建的情况时有发生，必然造成合同中止。另外，由于在合同履行中，承发包双方在工作合作中不协调、不配合，甚至矛盾激化，使合同履行不能再维持下去的情况，或发包人严重违约，承包人行使合同解除权，或承包人严重违约，发包人行使合同解除权等，都会产生合同的解除。

由于合同的中止或解除是在施工合同还没有履行完毕时发生的，必然导致承发包双方经济损失，因此，发生索赔是难免的。但引起合同中止与解除的原因不同，索赔方的要求及解决过程也不大一样。具体在下一节中讨论。

第四节 建设工程索赔

一、施工索赔

施工索赔，是指施工合同当事人在合同实施过程中，根据法律、合同规定及惯例，对并非由于自己的过错，而是由于应由合同对方承担责任的情况造成的实际损失向对方提出给予补偿的要求。对施工合同双方来说，施工索赔是维护双方合法利益的权利，承包人可以向发包人提出索赔，发包人也可以向承包人提出索赔。本节主要介绍前一种索赔。

二、施工索赔的分类

（一）按索赔事件所处合同状态分类

1. 正常施工索赔

正常施工索赔是指在正常履行合同中发生的各种违约、变更、不可预见因素、加速施工、政策变化等情况引起的索赔。正常施工索赔是最常见的索赔形式。

2. 工程停、缓建索赔

工程停、缓建索赔是指已经履行合同的工程因不可抗力、政府法令、资金或其他原因必须中途停止施工所引起的索赔。

3. 解除合同索赔

解除合同索赔是指因合同中的一方严重违约，致使合同无法正常履行的情况下，合同的另一方行使解除合同的权力所产生的索赔。

（二）按索赔依据的范围分类

1. 合同内索赔

合同内索赔是指索赔所涉及的内容可以在履行的合同中找到条款依据，并可根据合同条款或协议中预先规定的责任和义务划分责任，按违约规定和索赔费用、工期的计算办法提出的索赔。一般情况下，合同内索赔的处理解决相对容易。

2. 合同外索赔

合同外索赔与合同内索赔依据恰恰相反，即索赔所涉及的内容难于在合同条款及有关协议中找到依据，但可能来自民法、经济法或政府有关部门颁布的有关法规所赋予的权力。如在民事侵权行为、民事伤害行为中找到依据所提出的索赔，就属合同外索赔。

3. 道义索赔

道义索赔是指承包人无论在合同内或合同外都找不到进行索赔的依据，没有提出索赔的条件和理由，但他在合同履行中诚恳可信，为工程的质量、进度及发包人配合上尽了最大的努力，由于工程实施过程中估计失误，确实造成了很大的亏损，恳请发包人给予救助，这时，发包人为了使自己的工程获得良好的进展，出于同情和信任合作的承包人而慷慨予以费用补偿。发包人支付这种道义救助，能够获得承包人更理想的合作，最终发包人并无损失。因为承包人这种并非管理不善和质量事故造成的亏损过大，往往是在投标时估价不足造成的。换言之，若承包人充分地估计了实际情况，在合同价中也应含有这部分费用。

（三）按索赔的目的分类

1. 工期索赔

工期索赔是指由于非承包人责任的原因而导致施工进程延误,承包人要求批准延展合同工期的索赔。工期索赔形式上是对权利的要求,以避免在原定合同竣工日不能完工时,被发包人追究拖期违约责任。一旦获得批准合同工期延展后,承包人不仅免除了承担拖期违约赔偿费的严重风险,而且可能提前工期得到奖励。因此,工期索赔最终仍反映在经济收益上。

2. 费用索赔

费用索赔是指当施工的客观条件改变导致承包人增加开支,承包人要求对超出计划成本的附加开支给予补偿,以挽回不应由他承担的经济损失的索赔。费用索赔的目的是要求经济补偿。

【案例 4-1】 某输水管线工程的索赔

1. 工程概况

该工程管线总长约 20km,主要工程包括直径 3.4m 的隧道四条,长 14.25km;管道三条,共长 5.64km;进场道路、地下通道等。

该工程由政府水务署招标。1982 年 2 月 24 日由建设公司以低价得标,总合同价为 2.209 亿元,3 月 5 日签约,3 月 10 日开工。工期为 970 工作天(含假日在内),拖期罚款 30 天以内 13.75 万元/天,30 天以外 19.85 万元/天。

开工后发生了以下事件:

(1) 规定 3 月 10 日开工,但业主拖延建设公司 65 名管理人员的签证,几经交涉,首批人员于 5 月 27 日抵达目的地,致使一个多月内施工管理机构不能正常工作。

(2) H 隧道,进洞仅 10m 就发现地质情况与合同提供的资料差异很大,强风化凝灰岩层内出水,很快软化,使支撑钢架拱腿内移,以后洞顶突然出水,流量达 $7m^3/h$,造成塌方,不得不采取措施,从而影响了工期和成本。

(3) 其他隧道均因地质问题影响了工期和成本。

2. 索赔项目及金额

建设公司和工程师之间的争端后经业主商定,由工程师学会先进行调解,调解失败再仲裁。经过半年多的调解,于 8 月 22 日调解人提出正式调解建议:补偿工期 192 天,补偿金额 3136.1328 万元。业主与建设公司对建议认真研究讨论,多次磋商,四次论证,最后于 1987 年 3 月 21 日正式签订了一揽子解决该工程索赔的协议书,主要为:

(1) 业主付给建设公司 3750 万元,建设公司不再要求任何其他索赔;

(2) 业主已扣误期违约赔偿金即刻退还;

(3) 该项索赔不影响工程师执行合同的责权;

(4) 延长工期 192 天。

该工程此次索赔是成功的,除一揽子索回 3750 万元外,业主撤消误期违约赔偿金 2931.95 万元,加上工程师批准的工程款与补偿 3432.5531 万元,共收 10114.5031 万元。

(四) 按照索赔的处理方式分类

1. 单项索赔

单项索赔是指某一事件发生对承包人造成工期延长或额外费用支出时,承包人即可对这一事件的实际损失在合同规定的索赔有效期内提出的索赔。因此,单项索赔是对发生的事件而言。单项索赔可能是涉及内容比较简单、分析比较容易、处理起来比较快的事件。

也可能是涉及内容比较复杂、索赔数额比较大、处理起来比较麻烦的事件。

2. 综合索赔

综合索赔又称一揽子索赔，是指承包人在工程竣工结算前，将施工过程中未得到解决的或承包人对发包人答复不满意的单项索赔集中起来，综合提出一次索赔，双方进行谈判协商。综合索赔一般都是单项索赔中遗留下来的意见分歧较大的难题，责任的划分、费用的计算等都各持己见，不能立即解决。

三、施工索赔的作用

（1）保证施工合同的实施；
（2）落实和调整施工合同双方经济责任关系；
（3）维护施工合同当事人正当权益；
（4）促使工程造价更加合理。

四、施工索赔的起因

（一）发包人或工程师违约

（1）发包人没有按合同规定的时间和要求提供施工场地、创造施工条件造成违约；
（2）发包人没有按施工合同规定的条件提供应供应的材料、设备造成违约；
（3）发包人没有能力或没有在规定的时间内支付工程款造成违约；
（4）工程师对承包人在施工过程中提出的有关问题久拖不定造成违约；
（5）工程师工作失误，对承包人进行不正确纠正、苛刻检查等造成违约。

（二）合同变更与合同缺陷

1. 合同变更

合同变更是指施工合同履行过程中，对合同范围内的内容进行的修改或补充，合同变更的实质是对必须变更的内容进行新的要约和承诺。

（1）工程设计变更

工程设计变更一般存在两种情况，即完善性设计变更和修改性设计变更。

所谓完善性设计变更，是指在实施原设计的施工中不进行技术上的改动将无法进行施工的变更。通常表现为对设计遗漏、图纸互相矛盾、局部内容缺陷方面的修改和补充。完善性设计变更，通过承发包双方协商一致后即可办理变更记录。所谓修改性设计变更，是指并非设计原因而对原设计工程内容进行的设计修改。此类设计变更的原因主要来自发包人的要求和社会条件的变化。

（2）施工方法变更

施工方法变更是指在执行经工程师批准的施工组织设计时，因实际情况发生变化需要对某些具体的施工方法进行修改。这种对施工方法的修改必须报工程师批准方可执行。

施工方法变更，必然会对预定的施工方案、材料设备、人力及机械调配产生影响，会使施工成本加大，其他费用增加，从而引起承包人索赔。

（3）工程师的指令

如果工程师指令承包人加速施工、改换某些材料、采取某项措施进行某种工作或暂停施工等，则带有较大成分的人为合同变更，承包商可以抓住这一合同变更的机会，提出索赔要求。

2. 合同缺陷

合同缺陷是指承发包当事人所签订的施工合同进入实施阶段才发现的，合同本身存在的、现时已很难再作修改或补充的问题。

大量的工程合同管理经验证明，施工合同在实施过程中，常发现有如下的情况：

（1）合同条款用语含糊、不够准确，难以分清双方的责任和权益；

（2）合同条款中存在漏洞，对实际可能发生的情况未做预料和规定，缺少某些必不可少的条款；

（3）合同条款之间存在矛盾，即在不同的条款中，对同一问题的规定或要求不一致；

（4）由于合同签订前没有把各方对合同条款的理解进行沟通，导致双方对某些条款理解不一致而发生合同争执；

（5）对合同一方要求过于苛刻、约束不平衡，甚至发现某些条款是一种圈套，某些条款中隐含着较大风险。

无论合同缺陷表现为哪一种情况，其最终结果可能是以下两种情况：

（1）双方当事人对有缺陷的合同条款重新解释定义，协商划分双方的责任和权益；

（2）双方各自按照本方的理解，把不利责任推给对方，发生激烈的合同争议后，提交仲裁机构裁决。

总之，施工合同缺陷的解决往往是与施工索赔及解决合同争议联系在一起的。

（三）不可预见性因素

1. 不可预见性障碍

不可预见性障碍，是指承包人在开工前，根据发包人所提供的工程地质勘察报告及现场资料，并经过现场调查，都无法发现的地下自然或人工障碍。如古井、墓坑、断层、溶洞及其他人工构筑物类障碍等。

2. 其他第三方原因

其他第三方原因，是指与工程有关的其他第三方所发生的问题对工程施工的影响。其表现的情况是复杂多样的，往往难于划分类型，如下述几种情况：

（1）正在按合同供应材料的单位因故被停止营业，使正需要的材料供应中断；

（2）因铁路部门的原因，正常物资运输造成压站，使工程设备迟于安装日期到场，或不能配套到场；

（3）进场设备运输必经桥梁因故断塌，使绕道运费大增。

诸如上述及类似问题的发生，客观上给承包人造成施工停顿、等候、多支出费用等情况。

如果上述情况中的材料供应合同、设备定货合同及设备运输路线是发包人与第三方签订或约定的，承包人可以向发包人提出索赔。

（四）国家政策、法规的变化

国家政策、法规的变化，通常是指直接影响到工程造价的某些国家政策、法规的变化。常见的国家政策、法规的变更有：

（1）由工程造价管理部门发布的建筑工程材料预算价格调整；

（2）建筑材料的市场价与概预算定额文件价差的有关处理规定；

（3）国家调整关于建设银行贷款利率的规定；

（4）国家有关部门的工程中停止使用某种设备、某种材料的通知；

(5) 国家有关部门在工程中推广某些设备、施工技术的规定；

(6) 国家对某种设备、建筑材料限制进口、提高关税的规定等。

显然，上述有关政策、法规对建筑工程的造价必然产生影响，承包人可依据这些政策、法规的规定向发包人提出补偿要求。假如这些政策、法规的执行会减少工程费用，受益的无疑应该是发包人。

（五）合同中止与解除

由于种种原因引起的合同的中止与解除必然会引起双方损失，也就会引起索赔。

五、施工索赔中的费用分析

（一）施工索赔费用的种类及其构成

施工索赔费用是承包人根据施工合同条款的有关规定，向发包人索取的承包人应该得到的合同价款以外的费用。按照索赔起因及其费用构成特点可分为工程量增加费、施工延误损失费、发包人或工程师违约的损失费、中止及解除合同损失费、国家政策、法规变化影响的费用等。

1. 工程量增加费

工程量增加费，是指由于某些因素的影响，施工中实施发生的工程量超过了原合同或图纸规定的工程量而发生的施工索赔费用。工程施工中，引起工程量增加的常见情况往往与设计变更、工程师指令、不可预见性障碍等有关。

2. 施工延误损失费

施工延误损失费，是指由于非承包人的原因所导致的施工延误事件给承包人造成实际损失而发生的施工索赔费用。它与工程量增加费是完全不同的情况，其费用构成是下列几种情况的组合：

(1) 工人停工损失费或需暂调其他工程时的调离现场及再次调回费。

(2) 施工机械闲置费。当承包人使用租赁机械时是指机械租赁费；当承包人使用自有机械时是指机械闲置费或暂调其他工程时的调离及二次进场费。

(3) 材料损失费。包括易损耗材料因施工延误而加大的损耗；水泥因延误造成过期失效；材料调运其他工地的运输及装卸费等。

(4) 材料价格调整。受市场价格变化的影响，因施工延误迫使承包人的材料采购推迟，当延误前后材料明显涨价时，承包人不得不付出比计划进度情况下增加的费用。

(5) 异常恶劣气候条件、特殊社会条件造成已完工程损坏或质量达不到合格标准时的处置费、重新施工费等。

3. 加速施工费

加速施工费是指由于非承包人的原因导致工期延误，承包人根据工程师的指令加速施工，从而比正常进度状态下完成同等数量的工程量施工成本提高而发生的施工索赔费用。通常情况下，加速施工费由以下几种情况构成：

(1) 实行比定额标准工资高的工资制度，如多发奖金、加班费等。

(2) 配备比正常进度人力资源多的劳动力，如为加速施工多雇佣工人；多安排技术熟练工；由一班制改为两班制，甚至三班制；为增加的工人多购置工具、用具、增加服务人员、增建临时设施等。

(3) 施工机械设备的配置增加，周转性材料大量增多。如为增加混凝土搅拌机，增加垂直提升设备；由于施工进度快，现浇钢筋混凝土结构的支撑和模板将减少周转次数，增加投入量。

（4）采用先进价高的施工方法。如现浇钢筋混凝土工程中，使用商品混凝土；高空作业使用泵送混凝土机械等。

（5）材料供应不能满足加速施工要求时，发生工人停工待料或高价采购材料。

（6）加速施工引起各工种交叉干扰加大了施工成本等。

上述加速施工费用的产生，因不同的工程情况千差万别，甚至会有加速效果不明显，而加速施工费用却大幅度增加的情况。

4. 发包人或工程师违约损失费

发包人或工程师违约损失费，是指在施工合同履行过程中，由于发包人或工程师违背合同规定，给承包人造成实际损失而发生的施工索赔费用。发包人或工程师违约损失费的工程实践中经常发生，但其费用构成却较为复杂，应根据具体情况具体分析。

（1）发包人延迟付款。

（2）发包人或工程师工作失误。

发包人或工程师在行使合同所赋予的权力时，由于业务能力、工作经验等原因，往往发生不正确纠正工程问题，提出不能实现的工程要求，进行了不自觉的苛刻检查等。无意但确实对承包人的正常施工造成了干扰，这类工作失误无疑会给承包人造成某些损失。如果承包人进行了不必要的返工；不必要的多次暂停；干扰造成生产效率明显减低；增加不必要的工序和工器具；更新某种材料或施工设备等。

（3）发包人对已完工程修改。

承包人按照发包人提供的施工图纸进行施工后，发包人对已完成部位又提出修改要求，这在工程装修阶段是时常发生的，这种修改一般都会因此而增加施工费用。

5. 中止与解除合同损失费

中止与解除合同损失费，是指由于施工合同的中止与解除给合同当事人造成实际损失而发生的施工索赔费用。合同的中止与解除，不影响当事人要求赔偿的权利，原施工合同中的条款对合同中止与解除后当事人之间有关结算、未尽义务、争议等仍有效。所以，承发包双方在合同中止与解除后，都可以对所产生的损失向对方提出索赔要求。

按照《建设工程施工合同（示范文本）》通用条款的规定，合同解除后，承包人应妥善做好已完工程和已购材料、设备的保护和移交工作，按发包人要求将自有机械设备和人员撤出施工场地。发包人应为承包人撤出提供必要条件，支付以上所发生的费用，并按合同约定支付已完工程价款。已经定货的材料、设备由订货方负责退货或解除订货合同，不能退还的货款和因退货、解除定货合同发生的费用，由发包人承担，因未及时退货造成的损失由责任方承担。除此之外，有过错的一方应当赔偿因合同解除给对方造成的损失。

6. 国家政策、法规变化影响的费用

国家在建设管理方面的政策、法规变化，或新政策，法规颁布实施后，对工程施工活动往往会产生费用影响，施工费用会发生相应的变化，对于这方面的影响，承发包双方必须无条件的执行，建设工程费用必须进行的调整，而施工索赔正是在国家政策、法规变化情况下调整相关费用的常用方法。

六、施工索赔的处理

（一）施工索赔程序

《建设工程施工合同（示范文本）》通用条款第 36.2 款规定，发包人未能按合同约定履行自己的各项义务或发生错误以及应由发包人承担责任的其他情况，造成工期延误和（或）承包人不能及时得到合同价款及承包人的其他经济损失，承包人可按下列程序以书面形式向发包人索赔：

（1）索赔事件发生后 28 天内，向工程师发出索赔意向通知；

（2）发出索赔意向通知后 28 天内，向工程师提出延长工期和（或）补偿经济损失的索赔报告及有关资料；

（3）工程师在收到承包人送交的索赔报告和有关资料后，于 28 天内给予答复，或要求承包人进一步补充索赔理由和证据；

（4）工程师在收到承包人送交的索赔报告和有关资料后 28 天内未予答复或未对承包人作进一步要求，视为该项索赔已经认可；

（5）当该索赔事件持续进行时，承包人应当阶段性向工程师发出索赔意向，在索赔事件终了后 28 天内，向工程师送交索赔的有关资料和最终索赔报告，索赔答复程序与（3）（4）规定相同。

（二）施工索赔意向通知及索赔报告

1. 索赔意向通知

索赔意向通知没有统一的要求，一般可考虑有下述内容：

（1）索赔事件发生的时间、地点或工程部位；

（2）索赔事件发生时的双方当事人或其他有关人员；

（3）索赔事件发生的原因及性质，应特别说明并非承包人的责任；

（4）承包人对索赔事件发生后的态度，特别应说明承包人为控制事件的发展、减少损失所采取的行动；

（5）写明事件的发生将会使承包人产生额外经济支出或其他不利影响；

（6）提出索赔意向，注明合同条款依据。

2. 索赔报告

索赔报告是承包人提交的要求发包人给予一定经济赔偿和（或）延长工期的重要文件。索赔报告在索赔处理的整个过程中起着重要的作用。索赔报告通常包括以下五个方面的主要内容：

（1）标题；

（2）索赔事件叙述；

（3）索赔理由及依据；

（4）索赔值的计算及索赔要求；

（5）索赔证据资料。

编写索赔报告时应特别注意以下几点：

（1）索赔报告的标题应能准确地概括索赔的中心内容；

（2）索赔事件的叙述要准确，不应有主观随意性，应写明事件发生的时间、工程部位、发生的原因、影响的范围、持续的时间以及承包人所采取的措施等；

（3）对于索赔理由及依据，要明确指出依据合同某条某款，某某会议纪要，以证明己方有合理合法的索赔资格；

（4）索赔要求准确，计算依据、计算方法、计算过程要合理正确；

（5）证据资料应翔实、充分，能够有力地支持或证明索赔理由、索赔事件的影响、索赔值的计算；

（6）索赔报告用词要明确，不能出现"大概"、"大约"、"可能"等模棱两可的词语。

第五节　建设工程施工合同管理

一、国家有关机关对施工合同的管理

国家有关机关对施工合同的管理是指国家有关机关依据相关法律、法规、规章制度，采取法律的、行政的手段，对施工合同关系进行组织、指导、协调及监督，保护合同当事人的合法权益，处理合同纠纷，防止和制裁违法行为，保证合同贯彻实施等一系列活动。它履行施工合同的宏观管理，具体包括工商行政管理机关、建设行政主管部门、金融机构对施工合同的管理。

二、合同当事人及工程师对施工合同的管理

（一）施工合同管理的任务

1. 发包人施工合同管理的任务

发包人施工合同管理的主要任务是按合同规定履行合同义务，行使合同权力，防止由于自身违约引起承包人索赔。

2. 工程师施工合同管理的任务

工程师施工合同管理的主要任务是履行合同职责，行使合同权力，做好工程进度、质量及工程价款的管理工作，包括：

（1）进度管理。

（2）质量管理。

（3）工程价款管理。

（二）不可抗力、保险和担保的管理

1. 不可抗力

不可抗力事件发生后，承包人应立即通知工程师，并在力所能及的条件下迅速采取措施，尽量减少损失，发包人应协助承包人采取措施。因不可抗力事件导致的费用及延误的工期由双方按以下方法分别承担：

（1）工程本身的损害、因工程损害导致第三方人员伤亡和财产损失以及运至施工场地用于施工的材料和待安装的设备的损害，由发包人承担；

（2）发包人、承包人人员伤亡由其所在单位负责，并承担相应的费用；

（3）承包人机械设备损坏及停工损失，由承包人承担；

（4）停工期间，承包人应工程师要求留在施工场地的必要的管理人员及保卫人员的费用由发包人承担；

（5）工程所需清理、修复费用，由发包人承担；

（6）延误的工期相应顺延。

2. 保险

虽然我国对工程保险没有强制性的规定，但随着建设项目法人责任制的推行，以前存在着事实上由国家承担不可抗力风险的情况将会有很大的改变。工程项目参加保险的情况会越来越多。

进行工程保险，施工合同双方当事人的保险义务分担如下：

(1) 工程开工前，发包人应当为建设工程和施工场地内自有人员及第三方人员生命财产办理保险，支付保险费用；

(2) 运至施工场地内用于工程的材料和待安装设备，由发包人办理保险，并支付保险费用；

(3) 承包人必须为从事危险作业的职工办理意外伤害保险，并为施工场地内自有人员生命财产和施工机械设备办理保险，支付保险费用。

发包人可以将有关保险事项委托承包人办理，但费用由发包人承担。

保险事故发生时，承发包双方有责任尽力采取必要的措施，防止或者减少损失。

3. 担保

在施工合同中，一般都是由信誉较好的第三方（如银行）出具保函的方式担保施工合同当事人履行合同。从担保理论上说，这种保函实际上是一份保证书，是一种保证担保。这种担保是以第三方的信誉和经济实力为基础的，对于担保义务人而言，可以免于向对方交纳一笔资金或者提供抵押、质押财产。

(三) 工程分包管理

工程分包是指合同约定和发包人认可，分包人从承包人承包的工程中承包部分工程的行为。承包人按照有关规定对承包的工程进行分包是允许的。

承包人按专用条款的约定分包所承包的部分工程，并与分包人签订分包合同。非经发包人同意，承包人不得将承包工程的任何部分分包。

发包人与分包人之间不存在直接的合同关系。分包人应对承包人负责，承包人对发包人负责。

工程分包不能解除承包人任何责任和义务。承包人应在分包场地派驻相应监督管理人员，保证施工合同的履行。分包人的任何违约行为、安全事故或疏忽导致工程损害或给发包人造成其他损失，承包人承担连带责任。

分包工程价款由承包人与分包人结算。发包人未经承包人同意不得以任何名义向分包人支付各种工程款项。

(四) 禁止工程转包

工程转包是指不行使行承包人的管理职能，不承担技术经济责任，将所承包的工程倒手转包给他人承包的行为。工程转包，违反我国有关法律和法规的规定，应坚决予以禁止。下列行为均属转包：

(1) 承包人将其承包的工程全部包给其他施工单位，从中提取回扣的行为；

(2) 承包人将工程的主要部分或结构技术要求相同的群体工程中半数以上的单位工程包给其他施工单位的行为；

(3) 分包单位将承包的工程再次分包给其他施工单位的行为。

三、建设工程合同管理的主要内容

建设工程合同管理的目的是项目法人通过自身在工程项目合同的订立和履行过程中所进行的计划、组织、指挥、监督和协调等工作，促使项目内部各部门、各环节相互衔接、密切配合、验收合格的工程项目。建设工程合同管理的过程是一个动态过程，是工程项目合同管理机构和管理人员为实现预期的管理目标，运用管理职能和管理方法对工程合同的订立和履行行为进行管理活动的过程。

全过程包括：合同订立前和管理、合同订立中和管理、合同履行中的管理和合同发生纠纷时的管理。

1. 合同订立前的管理

同订立前的管理也称为合同总体策划。合同签订意味着合同生效和全面履行，所以，必须采取谨慎、严肃、认真的态度，做好签订前的准备工作，具体内容包括：市场预测、资信调查和决策以及订立合同前行为的管理。

作为业主方，主要应通过合同总体策划对以下几方面内容作出决策：与业主签约的承包商的数量；招标方式的确定；合同种类的选择；合同条件的选择；重要合同条款的确定以及其他战略性问题（诸如业主的相关合同关系的协调等）。

作为承包商也有自己的合同策划问题，它服从于承包商的基本目标（取得利润）和企业经营战略，具体内容包括：投标方向的选择、合同风险的总评价、合作方式的选择等。

2. 合同订立中的管理

合同订立阶段，意味着当事人双方经过工程招标投标活动，充分酝酿、协商一致，从而建立起建设工程合同法律关系。订立合同是一种法律行为，双方应当认真、严肃拟定合同条款，做到合同合法、公平、有效。

3. 合同履行中的管理

合同依法订立后，当事人应认真做好履行过程中的组织和管理工作，严格按照合同条款，享有权利和义务。

这阶段合同管理人员（无论是业主方还是承包方）的主要工作有以下几方面内容：建立合同实施的保证体系、对合同实施情况进行跟踪并进行诊断分析、进行合同变更管理等。

4. 合同发生纠纷时的管理

在合同履行中，当事人之间有可能发生纠纷，当争议纠纷出现时，有关双方首先应从整体、全局利益的目标出发，做好有关的合同管理工作。

思 考 题

1. 谈谈对合同法律关系的主体、客体和内容的认识？
2. 简述代理及其法律特征。
3. 简述代理的种类及其含义。
4. 谈谈对代理制度中的民事责任的认识。
5. 合同担保的方式有哪几种？
6. 简述建设工程合同的概念及特征。
7. 试对建设工程合同从不同的角度进行分类。
8. 简述建设工程中的主要合同关系。

9. 建设工程合同签订和实施的基本原则。
10. 施工合同的主要内容有哪些?
11. 订立施工合同的条件包括哪几个方面?
12. 试述建设工程施工合同的履行。
13. 哪些合同是可变更或可撤销的合同?
14. 如何理解施工索赔的概念?
15. 试对施工索赔进行分类。
16. 施工索赔的起因有哪些?
17. 简述施工索赔费用的种类及其构成。
18. 施工索赔程序包括哪几个步骤?
19. 谈谈对工程分包管理的认识。
20. 建设工程合同管理的主要内容包括哪些?

第五章 流水施工原理

工业生产的经验证明：流水作业法是组织生产最合理的方法。建筑工程中的"流水施工"来源于工业生产，由于建筑产品及施工的特点，使得这种流水的方法与工业生产的流水作业方法有很大的区别。

第一节 流水施工的基本概念

一、组织施工的三种基本方式

为了说明这三种方式的特点，我们介绍两种线条型图表，并举例说明。

横道图：就是在时间坐标中用横的线段表示各施工过程的开始，结束及延续时间，同时也反映各施工过程相互关系的指示图表，如图5-1所示。

斜道图：则是在时间坐标中用斜的线段表示各施工过程的开始，结束及延续时间，同时也反映各施工过程相互关系的指示图表，如图5-2所示。

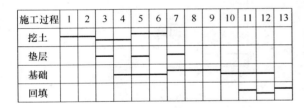

图5-1 横道图

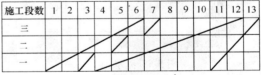

图5-2 斜道图

【案例5-1】 有三幢同类型房屋的基础工程，分挖土、垫层、基础及回填土四个施工过程，它们在每幢房屋上的延续时间分别为4天，2天，6天，2天，它们所需劳动人数分别为10人，10人，15人，10人，试组织施工并画出劳动力动态曲线。（每天工作一班）

【解】 1.依次施工：完成一个施工对象之后，再去完成另一个施工对象，直到将所有的施工对象全部完成的组织方式，如图5-3所示。

2.平行施工：将所有的施工对象同时开始，然后同时结束的组织方式，如图5-4所示。

3.流水施工：将施工对象划分成若干个施工过程和施工段（流水线法没有明确的分段标志），各施工过程分别由专业班组去完成，各专业班组携带一定的工具依次在各个不同的施工段上去完成相同施工任务的组织方式，如图5-5、图5-6所示。

二、组织施工三种方式的特点

组织施工三种方式的特点（表5-1）

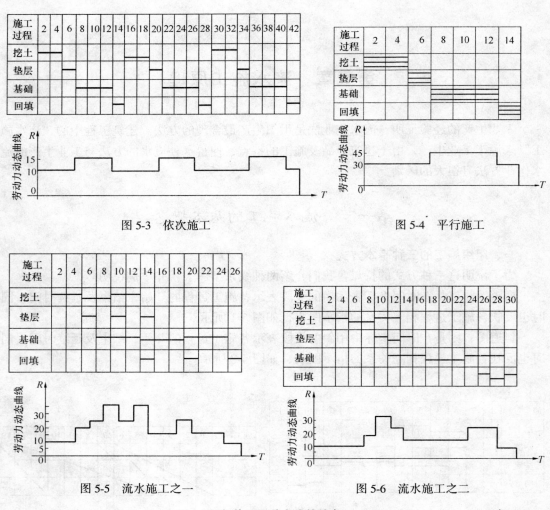

图 5-3 依次施工   图 5-4 平行施工

图 5-5 流水施工之一   图 5-6 流水施工之二

组织施工三种方式的特点　　　　　　　表 5-1

依次施工	平行施工	流水施工
1．工作面有空闲，工期长 2．实行专业班组，有窝工现象 3．日资源用量少，品种单一，但不均匀 4．消除窝工则不能实行专业班组施工，对提高劳动生产率和工程质量不利	1．充分利用工作面，工期短 2．实行专业班组如不进行工程协调，则有窝工现象 3．日资源用量大，品种单一，且不均匀 4．对合理利用资源，提高劳动生产率和工程质量是不利的	1．合理利用工作面，工期适中 2．实行专业班组减少窝工现象 3．日资源耗用量适中，且比较均匀 4．实行专业班组，则有利于提高劳动生产率和工程质量

流水施工最突出的特点是生产的连续性和均衡性。

三、组织流水施工的要点

1．划分施工过程

施工过程是根据拟建工程的特点、施工要求、工艺要求、工程量大小及劳动组织等因素来划分的。

2. 划分施工段

根据流水施工的具体要求，将拟建工程在空间及平面上划分成若干个（或一个）工程量大致相等的施工段。

3. 实行专业班组

在组织流水施工时，为了提高劳动生产率和工程质量，并保证工程能按施工顺序，依次连续均衡地进行施工则需组织专业班组投入施工。

4. 保证主导施工过程连续均衡施工

所谓主导施工过程就是本身工程量大，所需时间长，且占工期比例大的工程。

在组织流水施工时，它没有要求各施工过程均连续均衡施工，但要保证主导施工过程连续均衡，而非主导施工过程则可间断施工。

5. 每个施工段应有足够的工作面

工作面是指施工对象上能安排劳动力或机械的地段。每个施工过程在每个施工段上，为了合理组织施工班组，并保证施工班组或工人能发挥其最大效益，应使其有一个合适的工作面。

四、流水施工的表达形式

流水施工的表达形式除了上述所讲的横道图、斜道图外还有网络图。网络图的表示方法我们将在第六章作详细讲解。

第二节 流水施工的主要参数

为了正确表达流水施工原理，还需介绍它的主要参数。这些参数可分为工艺参数，空间参数和时间参数三类。

一、工艺参数

工艺参数一般指的是在组织拟建工程流水施工时，其整个建造过程可分解的几个施工步骤。实际就是施工过程数，它用"n"表示。

各拟建工程都需经过制备、运输及砌筑安装才能完成，但具体的工程又各不相同，故划分施工过程及数目没有统一的模式。在这里我们只介绍施工过程的划分依据。

1. 施工进度计划的性质和作用

对于起控制作用的控制性进度计划，一般是针对工程规模大、结构复杂、难度大和工期长的工程，这种计划要求施工过程综合性大些、粗一些，也就是数目少些。而对于起指导性作用的指导性计划即实施性计划，是针对一些中小型单位工程，这种计划施工过程可划分得细一些，即数目多一些，一般可划分到分项工程。

2. 工程结构的复杂难易程度

对于工程结构难的复杂的施工进度计划则施工过程可划分得粗一些，数目少一些，反之则细一些，数目多一些。

3. 劳动组织及劳动量的大小

劳动量较少，可将几个施工过程合起来组织混合班组，则施工过程可分得少一些。劳动量大的可实行专业班组则施工过程可分得多一些。

4. 劳动内容和范围

拟建工程的完成需要经过制备、运输及砌筑安装三个阶段，我们常常只对场内的砌筑安装阶段，即实体的施工过程作划分，而对场外劳动内容即制备及运输的施工过程则不划入流水施工过程。

二、空间参数

空间参数是指拟建工程在组织流水施工中所划分的施工区段，简称流水段，流水段数用 M 表示。

（一）流水段划分的目的

划分流水段的目的是便于组织流水施工。流水段数包括施工段数和施工层数。施工段数是对拟建工程的水平划分，用 m 表示；而施工层数则是对拟建工程的垂直划分，施工层是按可施工高度来划分的，它与结构层具有不同的概念，用 c 表示，则流水段数为：

$$M = m \cdot c \tag{5-1}$$

式中　M——流水段数；

　　　m——同一水平上施工段数；

　　　c——垂直划分施工层数。

（二）流水段划分的基本要求

1. 为了便于合理地组织施工，要求每段的工程量基本相等，其相差幅度不宜超过 $10\% \sim 15\%$。

2. 施工段的划分应保证拟建工程结构的整体性。施工段应尽可能与工程结构的自然界限（如伸缩缝、沉降缝、施工缝、单元等）相吻合，如果施工段必须放在墙体中间时，应尽量放在对结构整体性影响较小的部位。

3. 施工段数目要合理。施工段数目过多则工作面减少，势必要减少施工过程的施工人数，放慢施工速度、拉长工期；过少则流水不能展开，会产生窝工现象。所以对施工过程的每一段要有足够的工作面和适当的作业量，避免施工过程移动过于频繁，降低施工效率。不同的施工过程，平均每个技工的操作工作面的大小，参见表 5-2。

主要工种工作面参考数据表　　　　表 5-2

工作项目	每个技工的工作面	说明
砖基础	7.6m/人	以 1 皮半砖计 2 砖乘以 0.8 3 砖乘以 0.55
砌砖墙	8.5m/人	以 1 砖计 1 皮半砖乘以 0.71 2 砖乘以 0.57
毛石墙基	3m/人	以 60cm 计
毛石墙	3.3m/人	以 40cm 计
混凝土柱、墙基础	8m³/人	机拌、机捣
混凝土设备基础	7m³/人	机拌、机捣
现浇钢筋混凝土柱	2.45m³/人	机拌、机捣

续表

工作项目	每个技工的工作面	说明
现浇钢筋混凝土梁	3.20m³/人	机拌、机捣
现浇钢筋混凝土墙	5m³/人	机拌、机捣
现浇钢筋混凝土楼板	5.3m³/人	机拌、机捣
预制钢筋混凝土柱	3.6m³/人	机拌、机捣
预制钢筋混凝土梁	3.6m³/人	机拌、机捣
预制钢筋混凝土屋架	2.7m³/人	机拌、机捣
预制钢筋混凝土平板、空心板	1.91m³/人	机拌、机捣
预制钢筋混凝土大型屋面板	2.62m³/人	机拌、机捣
混凝土地坪及面层	40m²/人	机拌、机捣
外墙抹灰	16m²/人	
内墙抹灰	18.5m²/人	
卷材屋面	18.5m²/人	
防水水泥砂浆屋面	16m²/人	
门窗安装	11m²/人	

当组织多层结构流水施工时，因为上一层楼的结构要待下一层楼结构施工完成后才进行。为了减少工作面空闲和窝工现象。我们应选择一个施工段数与施工班组数相对合理的关系。

三、时间参数

（一）流水节拍

从事某个专业的施工班组在某一施工段上完成任务所需的时间，用 t 表示。流水节拍的确定有以下几种方法。

1. 理论方法

（1）三时估算方法（对新工艺、新技术、新设备等一般定额上查不到的用此法）

$$t = \frac{a + 4c + b}{6} \tag{5-2}$$

式中　t——在某个施工段作业所需进间；

　　　a——最乐观的工作延续时间估算（考虑最有利的因素）；

　　　b——最悲观的工作延续时间估算（考虑最不利的因素）；

　　　c——最可能的延续时间估算（常规情况下）。

（2）施工定额法

$$P = Q \cdot S_t = Q/S_p \tag{5-3}$$

$$D = \frac{P}{B \cdot R} \tag{5-4}$$

$$t = \frac{D}{m \cdot c} \text{（均匀分段）} \tag{5-5}$$

式中　P——劳动量；

　　　Q——工程量（按几何形体计算）；

　　　S_t——时间定额；

S_p——产量定额;

D——延续时间,如果是一段上的延续时间,即为节拍 t;

B——每天工人班数(按八小时工作制计算,最大为3班,最小为1班);

R——每班工人数(它受到最小工作面和最小劳动组合的限制)。

最小工作面:当一个工人或一个班组发挥其最大效益且在保证安全的情况下应具有的工作面。

最小劳动组合:为了完成某一施工任务且在合理协调的情况下所应具有的工人数。

2. 常用的确定方法

(1) 既定工期法

根据既定工期来推算各个分部分项的延续时间或节拍,再来推算在既定时间内完成任务所需要的资源。既定工期实际就是国家的定额工期或合同工期。

(2) 既定资源法

根据施工单位的实际资源(人、物)来推算各分部分项的节拍。

3. 流水节拍应为0.5天的整数倍数。

(二) 流水步距 (K)

1. 流水步距是指相邻两个施工班组投入施工的时间间隔(不包括技术及组织间歇时间)。技术间歇是指施工过程间客观存在的间歇时间(例如,养护时间)。组织间歇是指施工过程间人为引起的间歇时间(例如,为合理安排工作而造成的停歇时间)。

2. 流水步距的确定。流水步距的大小直接影响到整个工期,主要是关系到工作面是否能充分利用的问题,故它的确定应根据具体情况而定。总的原则是:要使 ΣK 尽可能短。步距应为0.5天的整数倍(一般为整数)。

第三节 流水施工的分类及计算

流水施工的分类很多,我们这里只按流水施工的节奏性分:分为有节奏和无节奏流水两类。

一、有节奏流水

(一) 特征

1. 同一施工过程在每一施工段上的节拍相等,不同施工过程间的节拍不一定相等,但均为最小节拍的整数倍数,此时的最小节拍即为流水步距。

2. 各施工过程允许有多个施工班组参加施工,但均为连续施工。

3. 施工段数应满足下述条件:

$$m \geq m_{\min} = \Sigma b_i + \frac{\Sigma Z_i}{K} + \frac{Z_2}{K} \tag{5-6}$$

式中 m——施工段数;

$m_{\min}$——最小施工段数;

Σb_i——各施工过程所需班组数之和;

ΣZ_i——各施工过程间技术、组织间歇之和;

Z_2——层间技术、组织间歇的最大值;

K——流水步距。

(二) 解题步骤

1. 找出所有已知条件（c、n、t_i、$\sum Z_i$、Z_2、m、$K = m_{\min}\{t_i\}$）；
2. 计算每个施工过程所需要的施工班组数 b_i；

$$b_i = \frac{t_i}{K} \tag{5-7}$$

3. 验算施工段数 m

$$m \geqslant m_{\min} = \sum b_i + \frac{\sum Z_i}{K} + \frac{Z_2}{K} \tag{5-8}$$

4. 计算工期 T

$$T = (\sum b_i + m \cdot c - 1) \cdot k + \sum Z_i \tag{5-9}$$

5. 绘制横道图

【案例 5-2】 一幢三层砖混结构主体工程可分砌墙、浇圈梁、搁板三个施工过程，它们的节拍分别为 6 天、2 天、4 天。圈梁需 2 天养护，层间间歇分别为 2 天、4 天，组织有节奏流水至少应分几段，分 10 段时工期为多少？并绘制横道图。

【解】 1. $c = 3$，$n = 3$，$t_1 = 6$ 天，$t_2 = 2$ 天，$t_3 = 4$ 天，$\sum Z_i = 2$，$Z_2 = 4$，$m = 10$
$K = m_{\min}\{t_1, t_2, t_3\} = 2$ 天

2. 计算每个施工过程所需的施工班组数 b_i

$$b_i = \frac{t_i}{K}$$

$b_1 = 6/2 = 3$ $b_2 = 2/2 = 1$ $b_3 = 4/2 = 2$

3. 验算施工段数 m

$$m = 10 \geqslant m_{\min} = \sum b_i + \frac{\sum Z_i}{K} + \frac{Z_2}{K} = (3 + 1 + 2) + \frac{2}{2} + \frac{4}{2} = 9 \text{ 段}$$

组织有节奏流水至少分 9 段

4. 计算工期 T

$$T = (\sum b_i + m \cdot c - 1) \cdot K + \sum Z_i = (6 + 10 \times 3 - 1) \times 2 + 2$$
$$= 72 \text{ 天}$$

5. 绘制横道图（图 5-7）

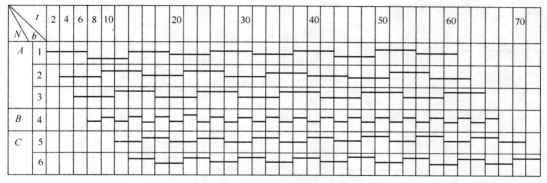

图 5-7 有节奏流水施工横道图

二、无节奏流水

凡不满足上述条件的均可组织无节奏流水。

（一）无窝工现象的无节奏流水

在多层房屋施工时由于段数或节拍不协调使流水不能充分展开而产生窝工现象，故它只适用于单层。

1. 特征：每个施工过程只由一个施工班组去完成，而且是连续施工的。

2. 解题步骤：

（1）找出所有已知条件（$C=1$、n、t_{ij}、$\sum Z_i$）；

（2）计算流水步距 $k_{i,i+1}$；

步距的计算采用前苏联专家潘特考夫斯基所发明的"累加数列错位相减求大差法"

$$k_{i,i+1} = \max\left\{t_{i1}, t_{i1}+t_{i2}-t_{i+1,1}, \cdots \sum_{j=1}^{m-1}t_{ij}-\sum_{j=1}^{m-2}t_{i+1,j}, \sum_{j=1}^{m}t_{ij}-\sum_{j=1}^{m-1}t_{i+1,j}, -\sum_{j=1}^{m}t_{i+1,j}\right\}$$

(5-10)

（3）计算工期 T；

$$T = \sum_{i=1}^{n-1} K_{i,i+1} + \sum Z_i + D_e \qquad (5-11)$$

$\sum_{i=1}^{n-1} K_{i,i+1}$——流水步距之和；

$\sum Z_i$——施工过程间技术间歇之和；

D_e——最后一个施工过程各段的流水节拍之和。

（4）绘制横道图。

【**案例 5-3**】 某工程有关参数如表 5-3 所示，组织无窝工现象的无节奏流水，请计算步距、工期并绘制横道图。

某工程有关参数　　　　　　　　表 5-3

$n \diagdown {}^m$	一	二	三	四
A	3	4	3	4
B	2	2	2	2
C	4	3	2	3
D	5	2	2	5

【解】 1. 从表中可看出分 $m=4$ 个施工段，$n=4$ 个施工过程，每个施工过程在每一段上的节拍不一定相等。根据无窝工无节奏流水的特征，可知每个施工过程的延续时间等于同一施工过程在每一段上的节拍之和，如要算工期则需先计算步距。

2. 计算流水步距 $k_{i,i+1}$

$$\begin{array}{r} 3\ \ 7\ \ 10\ \ 14\ \ 0 \\ -\ \ 0\ \ 2\ \ 4\ \ 6\ \ 8 \\ \hline K_{AB} = \max\ \{3\ \ 5\ \ 6\ \ 8\ \ -8\} = 8 \end{array}$$

$$\begin{array}{r} 2\ \ 4\ \ 6\ \ 8\ \ 0 \\ -\ \ 0\ \ 4\ \ 7\ \ 9\ \ 12 \\ \hline K_{BC} = \max\ \{2\ \ 0\ \ -1\ \ -1\ \ -12\} = 2 \end{array}$$

$$\begin{array}{r} 4\ \ 7\ \ 9\ \ 12\ \ 0 \\ -\ \ 0\ \ 5\ \ 7\ \ 9\ \ 14 \\ \hline K_{CD} = \max\ \{4\ \ 2\ \ 2\ \ 3\ \ -14\} = 4 \end{array}$$

3. 计算工期 T

$$T = \sum_{i=1}^{n-1} K_{i,i+1} + \sum Z_i + D_e$$
$$= (8+2+4) + 0 + (5+2+2+5)$$
$$= 28 \text{ 天}$$

4. 绘制横道图（图 5-8）

n＼t	1	2	3	4	5	6	7	8	9	10	11	12	13	14	15	16	17	18	19	20	21	22	23	24	25	26	27	28
A																												
B																												
C																												
D																												

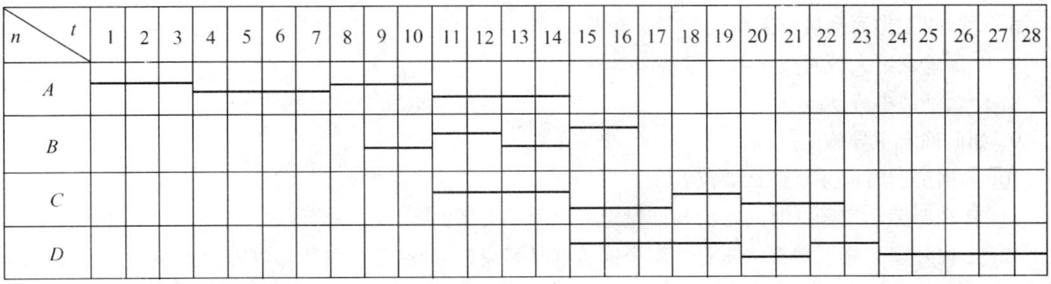

图 5-8 无窝工的无节奏流水工期横道图

（二）工作面少空闲的无节奏流水

1. 特征

每个施工过程只有一个施工班组去完成，但应尽可能早投入施工。

2. 计算方法

这种方式的步距是前一施工过程第一段的节拍即

$$k_{i,i+1} = t_{i1} \tag{5-12}$$

工期的计算比较复杂，我们采用直接绘图的方法求解。

【案例 5-4】 根据表 5-3，按工作面少空闲的无节奏流水的特征要求绘制的横道图如图 5-9 所示。

【解】 按上述要求绘图求解（图解法）

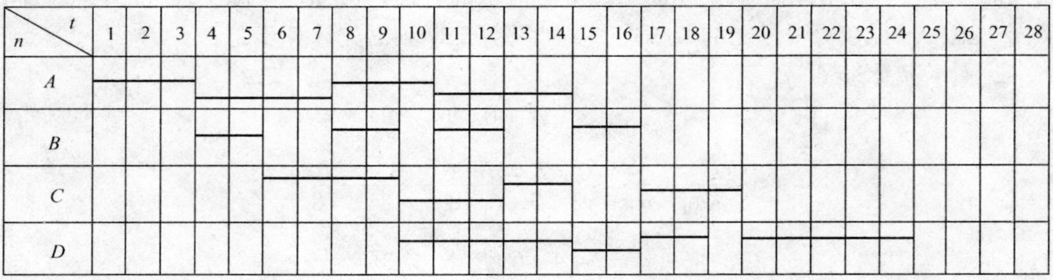

n\t	1	2	3	4	5	6	7	8	9	10	11	12	13	14	15	16	17	18	19	20	21	22	23	24	25	26	27	28
A																												
B																												
C																												
D																												

图 5-9 工作面少空闲的无节奏流水的横道图

三、横道图绘制的基本要求

（1）工作面有空；
（2）施工班组有空；
（3）工作的起止位置要明确。

思 考 题 与 习 题

1. 组织施工有哪三种方式？各自有什么特点？
2. 组织流水施工有哪些要点？
3. 组织流水施工有哪些主要参数？各自的含义及确定方法。
4. 流水施工按节奏划分可分几类？它的适用范围如何？
5. 什么叫横道图、斜道图？
6. 什么叫工作面和最小工作面？
7. 在确定班组人数时应该考虑哪些因素？
8. 什么是最小劳动组合？
9. 如何确定主导施工过程？
10. 画横道图时应注意什么要点？
11. 什么叫劳动定额？时间定额与产量定额之间的关系？
12. 工程外墙装修工程有水刷石、陶瓷锦砖（马赛克）、干粘石三种装饰内容，在一个流水段上的工程量分别为：$40m^2$，$85m^2$，$124m^2$；采用的劳动定额分别为 $3.6m^2/$工日，0.435 工日$/m^2$，$4.2m^2/$工日。求各装饰分项的劳动量；此墙共有 5 段，如每天工作一班每班 12 人做，则装饰工程的工期为多少天？
13. 某工程墙体工程量为 $1026m^3$，采用的产量定额为 $1.04m^3/$工日，一班制施工，要求 30 天内完成。求：(1) 砌墙所需的劳动工日数；(2) 砌墙每天所需的施工人数。
14. 某四层砖混结构，基础需 40 天，主体墙需 240 天，屋面防水层需 10 天，现每层均匀分二段，一个结构层为二个施工层，则基础、主体墙及屋面防水层的节拍各为多少？
15. 试绘制某二层现浇钢筋混凝土楼盖工程的流水施工进度表。已知：框架平面尺寸为 $17.4m×144m$，沿长度方向每隔 48m 留一道伸缩缝；且知 $t_{模}=4$ 天，$t_{筋}=2$ 天，$t_{混}=2$ 天，混凝土浇好后在其上立模需 2 天养护（层间间歇）。
16. 有一幢四层砖混结构的主体工程分砌砖、浇圈梁、搁板三个施工过程，它们的节拍均为 6 天，圈梁需 3 天养护。如分 3 段能否组织有节奏流水施工，组织此施工则需分几段，工期为多少？画出横道图。

17. 根据下表所给数据组织无节奏流水（二种方法），绘制横道图，并作必要的计算。

t\n\nm	Ⅰ	Ⅱ	Ⅲ	Ⅳ
一	3	2	4	2
二	5	3	5	1
三	2	2	3	4
四	4	2	2	3

18. 某工程由 A、B、C、D 四个施工过程组成，划分两个施工层组织流水施工。施工过程 B 完成后需养护一天 C 才能施工，且层间技术间歇为 1 天，流水节拍均为 1 天。为了保证工作队连续作业，试确定施工段数，计算工期，绘制流水施工进度。

第六章 网络计划技术

第一节 网络计划基本概念

一、网络计划的发展

1. 网络计划技术的产生和发展

网络计划技术,也称网络计划法,是利用网络计划进行生产组织与管理的一种方法。网络计划技术是20世纪中叶在美国创造和发展起来的一项新计划技术,当初最有代表性的是关键线路法(CPM)和计划评审技术法(PERT)。这两种网络计划技术有一个共同的特征,那就是用网状图形来反映和表达计划的安排,所以,习惯统称为网络计划技术。

1955年,美国杜邦化学公司提出了一种设想,即将每一活动(工作或顺序)规定起止时间,并按活动顺序绘制成网络状图形。1956年,他们又设计了电子计算机程序,将活动的顺序和作业延续时间输入计算机,从而编制出新的进度控制计划。1957年9月,把此法应用于新工厂的建设,使该工程提前两个月完成,这就是关键线路法(CPM)。杜邦公司采用此法安排施工和维修等计划,仅一年时间就节约资金100万美元。

计划评审法(PERT)的出现较CPM稍迟。1958由美国海军特种计划局,在研制北极星导弹时创造出来的。当时有3000多个单位参加,协调工作十分复杂。采用这种办法后,效果显著,比原来进度提前了两年,并且节约了大量资金。为此,1962年美国国防部规定:以后承包有关工程的单位都应采用网络计划技术来安排计划。

网络计划技术的成功应用,引起了世界各国的高度重视,被称为计划管理中最有效的、先进的、科学的管理方法。1956年,我国著名数学家华罗庚教授,将此技术介绍到中国,并把它称为"统筹法",60年代加以推广。

从20世纪80年代起,建筑业在推广网络计划技术实践中,针对建筑流水施工的特点,提出了"流水网络技术方法",并在实际工程中应用。网络计划技术是以系统工程的概念,运用网络的形式,来设计和表达一项计划中的各个工作的先后顺序和相互关系,通过计算关键线路和关键工作,并根据实际情况的变化不断优化网络计划,选择最优方案并付诸实施。

2. 网络计划技术的性质和特点

网络计划技术只不过是反映和表达计划安排的一种方法,它既不能决定施工的组织安排,亦不能解决施工技术问题;相反,它是被施工方法所决定的,它只能适应施工方法的要求。它同流水作业法不同,流水作业可以决定施工顺序和过程,而网络计划技术则是把工程进度安排通过网络的形式直观地反映出来。

网络计划技术与横道图在性质上是一致的。横道图也称甘特图,它在第一次世界大战期间由美国人亨利·甘特所创造的,是一种用于表达工程生产进度的方法。这种图是用横道在标有时间的表格上表示各项作业的起止时间和延续时间,从而表达出一项工作的全面计划安排。利用这种方法安排进度，具有简单、清晰、形象、易懂、使用方便等特点。这也正是为什么至今还在世界各国广泛流行的原因。但它也有一定的缺点，最重要的是它不能反映出整个工程中各工序之间相互依赖、相互制约的关系，更不能反映出某一工序的改变对工程进展的影响，使人们抓不住重点，看不到计划中的潜力，不知道怎样合理缩短工期，降低成本。

网络计划技术则克服了横道图的不足，与横道图相比具有以下优点：

（1）网络图把施工过程中的各有关工作组成了一个有机整体，能全面而明确地表达出各项工作开展的先后顺序和它们之间相互制约、相互依赖的关系。

（2）能进行各种时间参数的计算，通过对时间参数的计算，可以对网络计划进行调整和优化，更好地调配人力、物力和财力，达到降低材料消耗和工程成本的目的。

（3）可以反映出整个工程和任务的全貌，明确对全局有影响的关键工作和关键线路，便于管理者抓住主要矛盾，确保工程按计划工期完成。

（4）能够从许多可行方案中选出最优方案。

（5）在计划实施中，某一工作由于某种原因推迟或提前时，可以预见到它对整个计划的影响程度。并能根据变化的情况，迅速进行调整，保证计划始终受到控制和监督。

（6）能利用计算机进行绘制和调整网络图，并能从网络计划中获得更多的信息，这是横道图法所不能达到的。

网络计划技术可以为施工管理者提供许多信息，有利于加强施工管理，它是一种编制计划技术的方法，又是一种科学的管理方法。它有助于管理人员全面了解、重点掌握、灵活安排、合理组织、多快好省地完成计划任务，不断提高管理水平。

二、网络的基本表达方式

网络计划的表达形式是网络图。所谓网络图是指由箭线和节点组成，用来表示工作流程的有向有序的网状图形。

在网络图中，按节点和箭线所代表的含义不同，可分为双代号网络图和单代号网络图两大类。

1. 双代号网络图

以箭线及其两端节点的编号表示工作的网络图称为双代号网络图。即用两个节点一根箭线代表一项工作，工作名称写在箭线上面，工作持续时间写在箭线下面，在箭线前后的衔接处画上节点编上号码，并用节点编号 i 和 j 代表一项工作名称，如图6-1所示。

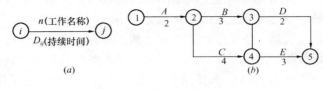

图6-1 双代号网络图
（a）工作的表示方法；（b）工程的表示方法

2. 单代号网络图

以节点及其编号表示工作，以箭线表示工作之间的逻辑关系的网络图称为单代号网络图。即每一个节点表示一项工作，节点所表示的工作名称、持续时间和工作代号等应标注在节点内，如图6-2所示，节点可用圆形或方形表示。

三、网络计划的组成

（一）双代号网络

双代号网络图又称箭线式网络图，是由工作、节点、线路三个基本要素组成。它是目前国际工程项目进度计划中最常用的网络控制图形。

1. 工作

工作也称过程、活动、工序，指工程计划任务按需要粗细程度划分而成的子项目或子工序。

工作通常分为三种：既消耗时间又消耗资源的工作（如绑扎钢筋、浇筑钢筋混凝土）；只消耗时间而不消耗资源的工作（如钢筋混凝土养护、油漆干燥）；既不消耗时间也不消耗资源的工作，在工程实际中，前两项工作是实际存在的，通常成为实工作，后一种认为是虚设的，只表示相邻前后工作之间的逻辑关系，通常称为虚工作，如图6-3所示。

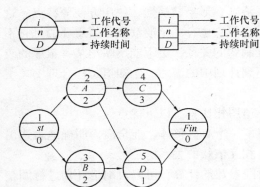

图6-2　单代号网络表示方法

2. 节点

节点也称结点、事件或事项。在双代号网络图中，用带编号的圆圈表示节点。只有箭尾与之相连的节点称为开始节点（如图6-4中的1节点）；只有箭头与之相连的节点称为结束节点（如图6-4中的10节点）；既有箭尾又有箭头相连的节点称为中间节点（如图6-4中除1和10节点以外所有的节点）。

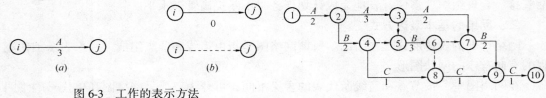

图6-3　工作的表示方法
（a）实工作；（b）虚工作

图6-4　双代号网络计划表示法

3. 线路

线路又称路线。网络图中以起点节点开始，沿箭线方向连续通过一系列箭线与节点，最后到达终点节点的通路称为线路。

线路上各工作持续时间之和，称为该线路的长度，也是完成这条线路上所有工作的计划工期。网络图中所需时间最长的线路称为关键线路（如图6-4中的①→②→③→⑤→⑥→⑦→⑨→⑩），位于关键线路上的工作称为关键工作。关键工作没有机动时间，其完成的快慢直接影响整个工程项目的计划工期。关键线路常用粗箭线、双线或彩色线表示，以突出其重要性。

（二）单代号网络计划

单代号网络图又称节点式网络图，它是一种用节点表示工作，用箭线表示工作间逻辑关系的网络图。在单代号网络中，一个节点只表示一项工作，并只有一个编号，所以称为单代号网络计划。

四、网络计划的基本名词

（一）紧前工作、紧后工作、平行工作

1. 紧前工作（Front closely activity）
紧排在本工作之前的工作。
2. 紧后工作（Back closely activity）
紧排在本工作之后的工作。
3. 平行工作
可与本工作同时进行的工作称为本工作的平行工作。

在图 6-5 中，A 是 B 的紧前工作，B、C 是 A 的紧后工作，B、C 可称为平行工作。

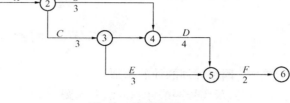

图 6-5　逻辑关系

（二）内向箭线和外向箭线

1. 内向箭线
指向某个节点的箭线称为该节点的内向箭线，如图 6-6（a）所示。

2. 外向箭线
从某节点引出的箭线称为该节点的外向箭线，如图 6-6（b）所示。

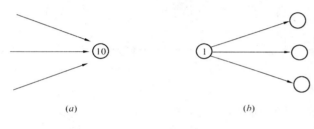

图 6-6　内向箭线和外向箭线
（a）内向箭线；（b）外向箭线

（三）逻辑关系

工作间相互制约或相互依赖的关系称为逻辑关系。工作之间的逻辑关系包括工艺关系和组织关系。

1. 工艺关系

工艺关系是指生产上客观存在的先后顺序关系，或者是非生产性工作之间由工作程序决定的先后顺序关系。例如：建筑工程时，先做基础，后做主体；先做结构，后做装修。工艺关系是不能随意改变的。

2. 组织关系

组织关系是指在不违反工艺关系的前提下，人为安排工作的先后顺序关系。例如：建筑群中各个建筑物的开工顺序的先后；施工对象的分段流水作业等。组织顺序可以根据具体情况，按安全、经济、高效的原则统筹安排。

3. 空间关系

主要是指空间位置的工作安排，比如先做楼层 1，再做楼层 2，之后再做楼层 3，……

（四）虚工作及其应用

在网络计划中，只表示前后相邻工作之间的逻辑关系，既不占用时间，也不耗用资源的虚拟的工作称为虚工作。虚工作用虚箭线表示，其表达形式可垂直方向向上或向下，也可水平方向向右，虚工作起着联系、区分、断路三个作用。

1. 联系作用

虚工作不仅能表达工作间的逻辑关系，而且能表达不同幢号的房屋之间的相互联系。

2. 区分作用

双代号网络计划是用两个代号表示一项工作，如果两项工作用同一代号，则不能明确表示出该代号表示哪一项工作。因此，不同的工作必须用不同代号。

3. 断路作用

为了正确表达工作间的逻辑关系，在出现逻辑错误的圆圈（节点）之间增设新节点（即虚工作），切断毫无关系的工作关系联系，这种方法称为断路法。

由此可见，双代号网络图中虚工作是非常重要的，但在应用时要恰如其分，不能滥用，以必不可少为限。另外，增加虚工作后要进行全面检查，不要顾此失彼。

第二节 网络计划的绘制

一、网络计划的绘制原则

（一）双代号网络计划的绘制原则

1. 双代号网络图中二个代号只能表示一个工作（工序），如图 6-7 所示。

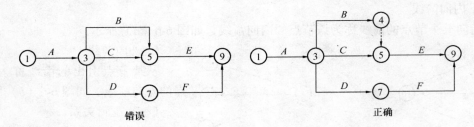

图 6-7 二个代号只能表示一个工作

2. 网络图中，严禁出现循环回路，如图 6-8 所示。

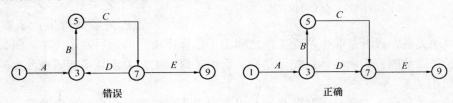

图 6-8 网络图中不允许出现循环回路

3. 工作中间可以插入但宜增加节点，如图 6-9 所示。

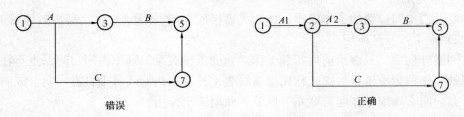

图 6-9 工作中间插入其他工作的表示方法

4. 绘制网络图时，箭线不宜交叉；当交叉不可避免时，可用过桥法或指向法，如图 6-10 所示。

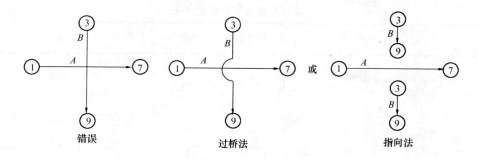

图 6-10 箭线交叉的表示方法

5. 双代号网络图中只能有一个起点节点和一个终点节点（多目标网络除外），而其他所有节点均应是中间节点，如图 6-11 所示。

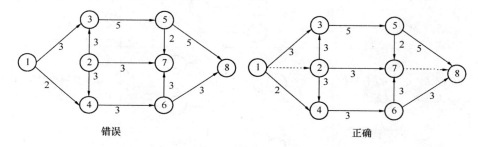

图 6-11 可能出现多个起点节点和多个终点节点的处理

6. 没有逻辑关系的工作不能相通。当 F 的紧前工作只有 A 时，如图 6-12 所示。

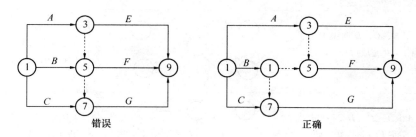

图 6-12 没有逻辑关系工作间的表达

7. 尽可能减少虚工作的出现。

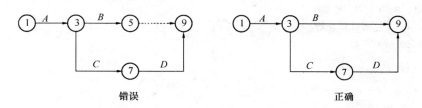

图 6-13 减少虚工作的表达

（二）双代号网络图常用的逻辑关系模型，见表 6-1。

双代号网络图的绘制方法　　　　　　　　表 6-1

序号	工作之间的逻辑关系	网络图中表示方法	说明
1	有 A、B 两项工作按照依次施工方式进行	○—A→○—B→○	B 工作依赖着 A 工作，A 工作约束着 B 工作的开始
2	有 A、B、C 三项工作同时开始工作	(A、B、C 从同一起点分出)	A、B、C 三项工作称为平行工作
3	有 A、B、C 三项工作同时结束	(A、B、C 汇合到同一终点)	A、B、C 三项工作称为平行工作
4	有 A、B、C 三项工作只在 A 完成后，B、C 才能开始	(A 完成后分出 B、C)	A 工作制约着 B、C 工作的开始，BC 为平行工作
5	有 A、B、C 三项工作，C 工作只有在 A、B 完成后才能开始	(A、B 汇合后进行 C)	C 工作依赖着 A、B 工作，A、B 为平行工作
6	有 A、B、C、D 四项工作只有当 A、B 完成后 C、D 才能开始	(A、B 汇合到中间事件 j 后分出 C、D)	通过中间事件 j 正确地表达了 A、B、C、D 之间的关系
7	有 A、B、C、D 四项工作，A 完成后 C 才能开始，A、B 完成后 D 才能开始	(A 后接 C，A 与 B 汇合后接 D，含虚工作)	D 与 A 之间引入了逻辑连接（虚工作）只有这样才能正确表达它们之间的约束关系
8	有 A、B、C、D、E 五项工作，A、B 完成后 C 开始，B、D 完成后 E 开始	(含虚工作 ij、ik)	虚工作 ij 反映出 C 工作受到 B 工作的约束，虚工作 ik 反映出 E 工作受到 B 工作的约束
9	有 A、B、C、D、E 五项工作，A、B、C 完成后 D 才能开始，B、C 完成后 E 才能开始	(含虚工作)	这是前面序号 1、5 情况通过虚工作联结起来，虚工作表示 D 工作受到 B、C 工作制约

续表

序号	工作之间的逻辑关系	网络图中表示方法	说　明
10	A、B 两项工作分三个施工段，平行施工		每个工种工程建立专业工作队，在每个施工段上进行流水作业，不同工种之间用逻辑搭接关系表示

1. 划分施工过程，列出工作之间的逻辑联系，见表6-2。

工作逻辑联系表　　　　　　　　　　　　　　　　　表 6-2

序　号	工　作	紧前工作	紧后工作	工作持续时间

2. 根据工作逻辑联系表和绘制原则绘制网络草图

绘制网络草图的任务，就是根据确定的工作明细表中的逻辑关系，将各项工作依次正确地连接起来。绘制网络草图的方法是顺推法，即以原始节点开始，首先确定由原始节点引出的工作，然后根据工作间的逻辑关系，确定每项工作的紧后工作。这样把各项工作依次按网络逻辑连接起来。在这一连接过程中，为避免工作逻辑错误，应遵循以下要求：

(1) 当某项工作只存在一项紧前工作时，该工作可以直接从紧前工作的结束节点连出；

(2) 当某项工作存在多于一项以上紧前工作时，可从其紧前工作的结束节点分别画虚工作并汇交到一个新节点，然后，从这一新节点把该项工作连出；

(3) 在连接某工作时，若该工作的紧前工作没有全部绘出，则该项工作不应绘出。

【案例 6-1】　某工程工作逻辑联系表（表 6-3），绘制双代号网络图。

案例 6-1 逻辑联系表　　　　　　　　　　　　　　　　表 6-3

工作名称	A	B	C	D	E	F
紧前工作	—	A	A	B	B、C	D、E

【解】　以表 6-1 中给出的工作逻辑联系为例，说明绘制网络图的方法：

(1) 由起点节点画出 A 工作。如图 6-14 (a) 所示。

(2) 表 6-1 可知，B、C 工作都只有一项紧前工作 A，所以可以从 A 工作的结束节点直接引出 B、C 两项工作，见图 6-14 (b) 所示。

(3) 由表 6-1 可知，D 工作只有一项紧前工作 B，故可以直接从 B 工作结束节点引出 D 工作；E 工作有两项紧前工作 B、C，分别从 B、C 两项工作的结束节点，引出两项虚工作，并交汇一个新节点，然后从这一新节点引出 E 工作，见图 6-14 (c) 所示。

(4) 按与 (3) 中类似的方法把 F 工作标画出，如图 6-14 (d) 所示。参照工作明细表，图 6-14 (d) 所示网络图就是所标画的网络草图。

3. 去掉多余虚工作，并对网络进行整理。

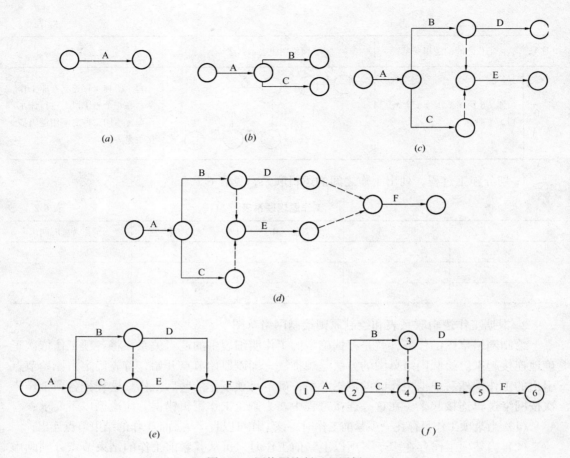

图 6-14 网络图绘制过程图例

从图 6-14（d）去掉多余的虚工作并略加整理后，变为图 6-14（e）所示。

4. 节点编号

（1）参照工作逻辑联系表中的逻辑关系，按照网络图绘制的基本原则，检查网络图有无错误，若无错误，对节点进行编号。

（2）节点编号的原则：从左到右，从上到下，遵循箭尾节点小于箭头节点编号的原则，见图 6-14（f）。

5. 网络图的排列方式。

在绘制网络图的实际应用中，我们都要求网络图按一定的次序组织排列，使其条理清晰、形象直观。主要有以下几种：

（1）按施工过程排列

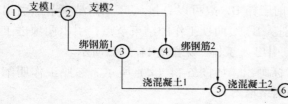

图 6-15 按施工过程工序排列

按施工过程排列是根据施工顺序把各施工过程按垂直方向排列，把施工段按水平方向排列。

例如，某混凝土工程分为支模、绑钢筋、浇混凝土三个施工过程工序，若按二个施工段组织流水施工，突出不同工种的工作情况，其网络图的排列形式如图 6-15 所示。

（2）按施工段排列

按施工段排列正好与按施工过程排列相反，它是把同一施工段上的各施工过程按水平方向排列，而施工工序则按垂直方向排列，反映出分段施工的特征，突出工作面的利用情况，如图 6-16 所示。

图 6-16　按施工段排列

（3）按楼层排列，如图 6-17 所示，是一个三层内装饰工程的施工组织网络图，整个施工分三个施工过程，而这三个施工过程按自上而下的顺序组织施工。

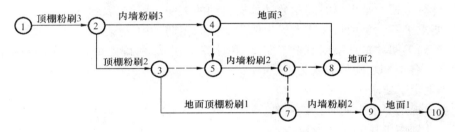

图 6-17　按楼层排列

二、单代号网络图的绘制

（一）单代号网络图的绘制规则

（1）单代号网络图必须正确表述已定的逻辑关系。

（2）单代号网络图中，严禁出现循环回路。

（3）单代号网络图中，严禁出现双向箭头或无箭头的连线。

（4）单代号网络图中，严禁出现没有箭尾节点的箭线和没有箭头节点的箭线。

（5）绘制单代号网络图时，箭线不宜交叉。当交叉不可避免时，可采用过桥法和指向法绘制。

（6）单代号网络图中只应有一个起点节点和一个终点节点；当网络图中有多项起点节点或多项终点节点时，应在网络图的两端分别设置一项虚工作，作为该网络图的起点节点（St）和终点节点（Fin）

（二）单代号网络图的绘制方法

单代号网络图的绘制与双代号网络图的绘制基本相同，其绘制步骤如下：

（1）列出工作明细表。根据工程计划把工程细分为工作，并把各工作在工艺上，组织上的逻辑关系用紧前工作、紧后工作代替。

（2）根据工作间各种关系绘制网络图。绘图时，要从左向右，逐个处理工作明细表中所给的关系。只有当紧前工作绘制完成后，才能绘制本工作，并使本工作与紧前工作的箭线相连。当出现多个"起点节点"或"终点节点"时，增加虚拟起点节点或终点节点，并使之与多个"起点节点"或终点节点"相连",形成符合绘图规则的完整网络图。

第三节 网络计划时间参数的计算

网络计划的时间参数是确定工程项目计划工期和关键工作的基础,也是确定非关键工作机动时间和进行网络计划优化,科学合理对工程进行计划管理的依据。

网络图时间参数计算的内容主要包括:各项工作的最早开始时间,最迟开始时间,最早完成时间,最迟完成时间,节点的最早时刻,节点的最迟时间及工作的时差。

一、网络计划时间参数的概念及符号

(一)持续时间

工作持续时间是指一项工作从开始到完成的时间,用 D 表示。

(二)工期

工期是指完成一项任务所需要的时间,一般有以下三种工期:

(1)计算工期:是根据时间参数计算所得到的工期,用 T_c 表示。

(2)要求工期:是项目委托人提出的指令性期工期,用 T_r 表示。

(3)计划工期"是指根据要求工期 T_r 和计算工期 T_c 所确定的作为实施目标的工期,用 T_p 表示。各工期之间的关系为:

1)当规定了要求工期时:$T_p \leqslant T_r$

2)当未规定要求工期时:$T_p \leqslant T_c$

(三)计划中工作的时间参数

网络计划中的时间参数有六个:最早开始时间、最早完成时间、最迟完成时间、最迟开始时间、总时差、自由时差。

1. 最早开始时间和最早完成时间

(1)最早开始时间是指各紧前工作全部完成后,本工作有可能开始的最早时刻,用 ES 表示。

(2)最早完成时间是指各紧前工作全部完成后。本工作有可能完成的最早时刻,用 EF 表示。

2. 最迟完成时间和最迟开始时间

(1)最迟完成时间是指在不影响整个任务按期完成的前提下,工作必须完成的最迟时刻,用 LF 表示。

(2)最迟开始时间是指在不影响整个任务按期完成的前提下,工作必须开始的最迟时刻,用 LS 表示。

3. 总时差和自由时差

(1)总时差是指在不影响总工期的前提下,本工作可利用的机动时间,用 TF 表示。

(2)自由时差是指在不影响其紧后工作最早开始时间的前提下,本工作可以利用的机动时间,用 FF 表示。

4. 节点最早时间和节点最迟时间

(1)双代号网络中,以该节点为开始节点的各项工作的最早开始时间,用 ET_i 表示。

(2) 双代号网络中，以该节点为完成节点的各项工作的最迟完成时间。用 LT_i 表示。

（四）常用符号

(1) 双代号网络计划

$D_{i\text{-}j}$——工作 $i\text{-}j$ 的持续时间；

$ES_{i\text{-}j}$——工作 $i\text{-}j$ 的最早开始时间；

$EF_{i\text{-}j}$——工作 $i\text{-}j$ 的最早完成时间；

$LF_{i\text{-}j}$——在总工期已经确定的情况下，工作 $i\text{-}j$ 的最迟完成时间；

$LS_{i\text{-}j}$——在总工期已经确定的情况下，工作 $i\text{-}j$ 的最迟开始时间；

ET_i——节点 i 的最早时间；

LT_i——节点 i 的最迟时间；

$TF_{i\text{-}j}$——工作 $i\text{-}j$ 的总时差；

$FF_{i\text{-}j}$——工作 $i\text{-}j$ 的自由时差。

(2) 单代号网络计划

D_i——工作 i 的持续时间；

ES_i——工作 i 的最早开始时间；

EF_i——工作 i 的最早完成时间；

LF_i——在总工期确定的情况下，工作 i 的最迟完成时间；

LS_i——在总工期确定的情况下，工作 i 的最迟开始时间；

TF_i——工作 i 的总时差；

FF_i——工作 i 的自由时差；

LAG_{ij}——i 工作与 j 工作的间隔时间。

（五）计算图例

1. 双代号网络计划计算图例，见图 6-18。
2. 单代号网络计划计算图例，见图 6-19。

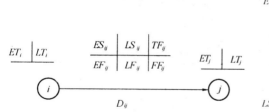
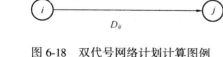
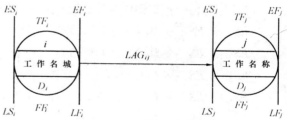

图 6-18　双代号网络计划计算图例　　　图 6-19　单代号网络计划计算图例

二、双代号网络计划时间参数的计算

（一）工作时间计算法

工作计算法多采用在网络图上标注时间参数的方法，现以下例所示网络图进行时间参数的计算。

【案例 6-2】　某工程逻辑联系表（表 6-4），绘制网络计划并进行计算。

案例 6-2 逻辑联系表   表 6-4

工作名称	A	B	C	D	E	G	H	I	J
持续时间（d）	3	3	8	3	5	4	4	2	2
紧前工作	—	A	B	A	B、D	C、E	D	E、H	G、I

【解】

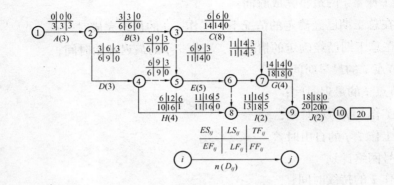

图 6-20 双代号网络图时间参数计算图

1. 工作最早开始时间 $ES_{i\text{-}j}$ 的计算

从起点节点引出的各项外向工作，是整个工作的起始工作，如无规定，它们的最早开始时间都定为零。

令 $ES_{1\text{-}2} = 0$

在图 6-20 中 $ES_{1\text{-}2} = 0$

当工作 $i\text{-}j$ 只有一项紧前工作 $h\text{-}i$ 时，其最早开始时间 $ES_{i\text{-}j}$ 的计算公式为：

$$ES_{i\text{-}j} = ES_{h-i} + D_{h\text{-}i} \tag{6-1}$$

当工作 $i\text{-}j$ 有多个紧前工作时，其最早开始时间 $ES_{i\text{-}j}$ 为：

$$ES_{i\text{-}j} = \max\{ES_{h-i} + D_{h-i}\} \tag{6-2}$$

按以上公式计算图中各项工作的最早开始时间，其计算结果如下：

$ES_{2\text{-}3} = ES_{1\text{-}2} + D_{1\text{-}2} = 0 + 3 = 3$

$ES_{2\text{-}4} = ES_{1\text{-}2} + D_{1\text{-}2} = 0 + 3 = 3$

$ES_{3\text{-}5} = ES_{2\text{-}3} + D_{2\text{-}3} = 3 + 3 = 6$

$ES_{3\text{-}7} = ES_{2\text{-}3} + D_{2\text{-}3} = 3 + 3 = 6$

$ES_{4\text{-}5} = ES_{2\text{-}4} + D_{2\text{-}4} = 3 + 3 = 6$

$ES_{4\text{-}8} = ES_{2\text{-}4} + D_{2\text{-}4} = 3 + 3 = 6$

$ES_{5\text{-}6} = \max\{ES_{4\text{-}5} + D_{4\text{-}5},\ ES_{3\text{-}5} + D_{3\text{-}5}\} = \max\{6+0,\ 6+0\} = 6$

$ES_{6\text{-}7} = ES_{5\text{-}6} + D_{5\text{-}6} = 6 + 5 = 11$

$ES_{6\text{-}8} = ES_{5\text{-}6} + D_{5\text{-}6} = 6 + 5 = 11$

$ES_{7\text{-}9} = \max\{ES_{3\text{-}7} + D_{3\text{-}7},\ ES_{6\text{-}7} + D_{6\text{-}7}\} = \max\{6+8,\ 11+0\} = 14$

$ES_{8\text{-}9} = \max\{ES_{4\text{-}8} + D_{4\text{-}8},\ ES_{6\text{-}8} + D_{6\text{-}8}\} = \max\{6+4,\ 11+0\} = 11$

$$ES_{9\text{-}10} = \max\{ES_{8\text{-}9} + D_{8\text{-}9},\ ES_{7\text{-}9} + D_{7\text{-}9}\} = \max\{11 + 2,\ 14 + 4\} = 18$$

2．工作最早完成时间的计算，一项工作最早完成时间计算公式为：

$$EF_{i\text{-}j} = ES_{i\text{-}j} + D_{i\text{-}j} \tag{6-3}$$

按此计算：

$EF_{1\text{-}2} = 0 + 3 = 3$

$EF_{2\text{-}3} = 3 + 3 = 6$

$EF_{2\text{-}4} = 3 + 3 = 6$

$EF_{3\text{-}5} = 6 + 0 = 6$

$EF_{3\text{-}7} = 6 + 8 = 14$

$EF_{4\text{-}5} = 6 + 0 = 6$

$EF_{4\text{-}8} = 6 + 4 = 10$

$EF_{5\text{-}6} = 6 + 5 = 11$

$EF_{6\text{-}7} = 11 + 0 = 11$

$EF_{6\text{-}8} = 11 + 0 = 11$

$EF_{7\text{-}9} = \max\{14,\ 44\} + 4 = 18$

$EF_{8\text{-}9} = \max\{11,\ 10\} + 2 = 13$

$EF_{9\text{-}10} = \max\{18,\ 13\} + 2 = 20$

3．网络图计划的计算工期和计划工期的计算

网络计划的计算工期等于网络计划中以终点节点为结束点的各工作最早完成时间的最大值，用 T_c 表示，即

$$T_c = \max\{EF_{i-n}\} \tag{6-4}$$

例题中的计算工期

$$T_c = \max\{20\} = 20$$

此数用方框标注于图 6-20 的终点节点⑩右侧，当网络计划未规定要求工期时，网络计划的计划工期应等于计算工期（T_c）：

$$T_p = T_c = 20$$

当有要求工期时，则 $T_c \leqslant T_p$

4．工作最迟完成时间和最迟开始时间的计算

各工作的最迟开始时间等于其最迟完成时间减去工作持续时间，即：

$$LS_{i\text{-}j} = LF_{i\text{-}j} - D_{i\text{-}j} \tag{6-5}$$

计算工作最迟完成时间参数时，一般按以下规定取值：

以终点节点为结束点的工作的最迟完成时间 LF_{i-n}，按网络计划的计划工期 T_p 确定，即：

$$LF_{i-n} = T_p \tag{6-6}$$

其他工作 $i\text{-}j$ 的最迟完成时间等于其最后工作最迟完成时间与该最后工作的工作历时之差的最小值，即：

$$LF_{i\text{-}j} = \min\{LF_{j\text{-}k} - D_{j\text{-}k}\} \tag{6-7}$$

式中　LF_{j-k}——工作 i-k 的各项最后工作的最迟完成时间；

　　　D_{j-k}——工作 j-k 的各项最后工作的工作历时。

如图 6-20 所示的网络计划中，各工作的最迟完成时间和最迟开始时间计算如下：

$LF_{9-10} = T_c = 22$

$LF_{8-9} = LF_{9-10} - D_{9-10} = 20 - 2 = 18$

$LF_{7-9} = LF_{9-10} - D_{9-10} = 20 - 2 = 18$

$LF_{6-8} = LF_{8-9} - D_{8-9} = 18 - 2 = 16$

$LF_{6-7} = LF_{7-9} - D_{7-9} = 18 - 4 = 14$

$LF_{3-7} = LF_{7-9} - D_{7-9} = 18 - 4 = 14$

$LF_{5-6} = \min\{LF_{6-7} - D_{6-7},\ LF_{6-8} - D_{6-8}\} = \min\{14 - 0,\ 16 - 0\} = 14$

$LF_{4-8} = LF_{8-9} - D_{8-9} = 18 - 2 = 16$

$LF_{4-5} = LF_{5-6} - D_{5-6} = 14 - 5 = 9$

$LF_{3-5} = LF_{5-6} - D_{5-6} = 14 - 5 = 9$

$LF_{2-4} = \min\{LF_{4-5} - D_{4-5},\ LF_{4-8} - D_{4-8}\} = \min\{14 - 5,\ 16 - 4\} = 9$

$LF_{2-3} = \min\{LF_{3-8} - D_{3-8},\ LF_{3-5} - D_{3-5}\} = \min\{14 - 8,\ 9 - 0\} = 6$

$LF_{1-2} = \min\{LF_{2-3} - D_{2-3},\ LF_{2-4} - D_{2-4}\} = \min\{6 - 3,\ 9 - 3\} = 3$

工作最迟开始时间：

$LS_{9-10} = LF_{9-10} - D_{9-10} = 20 - 2 = 18$

$LS_{8-9} = LF_{8-9} - D_{8-9} = 18 - 2 = 16$

$LS_{7-9} = LF_{7-9} - D_{7-9} = 18 - 4 = 14$

$LS_{6-8} = LF_{6-8} - D_{6-8} = 16 - 0 = 16$

$LS_{6-7} = LF_{6-7} - D_{6-7} = 14 - 0 = 14$

$LS_{3-7} = LF_{3-7} - D_{3-7} = 14 - 8 = 6$

$LS_{5-6} = LF_{5-6} - D_{5-6} = 14 - 5 = 9$

$LS_{4-8} = LF_{4-8} - D_{4-8} = 16 - 4 = 12$

$LS_{4-5} = LF_{4-5} - D_{4-5} = 9 - 0 = 9$

$LS_{3-5} = LF_{3-5} - D_{3-5} = 9 - 0 = 9$

$LS_{2-4} = LF_{2-4} - D_{2-4} = 9 - 3 = 6$

$LS_{2-3} = LF_{2-3} - D_{2-3} = 6 - 3 = 3$

$LS_{1-2} = LF_{1-2} - D_{1-2} = 3 - 3 = 0$

5. 总时差的计算

工作总时差是指在不影响工期的前提下，该工作可以利用的机动时间，以 TF_{i-j} 表示。总时差等于最迟开始时间减去最早开始时间，或最迟完成时间减去最早完成时间。

即：$TF_{i-j} = LS_{i-j} - ES_{i-j}$ 　　　　　　　　　　　　　　　　(6-8a)

　或 $TF_{i-j} = LF_{i-j} - EF_{i-j}$ 　　　　　　　　　　　　　　　　(6-8b)

在图 6-20 所示的网络图中，各工作的总时差计算如下：

$TF_{9-10} = LS_{9-10} - ES_{9-10} = 18 - 18 = 0$

$TF_{8-9} = LS_{8-9} - ES_{8-9} = 16 - 11 = 5$

$TF_{7-9} = LS_{7-9} - ES_{7-9} = 14 - 14 = 0$

$TF_{6-7} = LS_{6-7} - ES_{6-7} = 14 - 11 = 3$

$TF_{6-8} = LS_{6-8} - ES_{6-8} = 14 - 11 = 3$

$TF_{3-7} = LS_{3-7} - ES_{3-7} = 6 - 6 = 0$

$TF_{5-6} = LS_{5-6} - ES_{5-6} = 9 - 6 = 3$

$TF_{4-8} = LS_{4-8} - ES_{4-8} = 12 - 6 = 6$

$TF_{3-5} = LS_{3-5} - ES_{3-5} = 9 - 6 = 3$

$TF_{4-5} = LS_{4-5} - ES_{4-5} = 9 - 6 = 3$

$TF_{2-3} = LS_{2-3} - ES_{2-3} = 3 - 3 = 0$

$TF_{2-4} = LS_{2-4} - ES_{2-4} = 6 - 3 = 3$

$TF_{1-2} = LS_{1-2} - ES_{1-2} = 3 - 3 = 0$

6. 自由时差的计算

一项工作的自由时差(FF)是指在不影响紧后工作最早开始时间的前提下，该工作所具有的机动时间，自由时差也叫局部时差或自由机动时间，其计算公式如下：

$$FF_{i-j} = ES_{j-k} - ES_{i-j} - D_{i-j} = ES_{j-k} - EF_{i-j} \tag{6-9}$$

式中　ES_{j-k}——工作 i-j 的紧后工作 j-k 的紧早开始时间，对紧后一项工作 $ES_{j-k} = T_p$。

在图 6-20 所示的网络图中，各工作的自由时差计算如下：

$FF_{9-10} = T_p - EF_{9-10} = 20 - 20 = 0$

$FF_{8-9} = ES_{9-10} - EF_{8-9} = 18 - 13 = 5$

$FF_{7-9} = ES_{9-10} - EF_{7-9} = 18 - 18 = 0$

$FF_{6-7} = ES_{7-9} - EF_{6-7} = 14 - 11 = 3$

$FF_{6-8} = ES_{8-9} - EF_{6-8} = 11 - 11 = 0$

$FF_{3-7} = ES_{7-9} - EF_{3-7} = 14 - 14 = 0$

$FF_{4-8} = ES_{8-9} - EF_{4-8} = 11 - 10 = 1$

$FF_{3-5} = ES_{5-6} - EF_{3-5} = 6 - 6 = 0$

$FF_{4-5} = ES_{5-6} - EF_{4-5} = 6 - 6 = 0$

$FF_{2-3} = ES_{3-7} - EF_{2-3} = 6 - 6 = 0$

$FF_{2-4} = ES_{4-8} - EF_{2-4} = 6 - 6 = 0$

$FF_{1-2} = ES_{2-3} - EF_{1-2} = 3 - 3 = 0$

通过计算不难看出自由时差有如下特征：

(1)自由时差为某非关键工作独立使用的机动时间，利用自由时差，不会影响其紧后工作的最早开始时间；

(2)非关键工作的自由时差必小于或等于其总时差。

(二)节点时间法

双代号网络图的节点计算法是以节点为研究对象。节点时间参数只有最早开始时间和最迟结束时间两个参数,在工程实际进度控制中,节点作为工作之间的连接非常重要,所以有需要计算节点时间参数,分别用 EF 和 LT 表示。

【案例 6-3】 下面以图 6-21 所示网络图为例计算节点的时间参数。

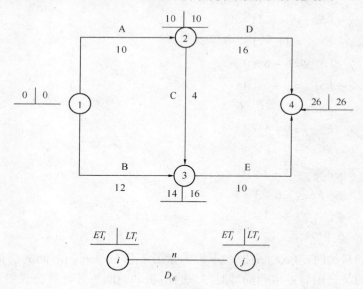

图 6-21 节点时间计算

【解】

1. 节点最早时间计算

节点最早时间是指双代号网络中,以该节点为开始节点的各项工作的最早开始时间。

节点 i 的最早时间 ET_i 应从网络计划的起点节点开始,顺着箭线方向,依次逐项计算,并符合以下规定:

(1) 起点节点 i 的最早时间 ET_i 如果未规定最早时间,其最早时间应等于零。即:

$$ET_i = 0 \quad (i = 1) \tag{6-10}$$

(2) 其他节点 j 的最早时间为:

$$ET_j = \max \{ET_i + D_{i\text{-}j}\} \tag{6-11}$$

本列中:节点① $\quad ET_1 = 0$;

节点② $\quad ET_2 = ET_1 + D_{1-2} = 0 + 10 = 10$;

节点③ $\quad ET_3 = \max \{ET_1 + D_{1\text{-}2}, ET_2 + D_{2\text{-}3}\}$
$\quad\quad\quad\quad = \max \{0 + 12, 10 + 4\} = 14$,

节点④ $\quad ET_4 = \max \{ET_2 + D_{2\text{-}4}, ET_3 + D_{3\text{-}4}\}$
$\quad\quad\quad\quad = \max \{10 + 16, 14 + 10\} = 26$。

2. 网络计划的计算工期和计划工期

(1) 网络计划的计算工期 T_c 按下式计算:

$$T_c = ET_n \tag{6-12}$$

式中 ET_n——终点节点的最早时间。

本例中 $T_c = ET_4 = 26$

(2) 网络计划的计划工期 T_p 的确定与工作计算法一样,因此计划工期

$$T_p = T_C = 26$$

3. 节点最迟时间计算

节点最迟时间指双代号网络中，认为该节点为结束节点的各项工作的最迟完成时间。

节点最迟时间应从网络计划的终点节点开始，逆箭线方向依次逐项计算，并符合以下规定：

（1）终点节点 n 最迟时间应按网络计划工期 T_p 确定，即：

$$LT_n = T_p \tag{6-13}$$

（2）其他节点的时间为：

$$LT_i = \min\{LT_j - D_{i\text{-}j}\} \tag{6-14}$$

式中　LT_j 工作 $i\text{-}j$ 的结束节点的最迟时间。

例如：在图 6-21 中，$LT_4 = T_P = 26$；

$$LT_3 = LT_4 - LT_{3-4} = 26 - 10 = 16$$

$$LT_2 = \min\{LT_4 - D_{2\text{-}4}, LT_3 - D_{2\text{-}3}\}$$
$$= \min\{26 - 16, 16 - 4\} = 10$$

$$LT_1 = \min\{LT_2 - D_{1\text{-}2}, LT_3 - D_{1\text{-}3}\}$$
$$= \min\{10 - 10, 16 - 12\} = 0$$

（三）节点时间参数与工作时间参数换算

节点时间参数与工作时间参数可以进行互相换算，换算公式为：

（1）$ES_{i\text{-}j} = ET_i$ \hfill (6-15)

（2）$EF_{i\text{-}j} = ES_{i\text{-}j} + D_{i\text{-}j}$ \hfill (6-16)

（3）$LF_{i\text{-}j} = LT_i$ \hfill (6-17)

（4）$LS_{i\text{-}j} = LF_{i\text{-}j} - D_{i\text{-}j}$ \hfill (6-18)

（四）双代号网络计划关键工作和关键线路确定

1. 关键工作的确定

关键线路上的工作称为关键工作，或者关键工作指网络计划中总时差最小的工作。

根据上述关键工作的定义，图 6-20 网络计划中的最小总时间差为零。故关键工作为：A、B、C、G、J。

由此可看出关键工作的时间参数具有下列特征：

（1）$ES_{i\text{-}j} = LS_{i\text{-}j}$； \hfill (6-19)

（2）$EF_{i\text{-}j} = LF_{i\text{-}j}$； \hfill (6-20)

（3）$TF_{i\text{-}j} = 0$； \hfill (6-21)

（4）$FF_{i\text{-}j} = 0$。 \hfill (6-22)

2. 关键线路的确定

把关键工作自左而右依次首尾相连而成的线路就是关键线路。因此图 6-20 中关键线路就是①→②→③→⑦→⑨→⑩。

三、单代号网络计划时间参数的计算

如前所述，单代号网络计划是以节点表示工作，而箭线仅表示工作时间的逻辑关系，对其时间参数的计算，只需采用分析计算法（或称工作计算法）。单代号网络计划中的时

间参数同双代号计划相类似。

（一）时间参数

(1) D_i——工作 i 的持续时间；

(2) ES_i——工作 i 的最早开始时间；

(3) EF_i——工作 i 的最早完成时间；

(4) LS_i——工作 i 的最迟开始时间；

(5) LF_i——工作 i 的最迟完成时间；

(6) TF_i——工作 i 的总时差；

(7) LAG_{ij}——工作 i 与工作 j 的时间间隔。

上述参数的网络图中的标注方法如图 6-19 所示。

（二）时间参数的计算

1. 最早时间的计算

工作最早时间包括最早开始时间和最早完成时间。

工作最早开始时间 ES_i 从网络图的起点节点开始，顺着箭线方向自左而右，依次逐个进行计算。

1) 网络计划的起点节点的最早开始时间如无规定时，其值为零，即：

$$ES_i = 0 \quad (i = 1) \tag{6-23}$$

2) 工作的最早完成时间等于最早开始时间加该工作的持续时间，即：

$$EF_i = ES_i + D_i \tag{6-24}$$

3) 工作最早开始时间等于该工作的紧前工作最早完成时间的最大值，即：

$$ES_i = \max \{EF_h\} \tag{6-25}$$

式中 EF_h——工作 i 的紧前工作最早完成时间。

【案例 6-4】 下面以图 6-22 所示单代号网络图为例说明上述公式的应用。

【解】 对节点① $ES_1 = 0$；
$EF_1 = ES_1 + D_1 = 0 + 5 = 5$

对节点② $ES_2 = EF_1 = 5$；

对节点③ $ES_3 = EF_1 = 5$；

对节点④ $ES_4 = \max\{EF_2, EF_3\} = \max\{9, 8\} = 9$；$EF_4 = ES_4 + D_4 = 9 + 6 = 15$；……

依次类推，算出其他工作的最早开始时间和最早完成时间，如图 6-22 所示。

2. 工作的时间间隔的计算

在单代号网络图中，相邻两工作之间存在时间间隔，常用 LAG_{i-j} 表示，它表示工作 i 的最早完成时间 EF_{i-j} 与其紧后工作 j 的最早开始时间 ES_j 之间的时间间隔，其计算公式为：

$$LAG_{i-j} = ES_j - EF_i \quad (j > i) \tag{6-26}$$

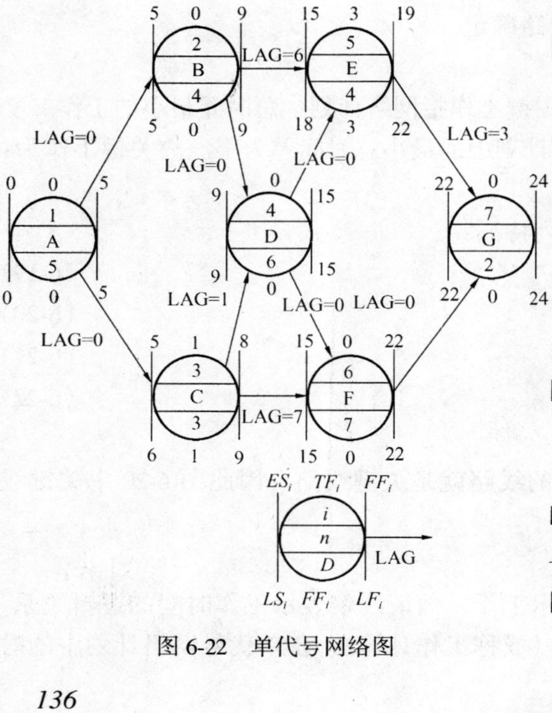

图 6-22 单代号网络图

本例中：$LAG_{1\text{-}2} = ES_2 - EF_1 = 5 - 5 = 0$；

$LAG_{2-5} = ES_5 - EF_2 = 15 - 9 = 6$。

依次类推，算出其他工作之间的时间间隔，如图 6-22 所示。

3. 网络图计划计算工期和计划工期的计算

(1) 网络图计划计算工期的规定同双代号网络图相同，即：

$$T_c = EF_n \tag{6-27}$$

式中　EF_n——终点节点 n 的最早完成时间。

(2) 网络计划的计划工期的规定亦与双代号网络图相同，即：

1) 如无规定要求工期时　　　$T_p = T_c$

2) 如已规定了要求工期 T_r 时　　$T_p \leqslant T_r$

本例中：$T_c = EF_7 = 24$，则计划工期 T_p 为　$T_p = T_c = 24$

4. 工作最迟时间的计算

工作最迟时间包括工作最迟开始时间和最迟完成时间。

(1) 网络计划终点节点最迟完成时间应等于计划工期，即：

$$LF_n = T_p \tag{6-28}$$

(2) 其他工作的最迟完成时间为：

$$LF_i = \min\{LS_j\} \tag{6-29}$$

(3) 网络计划的各工作最迟开始时间为：

$$LS_i = LF_i - D_i \tag{6-30}$$

本例中：$LF_7 = LF_n = T_p = 24$；$LS_7 = LF_7 - D_7 = 24 - 2 = 22$；

$LF_6 = LS_7 = 22$；$LS_6 = LF_6 - D_6 = 22 - 7 = 15$；

$LF_5 = LS_7 = 22$；$LS_5 = LF_5 - D_5 = 22 - 4 = 18$；

$LF_4 = \min\{LS_5, LS_6\} = \min\{18, 15\} = 15$；

$LS_4 = LF_4 - D_4 = 15 - 6 = 9$；……

依次类推，算出其他工作的最迟时间参数，如图 6-22 所示。

5. 工作总时差的计算

工作总时差计算方法有以下两种：

(1) 第一种方法是根据工作总时差的定义，类似于双代号网络图，其计算公式为：

$$TF_i = LS_i - ES_i \tag{6-31}$$

$$TF_i = LF_i - EF_i \tag{6-32}$$

本例中：$TF_1 = LS_1 - ES_1 = 0 - 0 = 0$；$TF_2 = LS_2 - ES_2 = 5 - 5 = 0$；

$TF_3 = LS_3 - ES_3 = 6 - 5 = 1$；$TF_4 = LS_4 - ES_4 = 9 - 9 = 0$；……

依次类推，计算出其他工作的总时差，如图 6-21 所示。

(2) 第二种计算方法是从网络计划的终点开始，逆箭线方向依次逐项计算。

1) 终点节点所代表的工作 n 的总时差为：

$$TF_n = T_p - EF_n \tag{6-33}$$

2) 其他工作 i 的总时差为：

$$TF_i = \min\{TF_j + LAG_{i\text{-}j}\} \tag{6-34}$$

本例中：$TF_7 = T_p - EF_n = 24 - 24 = 0$；

$TF_6 = TF_7 + LAG_{6-7} = 0 + 0 = 0$；

$TF_5 = TF_7 = LAG_{5-7} = 0 + 3 = 3$；

$TF_4 = \min\{TF_5 + LAG_{4-5}, TF_6 + LAG_{4-6}\} = \min\{3+0, 0+0\} = 0$；……

依次类推，可算出其他工作的总时差，如图 6-21 所示。

6. 工作自由时差的计算

（1）终点节点所代表的工作 n 的自由时差 FF_n 计算公式为：

$$FF_n = T_p - Ef_n \tag{6-35}$$

（2）其他工作 i 的自由时差 FF_i 计算公式为：

$$EF_i = \min\{LAG_{i-j}\} \tag{6-36}$$

本例中：$FF_7 = T_p - EF_7 = 24 - 24 = 0$

$FF_1 = \min\{LAG_{1-2}; LAG_{1-3}\} = \min\{0, 0\} = 0$；

$FF_2 = \min\{LAG_{2-5}; LAG_{2-4}\} = \min\{6, 0\} = 0$；

$FF_3 = \min\{LAG_{3-4}; LAG_{3-6}\} = \min\{1, 7\} = 1$；

$FF_4 = \min\{LAG_{4-5}, LAG_{4-6}\} = \min\{0, 0\} = 0$；……

依次类推，计算出其他工作的自由时差，如图 6-22 所示。

7. 单代号网络图关键工作和关键线路的确定

同双代号网络图一样，在单代号网络图中，总时差为零的工作就是关键工作，由关键工作组成的线路就是关键线路。图 6-21 所示单代号网络图中，关键工作为 A、B、D、F、G；关键线路为 A-B-D-F-G。也可用节点编号表示；1-2-4-6-7。关键线路在网络图中应用双线，红线或粗线标出，如图 6-22 所示。

第四节　网络计划的优化

一、双代号时标网络计划的表达

（一）双代号时标网络计划的一般规定

1. 双代号时标网络的特点

双代号时标网络计划在横道图的基础上引入网络计划中各工作之间逻辑关系的表达方法，是综合应用横道图的时间坐标和网络计划的原理。

2. 双代号时标网络计划的一般规定

（1）双代号时标网络计划必须以水平的时间坐标为尺度表示工作时间。时标的单位应该在编制网络计划前根据需要确定，可以是时、天、周、月、季。

（2）时标网络计划以实箭线表示工作，虚箭线表示虚工作，以波形线表示工作的自由时差。

（3）时标网络计划中所有符号在时间坐标上的水平投影位置都必须与其时间参数相对应。节点中心必须对准相应的时间位置。

（4）虚工作必须以垂直方向的虚箭线表示，有自由时差时加波形线表示。

（二）双代号时标网络的编制方法

双代号时标网络计划最好按照工作的最早开始时间编制，即一般编制的都是早时标网络计划。其绘制方法是：先计算出各工作的时间参数，确定关键线路和关键工作，再根据时间参数按草图在时标计划表上绘制。

某双代号网络计划如图 6-23 所示，试绘制时标网络图计划。

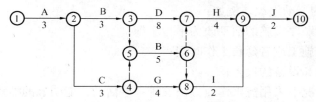

图 6-23 某工程双代号网络计划

绘制的时标网络计划见图 6-24。

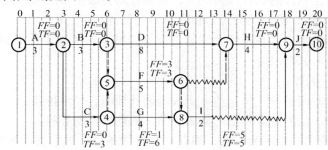

图 6-24 双代号时标网络计划

二、网络计划的优化

前面我们讲到的网络计划的表达，这只是确定网络计划的初始方案。然而在工程项目的实施过程中，内外部有很多的约束条件，比如资金、人力、设备、工期要求等等，而且项目内外部有很多实施条件不是一成不变的，经常在不断地变动，这些因素的变动会影响到我们所编制的网络计划的合理性和科学性，使得我们只有按一定的标准对网络计划初始方案进行不断的调整和优化，才能使工程顺利进行，从而获得工期短、质量好、消耗小、成本低的效果。

网络计划的优化，就是在满足既定约束条件下，按选定目标，通过不断改进网络计划寻求满意方案。

工程项目管理的三大目标控制就是工期目标、费用目标和质量目标，网络计划作为工程项目管理的一种重要手段，其目标和工程项目管理是一致的。因此，网络计划的优化，按其优化达到的目标不同，可分为工期优化、费用优化、资源优化三种。

（一）工期优化

工期优化是指在满足既定约束条件下，按要求工期目标，通过延长或缩短网络计划初始方案的计算工期，以达到要求工期目标，保证按期完成任务。

网络计划初始方案编制好以后，将其计算工期与要求工期相比较，会出现以下两种情况：

1. 计算工期小于要求工期

这种情况一般不必进行工期优化。如果计算工期比要求工期小得较多，则考虑与施工合同中的工期提前奖结合，将关键线路上资源占用量大或者直接费用高的工作持续时间延长，这样可以平衡资源，降低工程成本；或者重新选择施工方案：改变施工机械，调整施工顺序。然后重新编制网络计划，计算时间参数，反复多次，直至满足工期要求。

2．计算工期大于要求工期

这时必须进行计划调整，压缩关键线路各关键工序的工期。压缩工期的措施通常有两大类：

（1）通过合理的劳动组织。例如：

1）原来按先后顺序实施的活动改为平行实施；

2）采用多班制施工或者延长工作时间；

3）增加劳动力和设备的投入；

4）在可能的情况下采用流水作业方法安排一些活动，能明显的缩短工期；

5）科学的安排（如合理的搭接施工）；

6）将原计划自己制作的构件改为购买，将原计划自己承担的某些分项工程分包出去，这样可以提高工作效率，将自己的人力物力集中到关键工作上；

7）重新进行劳动组合，在条件允许的情况下，减少非关键工作的劳动力和资源的投入强度，将他们转向关键工作。

（2）技术措施。例如：

1）将占用工期时间长的现场制造方案改为场外预制，场内拼装；

2）采用外加剂，以缩短混凝土的凝固时间，缩短拆模期等等。

上述措施都会带来一些不利影响，都有一些使用条件。他们可能导致资源投入增加，劳动效率低下，使工程成本增加或质量降低。

工期优化的步骤如下：

1）计算并找出初始网络计划的关键线路，关键工作。

2）按要求工期计算应缩短的时间 $\Delta T = T_c - T_r$。

3）确定各关键工作能缩短的持续时间。

4）按以下因素考虑要压缩的关键工作，压缩后重新计算 T'_c：

a．应选择缩短持续时间后对质量和安全影响不大的关键工作；

b．应选择有充足备用资源的关键工作；

c．应选择缩短持续时间需增加费用最少的关键工作；

d．压缩的原则是不能将关键工作压缩成非关键工作，因此就可能出现多条关键线路，此时压缩时要几条关键线路一起压缩。

5）若 $T'_c > T'_r$ 重复以上步骤，直至 $T'_c < T'_r$；

6）当所有关键工作的持续时间都已达到能缩短的极限，工期仍不能满足要求时，则应对计划的技术方案，组织方案进行调整，或者对要求工期重新审定。

【案例 6-5】 某工程双代号网络计划如图 6-25 所示，假定上级指令工期为 100 天，对其进行工期优化。已知缩短④－⑥工作需增加的资源很多。

【解】

（1）用正常持续时间计算出总工期，关键线路，关键工作

（2）计算缩短的时间 $\Delta T = T_c - T_r = 160 - 100 = 60$

（3）一次压缩

压缩①－③可以缩短工期 $\Delta T_{1-3} = 10$

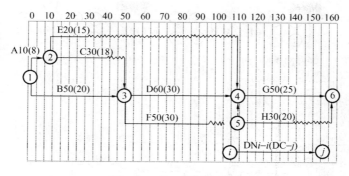

图 6-25　某工程网络计划

压缩③－④可以缩短工期 $\Delta T_{3\text{-}4} = 10$

压缩④－⑥可以缩短工期 $\Delta T_{4\text{-}6} = 50 - 25 = 25$

选择压缩①－③、③－④，④－⑥工作增加资源很多，暂不考虑。压缩后的网络图如图 6-26 所示，重新计算工期，关键线路标注用粗线表示。

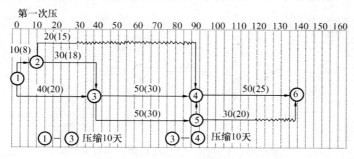

图 6-26　该工程经压缩后的网络计划

（4）二次压缩

$\Delta T = 140 - 100 = 40$

从图 6-26 上的关键线路上，选择 {①－③，①－②}，{①－③，②－③}，{③－④，③－⑤} 为压缩工作（注意，压缩时要几条关键线路一起压缩）

压缩 {①－③，①－②} 可以缩短工期 $\Delta T = 10 - 8 = 2$

压缩 {①－③，②－③} 可以缩短工期 $\Delta T = 30 - 18 = 12$

压缩 {③－④，③－⑤} 可以缩短工期 $\Delta T = 50 - 30 = 20$

压缩后的网络图如图 6-27 所示，工期，关键线路都标注在图上。

（5）三次压缩 $\Delta T = 106 - 100 = 6$

这时只能压缩④－⑥工作了，压缩 6 天，压缩后的网络计划如图 6-28 所示。

计算 $T_c'' = 100$ 天，满足要求。

（二）费用优化

又称工期成本优化或者时间成本优化，是指寻求工程总成本最低时的工期安排或按要求工期寻求最低成本的计划安排过程。本书主要讨论总成本最低时的工期安排。

1．费用和工期的关系

建筑安装工程费用主要由直接费用和间接费用组成。一般情况下，缩短工期会引起直接费用的增加和间接费用的减少，延长工期则会引起直接费用的减少和间接费用的增加。

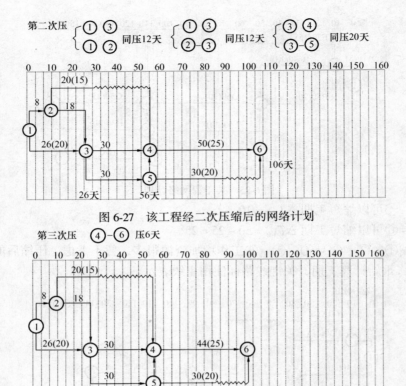

图 6-27 该工程经二次压缩后的网络计划

图 6-28 工程经三次压缩后的网络计划

在考虑工程总费用时，还应该考虑工期变化带来的诸如拖延工期罚款或者提前竣工而得到的奖励等其他损益，以及提前投产而获得的受益和资金的时间价值。

为了计算方便，可以近似的将直接费用曲线假定为一条直线，我们把缩短单位时间所增加的直接费用称为直接费用率 C_{i-j}

$$\Delta C_{i-j} = \frac{CC_{i-j} - CN_{i-j}}{DN_{i-j} - DC_{i-j}} \tag{6-37}$$

式中 ΔC_{i-j}——i-j 工作的直接费用率；

CC_{i-j}——i-j 工作的最短持续时间的直接费用；

CN_{i-j}——i-j 工作的正常持续时间的直接费用；

DN_{i-j}——i-j 工作的正常持续时间；

DC_{i-j}——i-j 工作的最短持续时间。

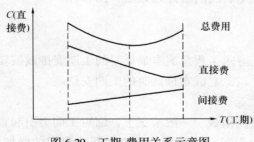

图 6-29 工期-费用关系示意图

总费用和工期的关系曲线如图 6-29 所示，图中总费用曲线上的最低点就是工程计划的最优方案，此方案工程成本最低，其相应的工期称为最优工期。在实际操作中，要达到这一点很困难，在这点附近一定范围内都可算作最优计划。

2．费用优化的步骤

（1）按工作正常持续时间画出网络计划，找出关键工作及关键线路；

（2）按公式 $\Delta C_{i\text{-}j} = \dfrac{CC_{i\text{-}j} - CN_{i\text{-}j}}{DN_{i\text{-}j} - DC_{i\text{-}j}}$ 计算各项工作的直接费用率 $\Delta C_{i\text{-}j}$；

（3）在网络计划中找出 $\Delta C_{i\text{-}j}$ 或者组合费用率（当同时缩短几项工作时，几项工作的直接费用率之和）最低的一项或一组且其值小于或者等于工程间接费用率的关键工作作为缩短程序时间的对象，其缩短值必须符合：① 不能压缩为非关键工作；② 缩短后的持续时间不小于最短持续时间。

（4）计算缩短后的总费用

$$C^T = C^T + \Delta C_{i\text{-}j} \times \Delta T_{i\text{-}j} - \Delta T_{i\text{-}j} \times 间接费率$$
$$= C^T + \Delta T_{i\text{-}j}（\Delta C_{i\text{-}j} - 间接费率） \qquad (6\text{-}38)$$

（5）重复 3、4 步，直至总费用最低为止。

【案例 6-6】 某工程的网络计划如图 6-30 所示，间接费为 1.2 千元/天

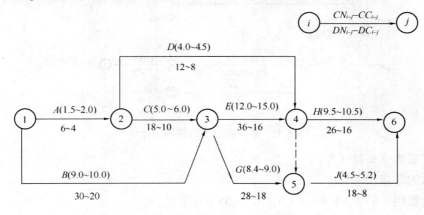

图 6-30 某工程的网络计划

【解】 1．按工作正常持续时间计算出关键线路和关键工作以及工期标注于图 6-30 上。

2．计算各工作费用率标注于图 6-31 上。

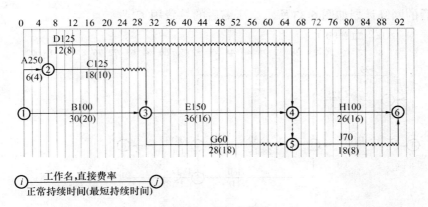

图 6-31 工作费用率

3. 计算初始计划工程总费用 C^{T92}
(1) 直接费用 = 1.5 + 9 + 5 + 4 + 12 + 8.4 + 9.5 + 4.5 = 53.9（千元）
(2) 间接费用 $92 \times 0.12 = 11.04$（千元）
(3) 总费用 $C^{T92} = 53.9 + 11.04 = 64.94$（千元）

4. 缩短关键线路上 ΔC 最低的关键工作（如果 $\Delta C \geqslant$ 每天的间接费用，则没有必要进行优化）

(1) 压缩 B 工作和 H 工作
$\Delta T_H = 26 - 18 = 8$(18 是 J 工作的持续时间)
$\Delta T_B = 30 - (6 + 18) = 6$(6 + 18 是 A 和 C 的持续时间之和)
压缩后的网络计划，关键工作，关键线路如图 6-32 所示。

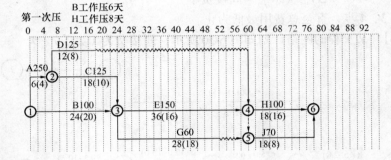

图 6-32 第一次压缩后的网络计划

工期缩短为 $T = 78$（天）
压缩后的总费用 C^{T78}
①直接费用 = $53.9 + 8 \times 0.1 + 6 \times 0.1 = 55.3$（千元）
②间接费用 = $0.12 \times 78 = 9.36$（千元）
③总费用 $C^{T78} = 55.3 + 9.36 = 64.66$（千元）

(2) 图 6-32 上关键工作的 ΔC 或组合费用率都比间接费率大时就可以停止压缩。最优工期 $T = 78$ 天

这里我们不妨继续往下压缩，选择 E 工作压缩 $\Delta T_E = 8$
压缩后的网络计划如图 6-33 所示，压缩后的总费用 C^{T70}

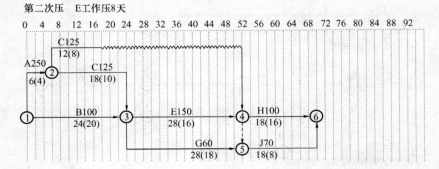

图 6-33 第二次压缩后的网络计划

1) 直接费用 = 55.3 + 8 × 0.15 = 56.5（千元）
2) 间接费用 = 0.12 × 70 = 8.4（千元）
3) 总费用 C^{T70} = 56.5 + 8.4 = 64.9 > C^{T78}

缩短后的总费用，从公式 6-38 中可以看出当 ΔC_{i-j} 小于间接费率时压缩使总费用减少，当 ΔC_{i-j} 大于间接费率时压缩使总费用增加。由此可见压缩进行到所有关键工作的 ΔC_{i-j} 或者组合费用率都大于间接费率时为止。否则，继续压缩的话会使总费用增加。

（三）资源优化

资源是完成一项任务所投入的人力、材料、机械设备、资金等的统称。由于完成一项工作所需要的资源基本上是不变的，所以资源优化是通过改变工作的开始时间和完成时间使资源均衡。一般情况下网络计划的资源优化分为两种"资源有限—工期最短"和"工期固定—资源均衡"。资源优化的前提是：①不改变网络计划中各工作之间的逻辑关系；②不改变各工作的持续时间；③一般不允许中断工作，除规定可中断的工作之外。

1. "资源有限—工期最短"的优化

"资源有限—工期最短"是在满足资源限制条件下，通过调整计划安排，使工期延长最少的优化。一般可按下列步骤进行：

（1）绘制早时标网络计划，并计算每个单位时间的资源需求量 R_t。

单位时间资源需求量 R_t 等于平行的各个工作资源强度之和（各工作的单位时间资源需求量）。

（2）从计划开始之日起（从网络起始节点开始到网络终点节点），逐个检查每个时间段的资源需求量 R_t 是否超过所能供应的资源限量 R_a，如果出现资源需要量 R_t 超过资源限量 R_a 的情况，则要对资源冲突的诸工作做新的顺序安排，采用的方法是将一项工作安排在另一项工作之后开始，选择的标准是使工期延长最短。一般调整的次序为：先调整时差大的，资源小的（在同一时间段中调整工作的资源之和小的）工作。下面我们举例说明：

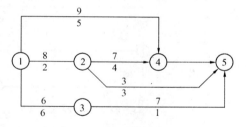

【案例 6-7】 某工程网络计划如图 6-34 所示，假定每天只有 10 个工人可供使用，如何安排各工作的开始时间，可以使工期最短。

图 6-34 某工程网络计划

【解】 （1）绘制时标网络计划，并计算每个单位时间的资源需用量 R_t，如图 6-35 所示
（2）逐日检查 R_t 是否小于等于 R_a

第一天到第六天 R_t = 13 > R_a = 10，需要调整

（3）调整 $R_t > R_a$ 的时段上各工作顺序

在第 1 天到第 6 天，有工作①—④，①—②，①—③，时差大的为①—④工作，故选择将①—④放在①—③后面。

（4）绘制调整后的网络计划并计算，如图 6-36 所示。

（5）逐日检查 R_t 是否小于等于 R_a，在第 9 天到第 11 天 $R_t > R_a$，有工作②—④，②—⑤，②—③，③—⑤，时差大的为②—⑤工作，故选择将②—⑤放在②—③之后，网络计划，资源需求如图 6-37 所示。

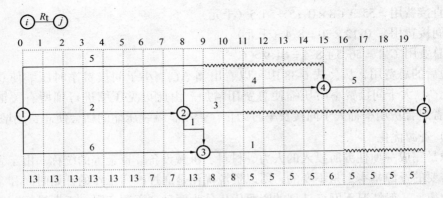

图 6-35 时标网络计划

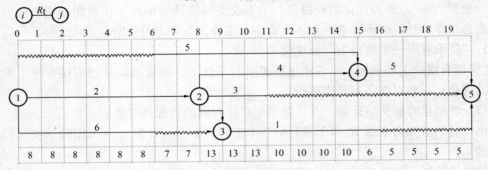

图 6-36 调整后的网络计划

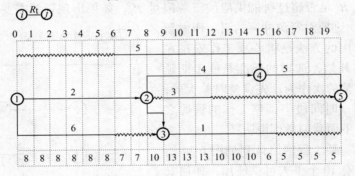

图 6-37 再调整后的网络计划

重复②—③步,最后得到优化的网络计划,如图 6-38 所示。

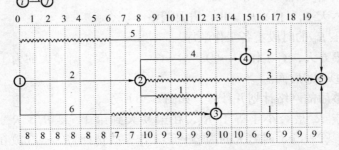

图 6-38 最终网络计划

2. "工期固定—资源均衡"的优化

"工期固定—资源均衡"的优化是指在保持工期不变的情况下,调整工程施工进度计划,使资源需要量尽可能均衡,每个单位时间资源的需要量尽量不出现过多的高峰和低谷。这样有利于工程建设的组织与管理,降低工程施工费用。

(1) "工期固定—资源均衡"优化的主要指标

1) 资源不均衡系数 K(如果 K 为 1.55 时可以不调整,当然越接近 1 越好)

$$K = \frac{R_{max}}{R_m} \tag{6-39}$$

$$R_{max} = \max\{R_t\} \quad t = 1,2,3\cdots T \tag{6-40}$$

$$R_m = \frac{1}{T}\sum_{1}^{T} R_t \tag{6-41}$$

式中 R_m——资源需求量的平均值;
　　　R_{max}——资源需求量的最大值。

2) 极差值 ΔR

$$\Delta R = \max\{|R_t - R_m|\} \quad t = 1,2,3\cdots T \tag{6-42}$$

极差值 ΔR,是单位时间计划资源需求量与资源需求量平均值之差的最大值,极差值 ΔR 越大,说明工程过程中资源需求越不均衡,极差值 ΔR 越小,说明工程过程中资源需求越均衡,因此极差值 ΔR 越小越好。

3) 均衡方差值 σ^2

$$\sigma^2 = \frac{1}{T}\sum_{1}^{T}(R_t - R_m)^2 \tag{6-43}$$

均方差是单位时间资源需求量与资源需求量平均值之差平方和的平均值,该值越小越好。如果调整某工作向右移一天,如要使 σ^2 最小则,经过计算要使 $R_t + r_{ij} - R_n \leq 0$;式中的 R_t——表示工作调整前该工作结束后第一天的资源量,r_{ij}——表示调整工作的资源量;R_n——表示工作调整前该工作开始第一天的资源量。

(2) "工期固定—资源均衡"优化的步骤

1) 绘制时标网络计划并计算每天资源需求量。

2) 确定削峰目标,削峰值等于单位时间需求量的最大值减去一个需求单位。

3) 从网络终节点开始向网络始节点优化,逐一调整非关键工作(调整关键工作会影响工期),调整的次序为先迟后早,相同时调整时差大的工作,如再相同时调整调整后资源接近于平均资源的工作。

4) 按下列公式确定工作是否调整

$$R_t + r_{ij} - R_n \leq 0 \tag{6-44}$$

5) 绘制调整后的网络计划,并计算单位时间资源需求量。

6) 重复 2~5 步骤,直至峰值不能再调整时为止。

【案例 6-8】 已知某工程的网络计划及各工作单位时间资源需求量,如图 6-39 所示。若工期不变,试进行资源均衡的优化。

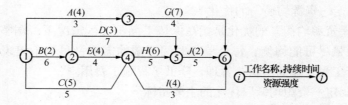

图 6-39 某工程的网络计划

【解】(1)绘制早时标网络计划并计算单位时间资源需求量。如图 6-40 所示。

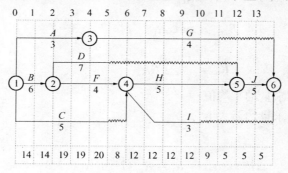

图 6-40 时标网络计划

(2) 极差值 $\Delta R = \max\{|R_t - R_m|\} = 8.14$

不均衡系数 $K = \dfrac{R_{\max}}{R_m} = 1.69 > 1.55$

均方差 $\sigma^2 = \dfrac{1}{T}\sum_1^T (R_t - R_m)^2 = \{(14-11.86)^2 \times 2 + (19-11.86)^2 \times 2 + \cdots + (5-11.86)^2 \times 3\}/14 = 24.34$

(3) 在早时标网络计划可以看出非关键工作中 I 最迟开始,先调整 I 工作,根据调整的判别公式:$R_t + r_{ij} - R_n \leqslant 0$

$R_{11} + r_{46} - R_6 = 9 + 3 - 12 = 0 \leqslant 0$ 可以右移 1 天,见图 6-41。

$R_{12} + r_{46} - R_7 = 5 + 3 - 12 = -4 < 0$ 可以右移 1 天,见图 6-42。

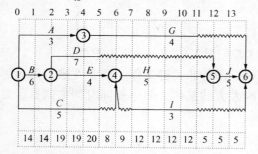

图 6-41 第一次调整时标网络

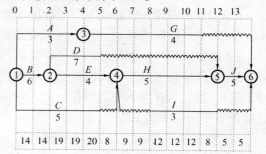

图 6-42 第二次调整时标网络

$R_{13} + r_{46} - R_8 = 5 + 3 - 12 = -4 < 0$ 可以右移 1 天,见图 6-43。

$R_{14} + r_{46} - R_9 = 5 + 3 - 12 = -4 < 0$ 可以右移 1 天,见图 6-44。到此已经无时差可以调整。

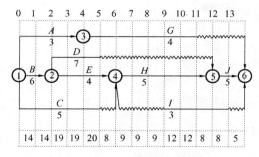
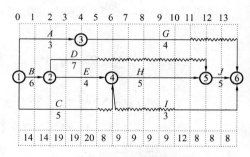

图 6-43 第三次调整时标网络　　　　　图 6-44 第四次调整时标网络

第二个调整的工作为 G 工作

$R_{12} + r_{36} - R_5 = 8 + 4 - 20 = -8 < 0$ 可以右移 1 天，见图 6-45。

$R_{13} + r_{36} - R_6 = 8 + 4 - 8 = 4 > 0$ 不能右移

第三个调整对象为 D 工作

$R_6 + r_{25} - R_3 = 8 + 7 - 19 = -4 < 0$ 可以右移 1 天

$R_7 + r_{25} - R_4 = 9 + 7 - 19 = -3 < 0$ 可以右移 1 天，见图 6-46。

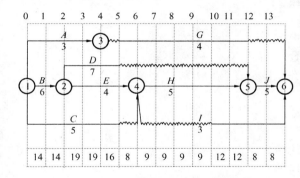
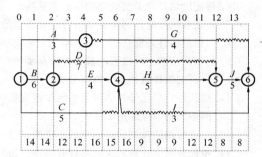

图 6-45 第五次调整时标网络　　　　　图 6-46 第六次调整时标网络

$R_8 + r_{25} - R_5 = 9 + 7 - 16 = 0$ 可以右移 1 天，见图 6-47。

$R_9 + r_{25} - R_6 = 9 + 7 - 15 = 1 > 0$ 不能右移

第四个调整对象为 C 工作

$R_6 + r_{14} - R_1 = 15 + 5 - 14 = 6 > 0$ 不能右移

调整后的网络计划及单位时间资源需求量。如图 6-47 所示。

优化后的三项指标：

极差值 $\Delta R = \max\{|R_t - R_m|\} = 16 - 11.86 = 4.14$

降低了 $(8.14 - 4.14)/8.14 = 58.37\%$

不均衡系数 $K = \dfrac{R_{\max}}{R_m} = \dfrac{16}{11.86} = 1.35 < 1.55$

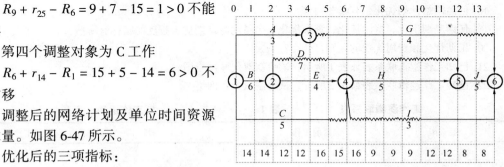

图 6-47 第七次调整时标网络

降低了 $(1.69-1.35)/1.69 = 20.12\%$ 满足要求。

均方差

$$\sigma^2 = \frac{1}{T}\sum_{1}^{T}(R_t - R_m)^2$$

$$= \frac{1}{14}\{2\times(14-11.86)^2 + 4\times(12-11.86)^2 + 3\times(9-11.86)^2$$

$$+ (15-11.86)^2 + 2\times(16-11.86)^2 + 2\times(8-11.86)^2\}$$

$$= 7.7$$

降低了 $(24.34-7.7)/24.34 = 68.4\%$

思 考 题 与 习 题

1. 什么是双代号网络图和单代号网络图?
2. 何谓虚工作,如何正确使用?
3. 什么是工艺关系和组织关系?试举例说明?
4. 简述双代号网络图的绘制规则。
5. 单代号网络图和双代号网络图各有哪些优缺点?
6. 确定网络计划关键线路的方法有哪些?
7. 简述双代号时标网络计划的特点及适用范围。
8. 时标网络计划能在图上显示哪几个时间参数?
9. 何谓网络图,网络图的基本要素有哪些?
10. 何谓网络计划技术,如何分类?
11. 双代号、单代号网络图的绘制规则有哪些?
12. 网络图的节点如何编号?
13. 双代号网络计划的时间参数有哪些,如何计算?
14. 单代号网络计划的时间参数有哪些,如何计算?
15. 什么叫搭接网络?有哪几种搭接关系?
16. 建筑工程施工网络计划的排列方法有哪些?
17. 何谓时标网络计划,如何绘制?如何分析时标网络计划时间参数?
18. 何谓网络计划优化,有哪些内容?
19. 何谓工期优化、费用优化、资源优化,衡量网络计划优劣程度的指标有哪些?
20. 工期优化和费用优化的区别是什么?
21. 已知工作逻辑联系表如表1所示,试绘制双代号网络图。
22. 已知工作逻辑联系表如表2所示,试绘制双代号网络图。

工作逻辑联系表　　表1

工　作	紧前工作
A	—
B	—
C	—
D	A、B
E	B
F	C、D、E

工作逻辑联系表　　表2

工　作	紧前工作
A	—
B	A
C	A
D	A
E	B、C、D
F	D

23. 已知工作逻辑联系表如表 3 所示，试绘制单代号及双代号网络图。
24. 已知工作逻辑联系表如表 4 所示，试绘制双代号网络图并计算各项工作的时间参数（用六时标注），并指出本工程的计划工期为多少天？

工作逻辑联系表　　　　　　表 3

工作	紧前工作	工作历时（天）
A	—	3
B	—	4
C	A	2
D	A	4
E	B	5
F	C、D	2

工作逻辑联系表　　　　　　表 4

	紧前工作	工作历时（天）
A	—	2
B	A	5
C	A	3
D	B	4
E	B、C	8
F	D、E	5

25. 根据工作逻辑联系表 5，试绘制双代号和单代号网络图，并确定关键线路及总工期。

工作逻辑联系表　　　　　　表 5

工作代号	紧前工作	工作历时（天）	工作代号	紧前工作	工作历时（天）
A	—	1	E	B	2
B	A	3	F	C、D	4
C	B	1	G	C、E	2
D	B	6	H	F、G	1

26. 根据下述横道图绘制双代号网络计划。

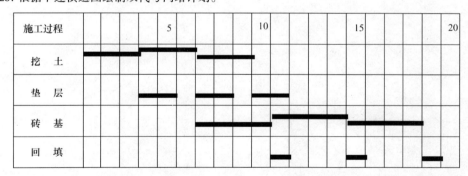

27. 采用图上作业法计算下图中的 ES_{ij}、EF_{ij}、LS_{ij}、LF_{ij}、TE_i、TL_i、TF_{ij}、FF_{ij} 参数，并找出关键线路。

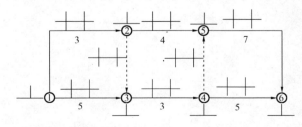

28. 某工程项目的基础工程分为三个施工段，每个施工过程只有一个施工班组，每个班组尽可能早地投入施工。其原始资料见表 6：

某工程原始资料　　　　　　　　　　表6

节拍　　分段 施工过程	一	二	三
挖土	3	3	3
垫层	2	2	3
基础	4	4	3
回填	2	2	3

(1) 根据上表绘流水施工计划及网络计划图；
(2) 描述总时差和自由时差的概念，并进行计算；
(3) 什么叫关键工作和关键线路；
(4) 找出关键线路。

第七章 建筑工程施工组织

第一节 建筑工程施工组织概述

一、建筑工程施工组织的内容与任务

施工组织是根据批准的建设计划、设计文件（施工图）和工程承包合同，对建筑安装工程任务从开工到竣工交付使用，所进行的计划、组织、控制等活动的统称。简言之，施工组织是针对施工过程中直接使用的建筑工人、施工机械和建筑材料与构件等的组织，即对基本施工过程和非基本施工过程和附属业务的组织，它既包括正式工程的施工，又包括临时设施工程的施工。施工组织是项目施工管理中的主要组成部分，它所处的地位与作用直接关系着整个项目的经营成果。也可以说，它是把一个施工企业的生产管理范围缩小到一个施工现场（区域）上对一个个工程项目的管理。

建筑工程施工是建筑设计工作的体现和继续，它必须依据建设计划、工程承包合同、设计图纸、技术文件和规范、规程、标准进行。施工的最终目的，就是完成优质、高效、低耗的建筑产品，来满足生产、生活的需要。因此，反映在施工组织的具体内容上，是积极为施工创造一切必要的条件，并且选择最优的施工组织方案，保证施工正常、顺利的进行。并在此基础上做到保证工程质量、工程进度、安全生产，取得最佳的经济效益。同时，要根据不同工程任务对象，具体制订出符合好、省、快、安全的施工组织计划，进行全面实施的管理。

国外施工管理的经验，是将施工阶段的施工组织与管理的内容划为"施工准备"与"施工实施"两部分，以计划进度管理、工程质量管理、工程成本管理作为施工管理内容的三大支柱，称之为一次性管理（第一级管理）；其他一些业务管理都要为它服务，如劳动工资、材料供应、运输、机械使用和维修、施工方法等，这些统称为二次性管理（第二级管理）。将施工组织的内容划分成两部分，是为了强调管理对象的专业性与各种管理间的相互依赖关系。因为，一次性管理仅仅是针对某一项工程的施工阶段而言，它的合理性与优化，直接影响施工企业经营管理目标，故国外很重视对建筑工程项目的管理。二次性管理，也就是服务性管理，它是能使一次性管理取得更佳的经济效果的管理；反过来，二次性管理的合理性、经济性要在一次性管理中来体现，否则会变成纸上谈兵。因为，二次性管理是根据本身业务管理范围，按照客观经济规律，合理地组织企业内部生产经营活动，做到预先防止（计划）、事后控制和采取措施来克服施工中出现的不应有的浪费现象和不良倾向。若在一次性管理中已经造成浪费和损失，那么二次性管理极难挽回。

施工组织的任务是按照客观规律科学地组织施工；积极为施工创造必要条件，保证正常与顺利施工；选择最优的施工方案，取得最佳的经济效果；在施工中确保工程质量，缩短施工周期，安全生产，降低物耗，文明施工，为企业创造出社会信誉。目前，我国施工企业开展的创全优工程活动的标准包含有周期短、质量好、工效高、成本低、安全生产、

文明施工、资料完整等。抓住创全优工程这个环节来促进施工组织管理水平提高，有利于将施工组织的基本任务，转化为多项技术经济指标，落实到每一个单位工程上去，使施工管理进一步具体化。因为，一个施工企业只有在质量好、工期短的基础上，才能取得最佳的经济效益和较强的竞争能力，取得社会信誉，使企业得到生存与发展，这是施工组织与管理的任务最基本的方面。

施工组织的任务中，还有一个重要方面，是要运用先进的管理方法和科学管理思想组织施工。因为，建筑产品质量好、工期短、最佳的经济效益和较强的竞争能力，必须建立在科学管理的基础上。当前，施工组织方面的科学管理，第一条就是要做到合理、优化。因为质量、进度、经济这三项管理机能，并非孤立存在，而具有内在的联系。工期与质量本身均可转化为经济效果。进度快，工期就短，相应的成本会降低，若突击赶工，成本就会增高。质量与成本之间亦有数量的限制，不顾成本而去提高施工质量，这是不可取的，也是片面的；可是提高施工质量和相应增加一些成本，若能够换取最好的经济效益和社会信誉，则是允许的。这也是合理、优化的结果。目前，我国施工企业在质量、工期、成本方面、还有很大潜力，只要注重施工组织，就会显示出经济效果来，但要长久的坚持下去，必须要向科学管理方面迈进。

二、建筑工程施工组织的基本原则

当前，我国施工企业的施工组织与管理水平还比较低，在管理思想、管理组织、管理手段、管理人员专业化方面都有很多工作要做。通过我国建国五十多年来在施工实践中不断总结，我们取得了施工组织的丰富经验与教训。这些经验在管理发展阶段上，还是属于传统性的管理，我们要在学习先进国家科学管理方法的同时，把自己的经验加以总结提高，并认真吸取教训，避免在施工实践中再犯错误。同时要认真研究并遵守施工组织的基本原则。

（一）遵守科学程序的原则

凡是一个生产过程，总是可以划分为若干个阶段来进行。每个阶段都具有不同的工作内容与工作步骤，它们之间有着不可分割的联系，是相互衔接、循序渐进的，既不能互相代替，也不能颠倒或跳越。生产过程中必须遵循的工作内容与工作步骤，称为程序。程序与顺序有别，一般来说，"程序"常常是指较大范围的，如基本建设程序。"顺序"是指较小的、具体的项目，如装饰工程施工顺序。

建筑工程施工是在基本建设程序中的施工阶段进行的，它必须按程序进行。没有建设计划与施工图就不能进行施工。没有规划，设计就没有目标，没有勘察、选址，设计就没有资料；没有设计，施工就没有图纸，施工未完成，就不能验收投产，这就是基本建设的客观规律。若不按基本建设程序办事，就会造成基本建设投资效果差，损失浪费严重。如基本建设的前期工作没有做好或没有进行就仓促施工，便会造成不堪设想的后果。

建筑工程施工过程亦有它必须遵循的科学程序，也可划分为若干个阶段来进行，如接受任务阶段（招标投标），施工总体规划组织准备阶段，开工前现场条件准备阶段，全面施工阶段，竣工验收交付使用阶段等。这些阶段相互间有紧密衔接关系，各个阶段必须按顺序进行，不能跳越与颠倒。

在遵循施工顺序的同时，还必须注意按照施工工艺顺序组织施工。一般应坚持先地下后地上的原则，对场内与场外、室内与室外、主体与装修、土建与安装各项工序，都要作出统筹合理安排，并且注意其技术经济效果。

（二）符合建筑生产规律的原则

由于建筑产品固定在大地上，整体难分、形体庞大、产品多样性、工程技术复杂等，这就很自然的给建筑施工带来生产周期长，高空露天作业多，施工现场流动，施工中有暂时中断间歇时间（如混凝土养护、机械修理、雨天等）以及多单位综合施工等。因此，施工组织与管理必须根据这些客观条件，去处理好人和物、时间和空间、天时与地利、总包分包配合等关系，要采取针对性措施解决由于建筑生产规律所带来的矛盾。

（三）运用科学技术的原则

凡是符合客观事物发展规律的行动与思想，可称之为科学。科学可以帮助人们在研究事物时，找出它们的内在联系。发展施工组织与管理的技术，更要依靠科学，帮助人们透过偶然的、杂乱无章的现象，去发掘和研究表面上看不出来的客观规律，并让人们掌握这些客观规律去从事实践活动。如运用流水作业原则，解决工序之间的衔接，避免停歇时间，达到均衡的、有节奏的施工；运用网络计划技术，从时间上找出关键线路，进行优化计划。

建筑工程施工是一项系统工程，应将各项工作统一到这个总系统中去，在这个系统中解决各种问题，应按照事物的内在联系，使各项工作以互相协调的方式去实施，而不要互相割裂。例如接受施工任务，施工准备工作，计划进度的编制和贯彻，工程质量控制，资源分配，以及成本控制等等。这些工作都可以各自成为系统，但是还必须根据与之有关各项工作的决策情况来决定某项工作的最优决策。例如要决定分配资源的最优决策，必须在作出正确的施工方案，切实的工程进度计划及准确的估价的决策的情况下再来决定。所以要树立系统工程概念，重视从全局的整体利益出发，去解决每一个具体的局部问题，处理问题和解决问题都要注意到因果关系。

科学管理方法是从实际出发的管理方法，不是随心所欲，毫不考虑后果或凭经验和感觉。它是运用客观的数据与标准、原理与原则、毫不紊乱而又合情合理的工作方法。任何一项工作不进行事先慎重调查，就作出决定，是工程进行中遇到意料不到的障碍的根源。应用科学管理方法就是要弄清工作的目的和存在的问题，搜集情况和资料，拟定计划，执行，最后分析结果。没有这一套科学管理方法，就不能进入科学管理的境界。

（四）运用按劳分配的原则

在施工组织管理中，要调动企业职工的生产积极性，促进生产力的发展，必须掌握与运用消费资料的社会主义分配原则，就是各尽所能，按劳分配。原则是不能选择的，但实行分配原则的方法是可以多种多样的。多种形式的经济承包责任制，将企业奖金与企业经营成果好坏挂钩，职工个人奖金、津贴与其工作好坏、贡献大小挂钩，真正体现按劳分配原则，不搞平均主义，这将大大调动职工的生产的积极性、主动性和创造性。

三、施工组织设计的分类及编制

施工组织设计可以分为施工组织总设计、单位工程施工组织设计、分部分项工程作业设计（施工方案）。

施工组织总设计是由总包单位或项目部的技术负责人负责编制并由总工程师审核批准实施。

单位工程施工组织设计是由项目经理负责编制，并由公司总工程师审核批准。

分部分项作业设计是由项目部总工程师负责编制，并由项目经理审核批准。

第二节 施 工 准 备 工 作

施工准备工作就是指工程施工前所做的一切工作。它不仅在开工前要做，开工后也要做，它是有组织、有计划、有步骤分阶段地贯穿于整个工程建设的始终。

一、施工准备工作的意义

"运筹于帷幄之中，决胜于千里之外"这是人们对战略准备与战术决胜的科学概括。建筑施工也不例外，由于建筑产品（工程）的固定性、复杂性；消耗资源巨大、种类繁多；工艺复杂、专业要求高；所处环境复杂等等因素的影响，使得施工准备的好坏直接影响建筑产品生产全过程。实践证明：凡是重视施工准备工作，积极为拟建工程创造一切施工条件的，其施工就会顺利地进行；凡是不重视施工准备工作的，就会给工程施工带来麻烦、损失、甚至灾难，其后果不堪设想。认真细致地做好施工准备工作，对充分发挥各方面的积极因素，合理利用资源，加快施工速度、提高工程质量、确保施工安全、降低工程成本及获得较好经济效益都起着重要作用。

施工准备工作的基本任务是：掌握建筑工程的特点、进度、质量要求，摸清施工的客观条件；合理部署施工力量，从技术、资源、现场、组织等方面为建筑安装工程施工创造一切必要的条件。

二、施工准备工作的分类

施工准备工作的分类有多种分法。现在我们按工程所处施工阶段的不同分类，可分为开工前的施工准备和工序前的施工准备两种。

开工前的施工准备：它是在拟建工程正式开工前所进行的一切施工准备工作，其目的是为拟建工程正式开工创造必要的施工条件。开工日期的确定：深基础（桩基础）工程以打第一根正式桩的日期为准，浅基础工程以破土挖槽的那天为准。

工序前的施工准备：开工前的施工准备由于受空间、资源供应等因素的影响而不可能将所有的准备工作全面完成，而要在各工序前做补充性的施工准备。

三、施工准备工作的内容

施工准备工作的内容一般可以分为：技术经济资料准备、施工现场准备、劳动要素准备、冬雨期施工准备等四方面内容。

（一）技术经济资料准备

1. 原始资料的准备

（1）原始资料调查分析的方法：

原始资料调查分析的项目多、内容广，为获得预期效果，应遵循以下调查分析程序：

1）拟定调查提纲

为了搞好原始资料的调查分析，在调查工作开始之前，应根据建筑工程的性质、规模、复杂程度以及当地原始资料了解的状况不同，拟定出建设地区原始资料的调查分析表。

2）向有关部门搜集原始资料

首先应向业主（发包人）及勘察设计单位搜集资料。如计划任务书、工程地址选择的依据；工程、水文地质勘察报告、地形图；扩大初步设计、施工图设计和概算资料等，向当地气象台站索取气象资料；向当地有关主管部门了解建筑材料及预制构配件的加工、供应、价格状况，了解能源、交通运输和生活供应情况，了解企业及各分包单位的施工管理状况等。对于缺少的资料，应委托有关专业部门予以补充，对于有疑问的资料，要进行复查并重新核定。

3）到施工现场进行实地勘察

原始资料的调查，不仅要从书面资料中去了解拟建工程的建设条件和具体要求，而且必须到施工现场进行实地勘察，并向当地居民调查有关资料，了解或澄清书面资料中缺少或有疑问的资料，修订原始资料调查提纲的项目和内容，使其在调查中完善起来。

4）对原始资料进行分析处理

对调查到的资料，要"去粗取精，去伪存真，由此及彼，由表及里"地进行分析处理，不断地发现问题研究问题。结合工程具体情况——排队，分清先后主次，排条件、找措施，抓住主要矛盾，逐个地加以解决。

(2) 原始资料调查分析的内容和目的

1）原始资料调查分析的内容，主要有：建设地区自然条件和技术经济条件的调查分析。

2）调查分析的总目的：为编制拟建工程施工组织设计提供全面、系统、科学的依据。

2．参考资料的准备

在编制施工组织设计中，为弥补原始资料的不足，还可以借助相关工程的参考资料。这一些资料有气象资料，现行的定额及相似工程的施工资料。

3．技术准备

技术准备是施工准备工作的核心。因为任何技术上的差错或隐患都可能引起人身安全、质量事故，造成经济上的巨大损失。因此，必须认真做好技术准备工作，具体有以下几个方面的工作：

(1) 熟悉、审查施工图纸和有关设计资料

1）熟悉、审查施工图纸的依据

A．建设单位和设计单位提供的初步设计或扩大初步设计、施工图设计、建筑总平面图、土方竖向设计和城市规划资料等文件；

B．调查搜集的原始资料；

C．设计、施工验收规范和有关技术规定。

2）熟悉、审查图纸的目的

熟悉审查图纸的目的是了解设计人员的设计意图、纠正施工图中的差错、保证工程质量。

3）熟悉、审查图纸的内容

A．图纸设计是否符合国家有关技术规范，是否符合经济、合理、美观、适用原则；

B．图纸及说明是否完整、齐全、清楚，图纸之间是否有矛盾；

C．施工单位在技术上有无困难，能否确保施工质量和安全，装备条件是否能满足；

D．地下与地上、土建与安装、结构与装修、主体与围护之间施工时是否有矛盾，各种设备管道的布置对土建施工是否有影响；

E．各种材料、配件、构件等采购供应是否有问题，规格、性能、质量等能否满足设计要求；

F．图纸中不明确或有疑问处，设计单位能否解释清楚；

G. 设计、施工中的合理化建议能否采纳。

4）熟悉、审查图纸的程序

熟悉、审查图纸的程序，通常有学习、自审、会审及工程变更洽商等阶段。

A. 学习阶段

施工单位收到拟建工程的施工图及有关技术文件之后，应尽快组织有关技术人员熟悉图纸，并对图纸中的疑问、建议等各自按施工图的次序写出来。

B. 自审阶段

施工单位组织学习过施工图的技术人员开碰头会，让他们发表各自的意见和看法，并对施工图中的差错、建议逐条按图纸次序进行记录，形成一份自审记录。

C. 图纸的会审阶段

图纸会审就是由建设单位召集的，有施工单位、设计单位、监理单位及有关部门参加的对施工图进行技术经济评价的会议。在图纸会审时首先由设计单位的工程负责人向与会者说明拟建工程的设计依据、意图和功能要求，并对特殊结构、新工艺、新技术提出设计要求，然后施工单位根据自审记录、对设计意图的理解和企业能力，提出对根据施工图纸要求组织施工的可能疑问和建议，最后统一认识，对所探讨的问题一一做好记录，形成"图纸会审纪要"，由建设单位正式行文，并由参加单位各方签证认可。作为与施工图同时使用的技术文件，作为指导施工的依据，以及进行工程结算的依据。

D. 图纸的变更洽商阶段

在工程开工以后，如果发现施工条件与设计图纸的设计条件不符，或者发现图纸中仍然有错误，或者因为材料的规格、质量不能满足设计要求，或因为施工单位提出了合理化建设等原因需对施工图纸进行修改及变更时，应进行工程变更洽商；设计单位出联系单，并由相关各方认可。如设计变更的内容，对拟建工程的规模、投资影响较大时，要报请项目的原批准单位批准。此时的联系单与施工图及会审纪要具有同等效力。

4. 经济资料的准备

与工程施工密切相关的经济资料主要是指施工图预算和施工预算。

施工图预算是按施工图确定的工程量、施工方法，套用工程预算定额及取费标准而对拟建工程造价的估算。它是实行经济核算的依据，是施工企业编制计划、核对工程统计资料的基础资料；是确定建筑安装工程的造价，办理拨付工程价款和竣工结算的依据。施工图预算完成后，由建设单位和施工单位共同审查通过后，分送建设单位、建设银行和设计单位，由建行监督执行。

施工预算是施工单位根据施工图，施工组织设计及自身实力套用施工定额而对工程成本的估算。它是施工企业内部控制各项成本支出的依据；是签发施工任务单、进行班组经济核算的依据；也是施工企业进行经济活动分析的依据。

（二）施工现场准备

施工现场准备即室外准备，它包括"三通一平"，测量控制网的建立及临时设施的搭设等内容。

1. "三通一平"工作

三通一平工作是由建设单位负责完成的，一般是委托施工单位实施。

"三通一平"即是水通、电通、路通及场地平整。水通应由建设单位将供水管接到施工现场，管径应满足施工单位的用水量需要；电通应由建设单位将电缆接到施工单位的总配电箱，线径应满足施工用电量的要求；路通应由业主（发包人）负责将施工现场与交通干线连通，以满足施工运输需要；场地平整，在平整时往往会碰到地上的地下的障碍物，例如坟墓、旧建筑、高压线、地下管线等应由建设单位与有关部门协调作出妥善处理。

现在所讲的"三通一平"实际已不再是狭义的概念而是一个广义的概念。随着地域的不同、科学技术的发展和生活水平的不断提高，网络、通信、蒸气、煤气等已经成为人们的必须时，"三通一平"工作实际做已经是"四通一平"、"五通一平"或"七通一平"，甚至更多。

2. 测量控制网的建立

测量控制网的建立主要是为了确定拟建工程的平面位置及标高。这一工作的好坏直接影响到施工测量中的精度，故应正确搜集勘测部门建立的国家或城市平面与高程控制网资料，测量控制点的标志情况，从而确定拟建建筑物的定位方式（方格网和原有建筑物定位）。

建筑物的定位是由施工单位实施，建设单位核检签字，并将定位放线记录交给城市规划部门。由城市规划部门验线（防止建筑物超、压红线），验线后方能破土动工。

3. 临时设施的搭设

临时设施就是指除拟建工程以外一切为拟建工程施工服务的设施：它包括生产性设施与非生产性设施。

施工现场上的临时设施应按施工平面布置的规划布置，并满足城市规划、市政、消防、交通、环保和安全的要求，并尽可能利用原有的、拟建的设施以节约临时设施费用。

（三）劳动要素准备

马克思主义政治经济学中讲到劳动应具备三要素即劳动力、劳动对象及劳动工具。

1. 劳动力的准备

劳动力的准备是一个复杂的过程，自古到今没有一定的模式可循。但基本的要求只一条：劳动力的数量、技术水平、各工种的比例应与拟建工程的进度、复杂难易程度和各分部分项工程的工程量相适应。

（1）工程机构的设置

传统的劳动管理模式随着建筑业的发展已越来越不适应，而一种新的模式随着国家建设部文件的下达而在全国推广并在逐渐完善。这种模式即是：单位工程要实行项目经理负责的项目法施工、实行独立核算。

项目经理一般由经验丰富、具有一定学历、又有领导才能并通过岗位培训的施工技术人员来担任。他全面负责施工现场上的经营、生产、技术、管理等工作，具体工作由土建、水、电、安装施工员、质安员负责。也就是要成立一个以项目经理为首的、与工程规模及技术要求相适应的组织管理机构——项目经理部。

（2）劳动力的组织

1）基本劳动力是由公司的正式职工和招聘的合同工组成，他们一般技术水平较高、文化素质较好是施工现场上的操作技术骨干，他们负责技术性强、难度大，要求高的分部分项工程。

2）临时劳动力是在工程开工前由项目经理负责，根据基本劳动力的情况而招聘的专业班组和辅助劳力。这些人的数量及专业是根据拟建工程的性质而定的，工作期限则根据施工进度计划来确定，临时劳力在进场前要办妥各项手续并签订用工合同，在工作期间必须服从统一的调配，遵守国家的政策、法令和施工现场的各种规章制度。

2．劳动对象准备

劳动对象指的是原材料、构配件。我们应根据工程的需用量计划，分别落实货源、安排运输和储备，使其能满足连续施工的要求。

（1）原材料的准备主要是根据施工预算进行分析，按照施工进度计划要求，按材料的名称、规格、使用时间、材料的存贮定额及材料消耗定额，进行汇总，编制出材料需要量计划，为组织备料、确定仓库及堆场面积、组织运输提供依据。

（2）构配件的准备根据施工预算提供的构配件、制品的名称、规格、质量和消耗量，确定加工方案和供应渠道以及进场后的储存地点和方式，编制出其需要量计划，为组织运输，确定堆场面积提供依据。

3．劳动工具准备

劳动工具准备是指拟建工程建造时所需的各种施工机械、工具及周转材料等的准备。劳动工具准备则应根据采用的施工方案，安排的施工进度，确定施工机械和用具的类型、数量和进场时间，确定施工机具的供应办法和进场后的存放地点和方式，编制建筑安装机具的需要量计划，为组织运输、确定存放场地面积、位置、安装方式提供依据。

（四）冬雨期施工准备

建筑行业由于其产品的庞大性，它不可能在室内进行生产，它受外界气候的影响，冬雨期气候的特殊性给我们劳动力的安排、原材料构配件的运输、成品保护及施工安全都带来了很大的麻烦，故我们应在这特殊的季节里采取一系列措施以保证工程顺利进行，也即在天气好时尽可能安排一些室外工作，而在天气差时安排一些室内工作，以减少窝工现象，保证工程施工的连续性，并采取一系列有效防范措施保证工程进行。

1．冬期施工准备

冬期施工按施工技术规范规定，当室外平均气温连续5昼夜低于+5℃、最低气温低于-3℃时即进入冬期施工，在这期间应做好以下工作：

（1）明确冬季施工项目，编好进度安排；

（2）做好冬季测温组织工作，落实各种热源的供应管理，保证冬季施工的顺利进行；

（3）做好室外各种临时设施的保温、防冻工作；

（4）冬季到来前，应储存足够的材料、构件、物资及保温材料等，节约冬运费用支出；

（5）做好停止施工部位的安排和检查；

（6）冬季干燥应加强安全教育，严防火灾发生，避免安全事故。

2．雨期施工准备

雨期中由于降水量大、延续时间长、地下水位高，并伴有雷电、道路泥泞、渗漏现象重。在浙江地区一般在5~9月份为雨期。为此我们应在雨期做好以下工作：

（1）防洪排涝、搞好现场排水；

（2）做好晴雨天施工的综合安排，避免基础施工；

（3）做好道路的维护，保证运输畅通，并做好材料的储备；

（4）采取有效措施，以防雷、防电、防渗漏、搞好相关安全教育及检查工作。

夏季施工在南方地区的6月下旬到9月上旬，这段时间中，由于气温较高，水分蒸发过快，我们应做好防暑降温工作；安排工作应利用"二头"（早上、晚上）以避高温，对砂浆、混凝土宜少拌快用，并对其成品采取覆盖草帘子浇水、包裹尼龙薄膜等措施进行保水养护。

四、施工许可证及开工报告制度

（一）编制施工准备工作计划表

为了使施工准备工作有条不紊地进行，我们应根据施工组织设计的要求编制一个施工准备工作计划，具体见表 7-1。

施工准备工作计划表　　　　　　　　　　　　　　　　　表 7-1

序　号	施工准备工作内容	工程量	准备起止日期	负责人
1				
2				
3				

（二）做好施工准备工作还必须做好的几个结合

（1）施工与设计相结合

（2）室内与室外准备相结合

（3）土建与专业工种相结合

（4）前期与后期准备相结合

（三）开工申请报告的提出

单位工程施工应待施工准备工作计划基本完成，具备开工条件后，由项目经理部提出开工申请报告（见表 7-2），待上级审查批准后，报总监理工程师批准，方能开工，这是必须遵守的施工顺序。

开　工　报　告　　　　　　　　　　　　　　　　　　　表 7-2

工程名称				结构类型	
建设单位		电话		联系人	
施工单位		电话		项目经理	
设计单位		电话		联系人	
监理单位		电话		现场监理	
工程地址				现场电话	
建筑面积（m²）		其中：地下建筑：		地面建筑：	
合同造价（万元）		其中：土建：　装修：　安装：　园林绿化：			
开工日期	年　月　日	计划竣工日期		年　月　日	
建设工程施工许可证签发单位及编号					
施工准备 安全措施 落实情况					
施工单位 （签章）				年　月　日	
监理（建设）单位 （签章）				年　月　日	

本报告一式四份，经监理（建设）单位施工单位盖章后，监理（建设）、施工、设计、行业管理部门各执一份。

（四）业主（发包人）申领施工许可证

建设工程具备施工条件后，业主（发包人）填妥《建设工程施工许可证申请表》，见表 7-3，并带下列资料申领建设工程施工许可证：

建设工程施工许可申请表填写说明　　　　　表 7-3

建设单位名称	（与"建设工程规划许可证"一致）	所有制性质	
建设单位地址		电　话	
法定代表人		领证人	
工程名称	（与"建设工程规划许可证"一致）		
建设地点	（与"建设工程规划许可证"一致）		
合同价格	（与施工合同一致）		
建设规模	（与"建设工程规划许可证"一致）		
结构类型	（与"建设工程规划许可证"一致）		
合同开工日期	（与施工合同一致）	合同竣工日期	（与施工合同一致）
施工总包单位：（由中标的施工企业盖章）		施工分包单位	
申请单位：（与"建设工程规划许可证"一致）			
法定代表人（签章）		单位（盖章）　　年　月　日	

(1) 建设工程用地许可证；
(2) 建设工程规划许可证；
(3) 拆迁许可证或施工现场是否具备施工条件；
(4) 中标通知书及施工合同；
(5) 施工图纸及技术资料；
(6) 施工组织设计；
(7) 监理合同或建设单位工程技术人员情况；
(8) 质量、安全监督手续；
(9) 资金保函或证明；
(10) 其他资料：施工项目登记卡、廉洁协议等资料。

如是住宅项目，还须提供：住宅新开工审核通知单、"住宅项目配套建设条件审核申请表"审核意见通知单。

第三节　施工组织总设计

一、施工组织总设计

施工组织总设计是以整个建设项目或群体工程（一个住宅建筑小区，配套的公共设施工程、一个配套的工业生产系统等）为对象编制的，是整个建设项目或建筑群施工的全局性战略部署，是施工企业规划和部署整个施工活动的技术、经济文件。在有了批准的初步设计或技术设计、总概算或修正总概算后，一般以主持工程的总承建单位为主，有其他承建单位、建设单位和设计单位参加，结合建设准备和计划安排工作进行编制。

二、施工组织总设计的主要作用

施工组织总设计的作用主要有：

(1) 确定设计方案的施工可能性和经济合理性；

(2) 为建设单位主管机关编制基本建设计划提供依据；

(3) 为施工单位主管机关编制建筑安装工程计划提供依据；

(4) 为组织物资技术供应提供依据；

(5) 为及时进行施工准备工作提供条件；

(6) 解决有关生产和生活基地的组织问题。

三、施工组织总设计的编制依据

(1) 设计地区的工程勘察和技术经济资料，如地质、地形、气象、河流水位、地区条件等；

(2) 国家现行规范和规程、上级指示、合同协议等；

(3) 计划文件，如国家批准的基本建设计划、单项工程一览表、分期分批投资的期限、投资指标、工程材料和设备的订货指标、地区主管部门的批件、施工单位上级主管下达的施工任务书等；

(4) 设计文件，如批准的初步设计、设计证明书、总概算、已批准的计划任务书等。

四、施工组织总设计的内容和深度

施工组织总设计的内容和深度，视工程的性质、规模、建筑结构和施工复杂程度、工期要求和建设地区的自然经济条件而有所不同，但都应突出"规划"和"控制"的特点，一般应包括以下主要内容：

(1) 施工部署和施工方案。主要有：施工任务的组织分工和安排，重要单位工程施工方案，主要工种的施工方法以及"三通一平"规划。

(2) 施工准备工作计划。主要有：做好现场测量控制网，土地征用，居民迁移，障碍物拆除，掌握设计进度和意图，编制施工组织设施和研究有关施工技术措施，新结构、新材料、新技术的试制和试验工作，大型临时设施工程、施工用水、用电、道路及场地平整工作的安排，技术培训，物资和机具的申请和准备等。

(3) 施工总进度计划。用以控制工期及各单位工程的搭接关系和延续时间。

(4) 各项需要量计划。包括劳动力需要量计划，主要材料与加工品需用量、需用时间计划和运输计划，主要机具需用量计划，大型临时设施建设计划等。

(5) 施工总平面图。对施工所需的各项设施和永久性建筑相互间的合理布局，在施工现场上进行周密的规划和部署。

(6) 技术经济指标分析。用以评价上述设计的技术经济效果并作为今后考核的依据。

五、施工组织总设计编制程序及方法

首先要从全局出发，对建设地区的自然条件，技术经济情况以及工程特点、工期要求等进行全面系统的研究，找出主要矛盾和薄弱环节，以便重点加以解决，避免造成损失。

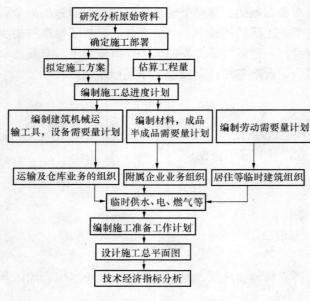

图 7-1 施工组织总设计编制程序

其次根据施工任务情况和施工队伍的现状，合理进行组织分工，并对重要单位工程和主要工种工程的施工方案在经过技术经济比较之后合理地加以确定。再次根据生产工艺流程和工程特点，合理地编制施工总进度计划，以确保工程能按照工期要求均衡连续的进行施工，能分期分批的投入生产或交付使用，充分发挥投资效益。根据编制的施工总进度计划，就可编制材料、成品、半成品、劳动量、建筑机械、运输工具等的需要量计划。由此就可进行运输及仓库业务、附属企业业务和临时建筑业务的组织。为计算临时供水、供电、供热、供气的需要量及其业务的组织提供了可能。在完成了上述工作后，即可编制施工准备工作计划和设计总平面图。

（一）施工部署和施工方案

施工部署与施工方案是施工组织总设计的中心环节，是在充分了解工程情况、施工条件和建设要求的基础上，对整个建设工程进行全面安排和解决工程施工中的重大问题，是编制施工总进度计划的前提。其主要内容：施工任务的组织分工及程序安排，主要项目的施工方案，主要工种工程的施工方法，"三通一平"规划等。

施工部署重点要解决下述问题：

（1）确定各主要单位工程的施工展开程序和开、竣工日期。一方面满足上级规定的投产或投入使用的要求，另外也需遵循一般的施工程序，如先地下后地上，先深后浅等。

（2）建立工程的指挥系统，划分各施工单位的工程任务和施工区段，明确主攻项目和辅助项目的相互关系，明确土建施工、结构安装、设备安装等的相互配合等。

（3）明确施工准备工作的规划。如土地征用、居民迁移、障碍物清除、"三通一平"的分期施工任务及期限、测量控制网的建立、新材料和新技术的试制和试验、重要建筑机械和机具的申请和订货生产等。

施工方案的拟定要重点解决下述问题：

（1）重点单位工程的施工方案：根据设计方案和拟采用的新结构、新技术，明确重点单位工程拟采用的施工方案，如深基础施工用哪种支护结构、地下水如何处理、挖土方式如何、结构工程采用预制或现浇施工、用何种类型的模板（滑升模板、大模板、爬升模板等）、工程构筑物采用滑升模板施工、大跨、重型构件、整体结构组运、吊装施工等。

（2）主要工种工程的施工方案：确定主要工种工程（如土石方、桩基础、混凝土、砌体、结构安装、预应力混凝土工程等）的施工方案，如何提高机械化水平，提高工程质量、降低造价和保证施工安全。

（二）施工总进度计划

施工总进度计划是根据施工部署的要求，合理确定各工程项目施工的先后顺序、开工和竣工日期、施工期限和它们之间的搭接关系，其编制方法如下：

1. 估算各主要项目的实物工程量

这项工作可按初步设计图纸并根据各种定额手册、资料粗略进行。

（1）1万元、10万元工作量的劳动力及材料消耗指标。

（2）概算指标或扩大结构定额。

（3）标准设计或类似工程的资料。

计算工程量除房屋外，还需确定主要的全工地性工程的工程量，如铁路、道路、地下管线的长度等，可从建筑总平面图上量得。

2. 确定各单位工程的施工工期

根据建筑类型、结构特征和工程规模，施工方法、施工技术和施工管理水平，劳动力和材料供应情况以及施工现场的地形，地质条件、参考有关的工期定额或类似建筑的施工经验数据予以确定。

3. 确定各单位工程的开、竣工时间和相互搭接关系

在确保规定时间内能配套投入使用的前提下，集中使用人力、物力，避免分散，早出效益，同时应做好土方、劳动力、施工机械、材料和构件的五大综合平衡，使各生产环节能连续、均衡的进行。

4. 编制施工总进度计划

对工业建设项目，要处理好生产车间与辅助车间、加工部门与动力设施、生产性建筑与非生产性建筑之间的关系，要有意识地做好协调配套形成生产系统，尽早形成生产能力。民用建筑，亦要重视配套建设，并解决好供水、供电、市政、交通等工程建设。确定一些调剂项目，作为既能保证重点又能实现均衡施工的措施。

思 考 题

1. 什么是建筑工程施工组织？
2. 建筑工程施工组织包括什么样的内容？
3. 建筑工程施工组织应遵循的基本原则是什么？
4. 施工组织设计分为哪几类，每一类别分别由谁负责编制和审批？
5. 施工准备工作的基本任务是什么？
6. 施工准备工作按工程所处阶段不同可分为哪几类？
7. 施工准备工作的内容包括哪些？
8. 熟悉、审查图纸的程序是什么？
9. 施工图预算和施工预算有什么区别和联系？
10. 施工现场准备包括哪些内容？
11. 劳动包括哪三个要素，应分别如何准备？
12. 冬期和雨期施工应做好哪些工作？
13. 申领建设工程施工许可证需具备哪些资料？
14. 什么是施工组织总设计？
15. 施工组织总设计有哪些作用？

16. 施工组织总设计的编制依据是什么?
17. 施工组织总设计的基本内容包括哪些?
18. 施工组织总设计的编制遵循什么程序?
19. 施工部署和施工方案主要是解决哪些问题?
20. 施工总进度计划如何进行编制?

第八章 单位工程施工组织设计

单位工程施工组织设计是建筑施工企业组织和指导单位工程施工全过程各项活动的技术经济文件。它是基层施工单位编制季度、月度、旬施工作业计划、分部分项工程作业设计及劳动力、材料、预制构件、施工机具等供应计划的主要依据，也是建筑施工企业加强生产管理的一项重要工作。本章主要叙述单位工程施工组织设计的编制内容和方法。

第一节 概 述

单位工程施工组织设计一般由施工单位的工程项目主管工程师负责编制，并根据工程项目的大小，报公司总工程师审批或备案。它必须在工程开工前编制完成，以作为工程施工技术资料准备的重要内容和关键成果，并应经该工程监理单位的总监理工程师批准方可实施。

一、单位工程施工组织设计的编制依据

1. 主管部门的批示文件及有关要求

如上级机关对工程的有关指示和要求，建设单位对施工的要求，施工合同中的有关规定等。

2. 经过会审的施工图

包括单位工程的全套施工图纸、图纸会审纪要及有关标准图。

3. 施工企业年度施工计划

如本工程开竣工日期的规定，以及与其他项目穿插施工的要求等。

4. 施工组织总设计

如本工程是整个建设项目中的一个项目，应把施工组织总设计作为编制依据。

5. 工程预算文件及有关定额

应有详细的分部分项工程量，必要时应有分层、分段、分部位的工程量，使用的预算定额和施工定额。

6. 建设单位对工程施工可能提供的条件

如供水、供电、供热的情况及可借用作为临时办公、仓库、宿舍的施工用房等。

7. 施工条件

如施工单位的人力、物力、财力等情况。

8. 施工现场的勘察资料

如高程、地形、地质、水文、气象、交通运输、现场障碍物等情况以及工程地质勘察报告、地形图、测量控制网。

9. 有关的规范、规程和标准

如《建设工程项目管理规范》、《建筑工程施工质量验收统一标准》、《建筑工程施工质量评价标准》等。

10. 有关的参考资料

如施工手册、相关施工组织设计等。

二、单位工程施工组织设计的编制程序

单位工程施工组织设计的编制程序，是指单位工程施工组织设计各个组成部分形成的先后次序以及相互之间的制约关系，如图8-1所示。

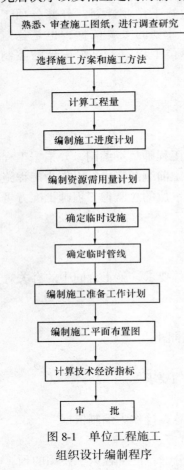

图8-1 单位工程施工组织设计编制程序

三、单位工程施工组织设计的内容

根据工程的性质、规模、结构特点、技术复杂难易程度和施工条件等，单位工程施工组织设计编制内容的深度和广度也不尽相同。但一般来说应包括下述主要内容：

1. 工程概况及施工特点分析

主要包括工程建设概况、设计概况、施工特点分析和施工条件等内容（详见本章第二节）。

2. 施工方案

主要包括确定各分部分项工程的施工顺序、施工方法和选择适用的施工机械、制定主要技术组织措施（详见本章第三节）。

3. 单位工程施工进度计划表

主要包括确定各分部分项工程名称，计算工程量、计算劳动量和机械台班量、计算工作延续时间，确定施工班组人数及安排施工进度，编制施工准备工作计划及劳动力、主要材料、预制构件、施工机具需要量计划等内容（详见本章第四节）。

4. 单位工程施工平面图

主要包括确定起重、垂直运输机械、搅拌站、临时设施、材料及预制构件堆场布置，运输道路布置，临时供水、供电管线的布置等内容（详见本章第五节）。

5. 主要技术经济指标

主要包括工期指标、工程质量指标、安全指标、降低成本指标等内容。

对于建筑结构比较简单、工程规模比较小、技术要求比较低，且采用传统施工方法组织施工的一般工业与民用建筑，其施工组织设计可以编制得简单一些，称为"施工方案"。其内容一般只包括施工方案、施工进度表、施工平面图，辅以扼要的文字说明，简称为"一案一表一图"。

第二节 工程概况和施工特点分析

工程概况和施工特点分析包括工程建设概况、工程建设地点特征、建筑结构设计概

况、施工条件和工程施工特点分析五方面内容。

一、工程建设概况

主要介绍拟建工程的建设单位，工程名称、性质、用途和建设的目的，资金来源及工程造价，开竣工日期，设计单位、施工单位、监理单位，施工图纸情况，施工合同是否签订，上级有关文件或要求，以及组织施工的指导思想等。

二、工程建设地点特征

主要介绍拟建工程的地理位置、地形、地貌、地质、水文地质、气温、冬雨季时间、主导风向、风力和地震烈度等。

三、建筑、结构设计概况

主要根据施工图纸、结合调查资料，简练地概括工程全貌、综合分析，突出重点问题。对新结构、新材料、新技术、新工艺及施工的难点作重点说明。

建筑设计概况主要介绍拟建工程的建筑面积、平面形状和平面组合情况、层数、层高、总高、总长、总宽等尺寸及室内外装修的情况。

结构设计概况主要介绍基础的类型，埋置深度，设备基础的形式，主体结构的类型，墙、柱、梁、板的材料及截面尺寸，预制构件的类型及安装位置，楼梯构造及形式等。

四、施工条件

主要介绍"三通一平"的情况，当地的交通运输条件，资源生产及供应情况，施工现场大小及周围环境情况，预制构件生产及供应情况，施工单位机械、设备、劳动力的落实情况，内部承包方式、劳动组织形式及施工管理水平，现场临时设施、供水、供电问题的解决。

五、工程施工特点分析

主要介绍拟建工程施工特点和施工中关键问题、难点所在，以便突出重点、抓住关键，使施工顺利进行，提高施工单位的经济效益和管理水平。

第三节 施 工 方 案

施工方案的选择是单位工程施工组织设计中的重要环节，是决定整个工程全局的关键。施工方案选择的恰当与否，将直接影响到单位工程的施工效率、进度安排、施工质量、施工安全、工期长短。因此，我们必须在若干个初步方案的基础上进行认真分析比较，力求选择出一个最经济、最合理的施工方案。

在选择施工方案时应着重研究以下三个方面的内容：确定各分部分项工程的施工顺序；确定主要分部分项工程的施工方法和选择适用的施工机械；制订主要技术组织措施；进行流水施工。

一、施工顺序的确定

（一）确定施工顺序应遵循的基本原则和基本要求

确定合理的施工顺序是选择施工方案首先应考虑的问题。施工顺序是指工程开工后各分部分项工程施工的先后次序。确定施工顺序既是为了按照客观的施工规律组织施工，也是为了解决工种之间的合理搭接，在保证工程质量和施工安全的前提下，充分利用空间，以达到缩短工期的目的。

在实际工程施工中，施工顺序可以有多种。不仅不同类型建筑物的建造过程，有着不同的施工顺序；在同一类型的建筑工程施工中，甚至同一幢房屋的施工也会有不同的施工顺序。因此，本节的基本任务就是如何在众多的施工顺序中，选择出既符合客观规律，又经济合理的施工顺序。

1. 确定施工顺序应遵循的基本原则

(1) 先地下，后地上。指的是地上工程开始之前，把管道、线路等地下设施、土方工程和基础工程全部完成或基本完成。坚固耐用的建筑需要有一个坚实的基础，从工艺的角度也必须先地下后地上，地下工程施工时应做到先深后浅。这样可以避免对地上部分施工产生干扰，从而带来施工不便，造成浪费，影响工程质量。

(2) 先主体，后围护。指的是框架结构建筑和装配式单层工业厂房施工中，先上主体结构，后上围护工程。同时框架主体结构与围护工程在总的施工顺序上要合理搭接，一般来说，多层建筑以少搭接为宜，而高层建筑则应尽量搭接施工，以缩短施工工期；而装配式单层工业厂房主体结构与围护工程一般不搭接。

(3) 先结构，后装修。是对一般情况而言，先结构，后装修有时为了缩短施工工期，也可以有部分合理的搭接。

(4) 先土建，后设备。指的是不论是民用建筑还是工业建筑，一般来说，土建施工应先于水、暖、煤、卫、电等建筑设备的施工。但它们之间更多的是穿插配合关系，尤其在装修阶段，要从保证施工质量、降低成本的角度，处理好相互之间的关系。

以上原则并不是一成不变的，在特殊情况下，如在冬期施工之前，应尽可能完成土建和围护工程，以利于施工中的防寒和室内作业的开展，从而达到改善工人的劳动环境，缩短工期的目的；又如大板建筑施工，大板承重结构部分和某些装饰部分宜在加工厂同时完成。因此，随着我国施工技术的发展、企业经营管理水平的提高和在特殊情况下，上述原则也在进一步完善之中。

2. 确定施工顺序的基本要求

(1) 必须符合施工工艺的要求。建筑物在建造过程中各分部分项工程之间存在着一定的工艺顺序关系，它随着建筑物结构和构造的不同而变化，应在分析建筑物各分部分项工程之间的工艺关系的基础上确定施工顺序。例如：基础工程未做完，其上部结构就不能进行，垫层需在土方开挖后才能施工；采用混合结构时，下层的墙体砌筑完成后方能施工上层楼面；但在框架结构工程中，墙体作为围护或隔断，则可安排在框架施工全部或部分完成后进行。

(2) 必须与施工方法协调一致。例如：在装配式单层工业厂房施工中，如采用分件吊装法，则施工顺序是先吊柱、再吊梁、最后吊各个节间的屋架及屋面板等；如采用综合吊装法，则施工顺序为一个节间全部构件吊装完后，再依次吊装下一个节间，直至构件吊完。

(3) 必须考虑施工组织的要求。例如：有地下室的高层建筑，其地下室地面工程可以安排在地下室顶板施工前进行，也可以安排在地下室顶板施工后进行。从施工组织方面考虑，前者施工较方便，上部空间宽敞，可以利用吊装机械直接将地面施工用的材料吊到地下室。而后者，地面材料运输和施工就比较困难。

(4) 必须考虑施工质量的要求。在安排施工顺序时，要以保证和提高工程质量为前提，影响工程质量时，要重新安排施工顺序或采取必要的技术措施。例如：屋面防水层施工，必须等找平层干燥后才能进行，否则将影响防水工程的质量，特别是柔性防水层的施工。

（5）必须考虑当地的气候条件。例如：在冬季和雨季施工到来之前，应尽量先做基础工程、室外工程、门窗玻璃工程，为地上和室内工程施工创造条件。这样有利于改善工人的劳动环境，有利于保证工程质量。

（6）必须考虑安全施工的要求。在立体交叉、平行搭接施工时，一定要注意安全问题。例如：在主体结构施工时水、暖、煤、卫、电的安装与构件、模板、钢筋等的吊装和安装不能在同一个工作面上，必要时采取一定的安全保护措施。

（二）多层混合结构民用房屋的施工顺序

多层混合结构民用房屋的施工，按照房屋结构各部位不同的施工特点，可分为基础工程、主体工程、屋面及装修工程三个施工阶段，如图8-2所示。

1. 基础工程阶段施工顺序

基础工程是指室内地面以下的工程。基础工程施工阶段的施工顺序比较容易确定，一般是挖土方→垫层→基础→回填土。具体内容视工程设计而定。如有桩的基础工程，应另列桩基础工程。如有地下室则施工过程和施工顺序一般是挖土方→垫层→地下室底板→地下室墙、柱结构→地下室顶板→防水层及保护层→回填土，但由于地下室结构、构造不同，有些施工内容应有一定的配合和交叉。

在基础工程施工阶段，挖土方与做垫层这两道工序，在施工安排上要紧凑，时间间隔不宜太长，必要时可将挖土方与做垫层合并为一个施工过程。在施工中，可以采取集中兵力，分段流水进行施工，以避免基槽（坑）土方开挖后，垫层施工未能及时进行，使基槽（坑）浸水或受冻害，从而使地基承载力下降，造成工程质量事故或引起工程量、劳动力、机械等资源的增加。还应注意混凝土垫层施工后必须有一定的技术间歇时间，使之具有一定的强度后再进行下道工序的施工。各种管沟的挖土、铺设等施工过程，应尽可能与基础工程施工配合，采取平行搭接施工。回填土一般在基础工程完工后一次性分层、对称夯填，以避免基础浸泡，并为后道工序施工创造条件。当回填土工程量较大且工期较紧时，也可将回填土分段与主体结构搭接进行，室内回填土可安排在室内装修施工前进行。

2. 主体工程阶段施工顺序

主体工程是指基础工程以上，屋面板以下的所有工程。这一施工阶段的施工过程主要包括：安装起重垂直运输机械设备，搭设脚手架，墙体砌筑，现浇柱、梁、板、雨篷、阳台、楼梯等施工内容。

其中砌墙和现浇楼板是主体工程阶段施工的主导施工过程。两者在各楼层中交替进行，应注意使它们在施工中保持均衡、连续、有节奏地进行。并以它们为主组织流水施工，根据每个施工段的砌墙和现浇楼板工程量、工人人数、吊装机械的效率、施工组织的安排等计算确定流水节拍大小，而其他施工过程则应配合砌墙和现浇楼板组织流水，搭接进行施工。如脚手架搭设应配合砌墙和现浇楼板逐段逐层进行；其他现浇钢筋混凝土构件的支模、扎筋可安排在现浇楼板的同时或墙体砌筑的最后一步插入，要及时做好模板、钢筋的加工制作工作，以免影响后续工程的按期投入。

3. 屋面及装修工程施工顺序

屋面及装修工程是指屋面板完成以后的所有工作。这一施工阶段的施工特点是：施工

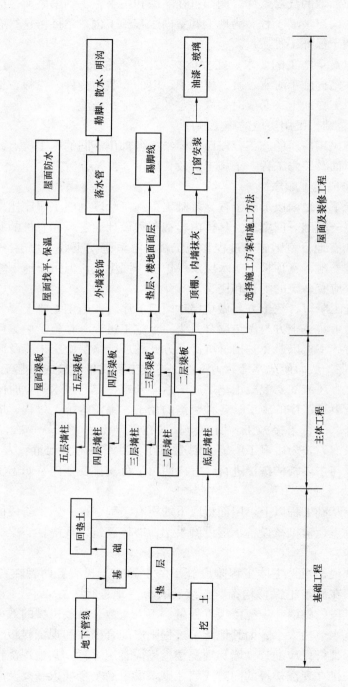

图 8-2 多层混合结构民用房屋施工顺序示意图

内容多、繁、杂；有的工程量大而集中，有的则工程量小而分散；劳动消耗大，手工作业多，工期较长。因此，妥善安排屋面及装修工程的施工顺序，组织流水立体交叉作业，对加快工程进度有着特别重要的现实意义。

屋面工程的施工，应根据屋面的设计要求逐层进行。例如：柔性屋面的施工顺序按照找平层→保温层→找平层→柔性防水层→保护隔热层依次进行。刚性屋面按照找平层→保温层→找平层→刚性防水层→隔热层施工顺序依次进行，其中细石混凝土防水层、分仓缝施工应在主体结构完成后开始并尽快完成，以便为顺利进行室内装修创造条件。为了保证屋面工程质量，防止屋面渗漏水这一长期以来未被解决的质量通病，屋面防水在南方做成"双保险"，即既做柔性防水层，又做刚性防水层，但也应精心施工，精心进行管理。屋面工程施工在一般情况下不划分流水段，它可以和装修工程搭接施工。

装修工程的施工可分为室外装修（檐沟、女儿墙、外墙、勒脚、散水、台阶、明沟、水落管等）和室内装修（顶棚、墙面、楼地面、踢脚线、楼梯、门窗、五金及木作、油漆及玻璃等）两个方面的内容。其中内、外墙及楼地面的饰面是整个装修工程施工的主导施工过程，因此要着重解决饰面工作的空间顺序。

根据装修工程的质量、工期、施工安全以及施工条件，其施工顺序一般有以下几种：

(1) 室外装修工程

室外装修工程一般采用自上而下的施工顺序，是在屋面工程全部完工后室外抹灰从顶层至底层依次逐层向下进行。其施工流向一般为水平向下，如图8-3所示。采用这种顺序方案的优点是：可以使房屋在主体结构完成后，有足够的沉降和收缩期，从而可以保证装修工程质量，同时便于脚手架的及时拆除。

(2) 室内装修工程

室内装修整体顺序自上而下的施工顺序是指主体工程及屋面防水层完工后，室内抹灰从顶层往底层依次逐层向下进行。其施工流向又可分为水平向下和垂直向下两种，通常采用水平向下的施工流向，如图8-4所示。采用自上而下施工顺序的优点是：可以使房屋主体结构完成后，有足够的沉降和收缩期，沉降变化趋向稳定，这样可保证屋面防水工程质量，不易产生屋面渗漏水，也能保证室内装修质量，可以减少或避免各工种操作互相交叉，便于组织施工，有利于施工安全，而且楼层清理也很方便。其缺点是：不能与主体及屋面工程施工搭接，故总工期相应拖长。

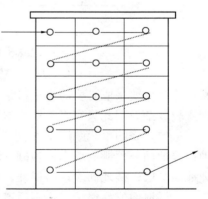

图8-3 室外装修自上而下的施工流向（水平向下）

室内装修自下而上的施工顺序是指主体结构施工到三层以上时（有两层楼板，以确保底层施工安全），室内抹灰从底层开始逐层向上进行，一般与主体结构平行搭接施工。其施工流向又可分为水平向上和垂直向上两种，通常采用水平向上的施工流向，如图8-5所示。为了防止雨水或施工用水从上层楼板渗漏，而影响装修质量，应先做好上层楼板的面层，再进行本层顶棚、墙面、楼地面的饰面。采用自下而上施工顺序的优点是：可以与主体结构平行搭接施工，可以缩短工期。其缺点是：同时施工的工序多、人员多、工序间交

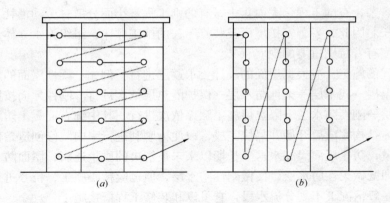

图 8-4 室内装修自上而下的施工流向
(a) 水平向下；(b) 垂直向下

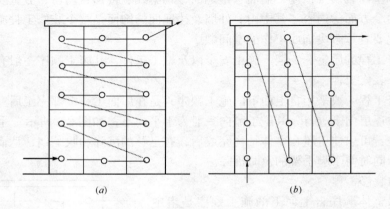

图 8-5 室内装修自下而上的施工流向
(a) 水平向上；(b) 垂直向上

叉作业多，要采取必要的安全措施；材料供应集中，施工机具负担重，现场施工组织和管理比较复杂。因此只有当工期紧迫时室内装修才考虑采取自下而上的施工顺序。

室内装修的单元顺序即在同一楼层内顶棚、墙面、楼地面之间的施工顺序一般有两种：楼地面→顶棚→墙面，顶棚→墙面→楼地面。这两种施工顺序各有利弊。前者便于清理地面基层，楼地面质量易保证，而且便于收集墙面和顶棚的落地灰，从而节约材料，但要注意楼地面成品保护，否则后道工序不能及时进行。后者则在楼地面施工之前，必须将落地灰清扫干净，否则会影响面层与结构层间的粘结，引起楼地面起壳，而且楼地面施工用水的渗漏可能影响下层墙面、顶棚的施工质量。底层地面通常在最后进行。

楼梯间和楼梯踏步，由于在施工期间易受损坏，为了保证装修工程质量，楼梯间和踏步装修往往安排在整个室内其他装修完工之后，自上而下统一进行。门窗的安装可在抹灰之前或之后进行，主要视气候和施工条件而定，但通常是安排在抹灰之后进行的。而油漆和安装玻璃次序是应先油漆门窗扇，后安装玻璃，以免油漆时弄脏玻璃，塑钢及铝合金门窗不受此限制。

在装修工程阶段，还需考虑室内装修与室外装修的先后顺序，这与施工条件和天气变化有关。通常有先内后外，先外后内，内外同时进行这三种施工顺序。当室内有水磨石楼面时，应先做水磨石楼面，再做室外装修，以免施工时渗漏水影响室外装修质量；当采用单排脚手架砌墙时，由于留有脚手眼需要填补，应先做室外装修，拆除脚手架，同时填补脚手眼，再做室内装修；当装饰工人较少时，则不宜采用内外同时施工的施工顺序。一般说来，采用先外后内的施工顺序较为有利。

（三）钢筋混凝土框架结构房屋的施工顺序

钢筋混凝土框架结构房屋的施工也可分基础、主体、屋面及装修工程三个阶段。它在主体工程施工时与混合结构房屋有所区别，即框架柱、框架梁板交替进行，也可以采用框架柱、梁、板同时进行，墙体工程则与框架柱、梁、板搭接施工。其他工程的施工顺序与混合结构房屋相同。

（四）装配式单层工业厂房施工顺序

装配式单层工业厂房的施工，按照厂房结构各部位不同的施工特点，一般分为基础工程、预制工程、吊装工程、其他工程四个施工阶段，如图8-6所示。

在装配式单层工业厂房施工中，有的由于工程规模较大，生产工艺复杂，厂房按生产工艺要求来分区、分段。因此在确定装配式单层工业厂房的施工顺序时，不仅要考虑土建施工及施工组织的要求，而且还要研究生产工艺流程，即先生产的区段先施工，以尽早交付生产使用，尽快发挥基本建设投资的效益。所以工程规模较大、生产工艺要求较复杂的装配式单层工业厂房的施工时，要分期分批进行，分期分批交付试生产，这是确定其施工顺序的总要求。下面根据中小型装配式单层工业厂房各施工阶段来叙述施工顺序。

1. 基础工程

装配式单层工业厂房的柱基大多采用钢筋混凝土杯形基础。基础工程施工阶段的施工过程和施工顺序一般是挖土→垫层→钢筋混凝土杯形基础（也可分为扎筋、支模、浇混凝土、养护、拆模）→回填土。如有桩基础工程，则应另列桩基础工程。

在基础工程施工阶段，挖土与做垫层这两道工序，在施工安排上要紧凑，时间间隔不宜太长。在施工中，挖土、做垫层及钢筋混凝土杯形基础，可采取集中力量、分区、分段进行流水施工。但应注意混凝土垫层和钢筋混凝土杯形基础施工后必须有一定的技术间歇时间，待其有一定的强度后，再进行下道工序的施工。回填土必须在基础工程完工后一次性及时地对称分层夯实，以保证工程基础质量并及时提供现场预制场地。

装配式单层工业厂房往往都有设备基础，特别是重型工业厂房，其设备基础埋置深、体积大、所需工期长和施工条件差，比一般的柱基工程施工困难和复杂得多，还会因为设备基础施工顺序不同，影响到构件的吊装方法、设备安装及投入生产的使用时间。因此对设备基础的施工必须引起足够的重视。设备基础的施工，视其埋置深浅、体积大小、位置关系和施工条件，有两种施工顺序方案，即封闭式和敞开式施工。封闭式施工，是指厂房柱基础先施工，设备基础在结构吊装后施工。它适用于设备基础埋置浅（不超过厂房柱基础埋置深度）、体积小、土质较好、距柱基础较远和在厂房结构吊装后对厂房结构稳定性并无影响的情况。采用封闭式施工的优点是土建工作面大，有利于构件现场预制、吊装构件的就位，便于选择合适的起重机械和开行路线；围护工程能及早完工，设备基础能在室内施工，不受气候影响，可以减少设备基础施工时的防雨、防寒及防暑等的费用；有时还可以利用厂房内的桥式吊车为设备基础施工服务。缺点是出现某些重复性工作，如部分柱基回填土的重复挖填；设备基础施工条件差，场地拥挤，其基坑不宜采用机械开挖；当厂

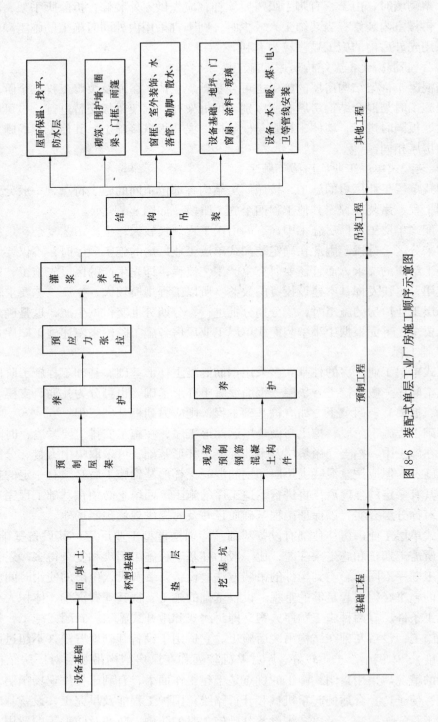

图 8-6 装配式单层工业厂房施工顺序示意图

房所在地点土质不佳，设备基础基坑开挖过程中，容易造成土体不稳定，需增加加固措施费用。敞开式施工，是指厂房柱基础与设备基础同时施工或设备基础先施工。它的适用范围、优缺点与封闭式施工正好相反。这两种施工顺序方案，各有优缺点，究竟采用哪一种施工顺序方案，应根据工程的具体情况，仔细分析、对比后加以确定。

2．预制工程阶段施工顺序

装配式单层工业厂房的钢筋混凝土结构构件较多。一般包括：柱子、基础梁、连系梁、吊车梁、支撑、屋架、天窗架、天窗端壁、屋面板、天沟及檐沟板等构件。

目前，装配式单层工业厂房构件的预制方式，一般采用加工厂预制和现场预制（在拟建车间内部、外部）相结合的预制方式。这里着重阐述现场预制的施工顺序。通常对于构件重量大、批量小或运输不便的采用现场预制的方式，如柱子、吊车梁、屋架等；对于中小型构件采用加工厂预制方式。但在具体确定构件预制方式时，应结合构件的技术特征、当地加工厂的生产能力、工期要求、现场施工、运输条件等因素进行技术分析后确定。

非预应力预制构件制作的施工顺序是：支模→扎筋→预埋铁件→浇混凝土→养护→拆模。

后张法预应力预制构件制作的施工顺序是：支模→扎筋→预埋铁件→孔道留设→浇混凝土→养护→拆模→预应力钢筋的张拉、锚固→孔道灌浆。

预制构件开始制作的日期、位置、流向和顺序，在很大程度上取决于工作面和后续工程的要求。一般来说，只要基础回填土、场地平整完成一部分之后，结构吊装方案一经确定，构件制作即可开始，制作流向应与基础工程的施工流向一致，这样既能使构件制作早日开始，又能及早地交出工作面，为结构吊装尽早创造条件。

当采用分件吊装法时，预制构件的制作有二种方案：若场地狭窄而工期又允许时，构件制作可分批进行，首先制作柱子和吊车梁，待柱子和吊车梁吊装完后再进行屋架制作；若场地宽敞，可考虑柱子和吊车梁等构件在拟建车间内部预制，屋架在拟建车间外进行制作。当采用综合吊装法时，预制构件需一次制作，这时视场地具体情况确定构件是全部在拟建车间内部制作，还是一部分在拟建车间外制作。

3．吊装工程阶段施工顺序

结构吊装工程是整个装配式单层工业厂房施工中的主导施工过程。其内容依次为：柱子、基础梁、吊车梁、连系梁、屋架、天窗架、屋面板等构件的吊装、校正和固定。

构件吊装开始日期取决于吊装前准备工作完成的情况。吊装流向和顺序主要由后续工程对它的要求来决定。

当柱基杯口弹线和杯底标高抄平、构件的弹线、吊装强度验算、加固、吊装机械进场等准备工作完成之后，就可以开始吊装。

吊装流向通常应与构件制作的流向一致。但如果车间为多跨且有高低跨时，吊装流向应从高低跨柱列开始，以适应吊装工艺的要求。

吊装的顺序取决于吊装方法。若采用分件吊装法时，其吊装顺序是：第一次开行吊装柱子，随后校正与固定；第二次开行吊装基础梁、吊车梁、连系梁；第三次开行吊装屋盖构件。有时也可将第二次开行、第三次开行合并为一次开行。若采用综合吊装法时，其吊装顺序是：先吊装四或六根柱子，迅速校正固定，再吊装基础梁、吊车梁、连系梁及屋盖等构件，如此逐个节间吊装，直至整个厂房吊装完毕。

装配式单层工业厂房两端山墙往往设有抗风柱,抗风柱有两种吊装顺序:其一,在吊装柱子的同时先吊装该跨一端之抗风柱,另一端抗风柱则待屋盖吊装完之后进行;另一,则全部抗风柱均待屋盖吊装完之后进行。

4. 其他工程阶段施工顺序

其他工程阶段主要包括围护工程、屋面工程、装修工程、设备安装工程等内容。这一阶段总的施工顺序是:围护工程→屋面工程→装修工程→设备安装工程,但有时也可互相交叉、平行搭接施工。

围护工程的施工过程和施工顺序是:搭设垂直运输设备(一般选用井架)→砌墙(脚手架搭设与之配合进行)→现浇门框、雨篷等。

屋面工程在屋盖构件吊装完毕,垂直运输设备搭好后,就可安排施工,其施工过程和施工顺序与前述多层混合结构民用房屋基本相同。

装修工程包括室外装修和室内装修,两者可平行进行,并可与其他施工过程交叉进行,通常不占总工期。室外装修一般采用自上而下的施工顺序;室内按屋面板底→内墙→地面的顺序进行施工;门窗安装在粉刷施工时穿插进行。

设备安装包括水、暖、煤、卫、电和生产设备安装。水、暖、煤、卫、电安装与前述多层混合结构民用房屋基本相同。而生产设备的安装,则由于专业性强、技术要求高等,一般由专业公司分包安装。

上面所述多层混合结构民用房屋、钢筋混凝土框架结构房屋和装配式单层工业厂房的施工顺序,仅适用于一般情况。建筑施工顺序的确定既是一个复杂的过程,又是一个发展的过程,它随着科学技术的发展,人们观念的更新而在不断的变化。因此,针对每一个单位工程,必须根据其施工特点和具体情况,合理确定施工顺序。

二、施工方法和施工机械的选择

正确选择施工方法和施工机械是制订施工方案的关键。单位工程各个分部分项工程均可采用各种不同的施工方法和施工机械进行施工,而每一种施工方法和施工机械又都有其优缺点。因此,我们必须从先进、经济、合理的角度出发,选择施工方法和施工机械,以达到提高工程质量、降低工程成本、提高劳动生产率和加快工程进度的预期效果。

(一)选择施工方法和施工机械的主要依据

在单位工程施工中,施工方法和施工机械的选择主要应根据工程建筑结构特点、质量要求、工期长短、资源供应条件、现场施工条件、施工单位的技术装备水平和管理水平等因素综合考虑来进行。

(二)选择施工方法和施工机械的基本要求

1. 应考虑主要分部分项工程的要求

应从单位工程施工全局出发,着重考虑影响整个工程施工的主要分部分项工程的施工方法和施工机械选择。而对于一般的、常见的、工人熟悉的、工程量小的以及对施工全局和工期无多大影响的分部分项工程,只要提出若干注意事项和要求就可以了。

主要分部分项工程是指工程量大、所需时间长、占工期比例大的工程;施工技术复杂或采用新技术、新工艺、新结构、新材料的分部分项工程;对工程质量起关键作用的分部分项工程;对施工单位来说,某些结构特殊或不熟悉、缺乏施工经验的分部分项工程。

2. 应符合施工组织总设计的要求

如本工程是整个建设项目中的一个单项工程，则其施工方法和施工机械的选择应符合施工组织总设计中的有关要求。

3．应满足施工技术的要求

施工方法和施工机械的选择，必须满足施工技术的要求。如预应力张拉方法和机械的选择应满足设计、质量、施工技术的要求。又如吊装机械类型、型号、数量的选择应满足构件吊装技术和工程进度要求。

4．应考虑如何符合工厂化、机械化的要求

单位工程施工，原则上应尽可能实现和提高工厂化和机械化施工程度。这是建筑施工发展的需要，也是提高工程质量、降低工程成本、提高劳动生产率、加快工程进度和实现文明施工的有效措施。这里所说的工厂化，是指建筑物的各种钢筋混凝土构件、钢结构构件、木构件、钢筋加工等应最大限度地实现工厂化制作，最大限度地减少现场作业。所说的机械化程度不仅是指单位工程施工要提高机械化程度，还要充分发挥机械设备的效率，减轻繁重的体力劳动。

5．应符合先进、合理、可行、经济的要求

选择施工方法和施工机械，除要求先进、合理之外，还要考虑对施工单位是可行的、经济的。必要时，要进行分析比较，从施工技术水平和实际情况出发，选择先进、合理、可行、经济的施工方法和施工机械。

6．应满足工期、质量、成本和安全的要求

所选择的施工方法和施工机械应尽量满足缩短工期、提高工程质量、降低工程成本、确保施工安全的要求。

（三）主要分部分项工程的施工方法和施工机械选择

主要分部分项工程的施工方法和施工机械，在建筑施工技术课程中已详细叙述，这里仅将其选择要点归纳如下：

1．土方工程

（1）确定土方开挖方法、工作面宽度、放坡坡度、土壁支撑形式，排水措施，计算土方开挖量、回填量、外运量；

（2）选择土方工程施工所需机具型号和数量。

2．基础工程

（1）桩基础施工中应根据桩型及工期选择所需机具型号和数量；

（2）浅基础施工中应根据垫层、承台、基础的施工要点，选择所需机械的型号和数量；

（3）地下室施工中应根据防水要求，留置、处理施工缝，并注意大体积混凝土的浇筑要点，模板及支撑要求。

3．砌筑工程

（1）砌筑工程中根据砌体的组砌方式、砌筑方法及质量要求，进行弹线、立皮数杆、标高控制和轴线引测；

（2）选择砌筑工程中所需机具型号和数量。

4．钢筋混凝土工程

（1）确定模板类型及支模方法，进行模板支撑设计；

(2) 确定钢筋的加工、绑扎、焊接方法，选择所需机具型号和数量；

(3) 确定混凝土的搅拌、运输、浇筑、振捣、养护、施工缝的留置和处理，选择所需机具型号和数量；

(4) 确定预应力钢筋混凝土的施工方法，选择所需机具型号和数量。

5. 结构吊装工程

(1) 确定构件的预制、运输及堆放要求，选择所需机具型号和数量；

(2) 确定构件的吊装方法，选择所需机具型号和数量。

6. 屋面工程

(1) 屋面工程防水各层的做法、施工方法，选择所需机具型号和数量；

(2) 屋面工程施工中所用材料及运输方式。

7. 装修工程

(1) 各种装修的做法及施工要点；

(2) 确定材料运输方式、堆放位置、工艺流程和施工组织；

(3) 选择所需机具型号和数量。

8. 现场垂直、水平运输及脚手架等搭设

(1) 确定垂直运输和水平运输方式、布置位置、开行路线，选择垂直运输及水平运输机具型号和数量；

(2) 根据不同建筑类型，确定脚手架所用材料、搭设方法及安全网的挂设方法。

三、主要的施工技术、质量、安全及降低成本措施

任何一个工程的施工，都必须严格执行现行的建筑安装工程施工及验收规范、建筑安装工程质量检验及评定标准、建筑安装工程技术操作规程、建筑工程建设标准强制性条文等有关法律法规，并根据工程特点、施工中的难点和施工现场的实际情况，制定相应技术组织措施。

(一) 技术措施

对采用新材料、新结构、新工艺、新技术的工程，以及高耸、大跨度、重型构件、深基础等特殊工程，在施工中应制定相应的技术措施。其内容一般包括：

(1) 要表明的平面、剖面示意图以及工程量一览表；

(2) 施工方法的特殊要求、工艺流程、技术要求；

(3) 水下混凝土及冬雨期施工措施；

(4) 材料、构件和机具的特点，使用方法及需用量。

(二) 保证和提高工程质量措施

保证和提高工程质量措施，可以按照各主要分部分项工程施工质量要求提出，也可以按照工程施工质量要求提出。保证和提高工程质量措施，可以从以下几个方面考虑：

(1) 保证定位放线、轴线尺寸、标高测量等准确无误的措施；

(2) 保证地基承载力、基础、地下结构及防水施工质量的措施；

(3) 保证主体结构等关键部位施工质量的措施；

(4) 保证屋面、装修工程施工质量的措施；

(5) 保证采用新材料、新结构、新工艺、新技术的工程施工质量的措施；

(6) 保证和提高工程质量的组织措施，如现场管理机构的设置、人员培训、建立质量

检验制度等。

（三）确保施工安全措施

加强劳动保护保障安全生产，是国家保障劳动人民生命安全的一项重要政策，也是进行工程施工的一项基本原则。为此，应提出有针对性的施工安全保障措施，从而杜绝施工中安全事故的发生。施工安全措施，可以从以下几个方面考虑：

(1) 保证土方边坡稳定措施；
(2) 脚手架、吊篮、安全网的设置及各类洞口防止人员坠落措施；
(3) 外用电梯、井架及塔吊等垂直运输机具的拉结要求和防倒塌措施；
(4) 安全用电和机电设备防短路、防触电措施；
(5) 易燃、易爆、有毒作业场所的防火、防暴、防毒措施；
(6) 季节性安全措施。如雨期的防洪、防雨，夏期的防暑降温，冬期的防滑、防火、防冻措施等；
(7) 现场周围通行道路及居民安全保护隔离措施；
(8) 确保施工安全的宣传、教育及检查等组织措施。

（四）降低工程成本措施

应根据工程具体情况，按分部分项工程提出相应的节约措施，计算有关技术经济指标，分别列出节约工料数量与金额数字，以便衡量降低工程成本的效果。其内容一般包括：

(1) 合理进行土方平衡调配，以节约台班费；
(2) 综合利用吊装机械，减少吊次，以节约台班费；
(3) 提高模板安装精度，采用整装整拆，加速模板周转，以节约木材或钢材；
(4) 混凝土、砂浆中掺加外加剂或掺混合料，以节约水泥；
(5) 采用先进的钢材焊接技术以节约钢材；
(6) 构件及半成品采用预制拼装、整体安装的方法，以节约人工费、机械费等。

（五）现场文明施工措施

(1) 施工现场设置围栏与标牌，出入口交通安全，道路畅通，场地平整，安全与消防设施齐全；
(2) 临时设施的规划与搭设应符合生产、生活和环境卫生要求；
(3) 各种建筑材料、半成品、构件的堆放与管理有序；
(4) 散碎材料、施工垃圾的运输及防止各种环境污染；
(5) 及时进行成品保护及施工机具保养。

四、施工方案的技术经济评价

施工方案的技术经济评价是在众多的施工方案中选择出快、好、省、安全的施工方案。

施工方案的技术经济评价涉及的因素多而复杂，一般来说施工方案的技术经济评价有定性分析和定量分析两种。

（一）定性分析

施工方案的定性分析是人们根据自己的个人实践和一般的经验，对若干个施工方案进行优缺点比较，从中选择出比较合理的施工方案。如技术上是否可行、安全上是否可靠、经济上是否合理、资源上能否满足要求等。此方法比较简单,但主观随意性较大。

(二) 定量分析

施工方案的定量分析是通过计算施工方案的几个相同的主要技术经济指标,进行综合分析比较选择出各项指标较好的施工方案。这种方法比较客观,但指标的确定和计算比较复杂。主要的评价指标有以下几种:

(1) 工期指标:当要求工程尽快完成以便尽早投入生产或使用时,选择施工方案就要在确保工程质量、安全和成本较低的条件下,优先考虑缩短工期,在钢筋混凝土工程主体施工时往往用增加模板的套数来缩短主体工程的施工工期。

(2) 机械化程度指标:在考虑施工方案时应尽量提高施工机械化程度,降低工人的劳动强度。从我国国情出发,采用土洋结合的办法,积极扩大机械化施工的范围,把机械化施工程度的高低,作为衡量施工方案优劣的重要指标。

$$施工机械化程度 = \frac{机械完成的实物工程量}{全部实物工程量} \times 100\% \qquad (8-1)$$

(3) 主要材料消耗指标:反映若干施工方案的主要材料节约情况。

(4) 降低成本指标:它综合反映工程项目或分部分项工程由于采用不同的施工方案而产生不同的经济效果。其指标可以用降低成本额和降低成本率来表示。

$$降低成本额 = 预算成本 - 计划成本 \qquad (8-2)$$

$$降低成本率 = \frac{降低成本额}{预算成本} \times 100\% \qquad (8-3)$$

第四节 单位工程施工进度计划

单位工程施工进度计划是在施工方案的基础上,根据规定工期和技术物资供应条件,遵循工程的施工顺序,用图表形式表示各分部分项工程搭接关系及工程开竣工时间的一种计划安排。

一、概述

(一) 单位工程施工进度计划的作用及分类

单位工程施工进度计划是施工组织设计的重要内容,是控制各分部分项工程施工进程及总工期的主要依据,也是编制施工作业计划及各项资源需要量计划的依据。它的主要作用是:确定各分部分项工程的施工时间及其相互之间的衔接、穿插、平行搭接、协作配合等关系;确定所需的劳动力、机械、材料等资源量;指导现场的施工安排,确保施工任务的如期完成。

单位工程施工进度计划根据工程规模的大小、结构的复杂难易程度、工期长短、资源供应情况等因素考虑,根据其作用,一般可分为控制性和指导性进度计划两类。控制性进度计划按分部工程来划分施工过程,控制各分部工程的施工时间及其相互搭接配合关系。它主要适用于工程结构较复杂,规模较大,工期较长而需跨年度施工的工程(如宾馆体育场、火车站候车大楼等大型公共建筑),还适用虽然工程规模不大或结构不复杂但各种资源(劳动力、机械、材料等)不落实的情况,以及由于建筑结构等可能变化的情况。指导性进度计划按分项工程或施工工序来划分施工过程,具体确定各施工过程的施工时间及其相互搭接、配合关系。它适用于任务具体而明确、施工条件基本落实、各项资源供应正常，施工工期不太长的工程。

（二）单位工程施工进度计划的表达方式及组成

单位工程施工进度计划的表达方式一般有横道图和网络图两种，详见流水施工和网络计划技术相关章节所述。横道图的表格形式如表 8-1 所示。施工进度计划由两部分组成，一部分反映拟建工程所划分施工过程的工程量、劳动量或台班量、施工人数或机械数、工作班次及工作延续时间等计算内容，另一部分则用图表形式表示各施工过程的起止时间、延续时间及其搭接关系。

单位工程施工进度计划   表 8-1

序号	施工过程名称	工程量		劳动定额	劳动量		机械		每天工作班次	每班工人数	施工时间	施工进度															
												月														月	
		单位	数量		定额工日	计划工日	机械名称	台班数				2	4	6	8	10	12	14	16	18	20	22	24	26	28	30	

（三）单位工程施工进度计划的编制依据

单位工程施工进度计划的编制依据主要包括：施工图、工艺图及有关标准图等技术资料；施工组织总设计对本工程的要求；施工工期要求；施工方案；施工定额以及施工资源供应情况。

二、单位工程施工进度计划的编制

对单位工程施工进度计划的编制步骤及方法叙述如下：

（一）划分施工过程

编制单位工程施工进度计划时，首先必须研究施工过程的划分，再进行有关内容的计算和设计。施工过程划分应考虑下述要求：

1. 施工过程划分粗细程度的要求

对于控制性施工进度计划，其施工过程的划分可以粗一些，一般可按分部工程划分施工过程。例如：开工前准备、打桩工程、基础工程、主体结构工程等。对于指导性施工进度计划，其施工过程的划分可以细一些。要求每个分部工程所包括的主要分项工程均应一一列出，起到指导施工的作用。

2. 对施工过程进行适当合并，达到简明清晰的要求

施工过程划分太细，则过程越多，施工进度图表就会显得繁杂，重点不突出，反而失去指导施工的意义，并且增加编制施工进度计划的难度。因此，为了使计划简明清晰、突出重点，一些次要的施工过程应合并到主要施工过程中去，如基础防潮层可合并到基础施工过程内，有些虽然重要但工程量不大的施工过程也可与相邻的施工过程合并，如挖土可与垫层合并为一项，组织混合班组施工；同一时期由同一工种施工的也可合并在一起，如墙体砌筑就不分内墙、外墙、隔墙等，而合并为墙体砌筑一项。

3. 施工过程划分的工艺性要求

现浇钢筋混凝土施工，一般可分为支模、扎筋、浇筑混凝土等施工过程，是合并还是分别列项，应视工程施工组织、工程量、结构性质等因素研究确定。一般，现浇钢筋混凝土框架结构的施工应分别列项，而且可分得细一些。如：绑扎柱钢筋、安装柱模板、浇捣柱混凝土，安装梁板模板、绑扎梁板钢筋、浇捣梁板混凝土、养护、拆模等施工过程。但在现浇钢筋混凝土工程量不大的工程对象上，一般不再分细，可合并为一项。如砖混结构工程是，现浇雨篷、圈梁、厕所及盥洗室的现浇楼板等，即可列为一项，由施工班组的各工种互相配合施工。

抹灰工程一般分内外墙抹灰，外墙抹灰工程可能有若干种装饰抹灰的做法要求，一般情况下合并列为一项，也可分别列项。室内的各种抹灰应按楼地面抹灰、顶棚及墙面抹灰、楼梯间及踏步抹灰等分别列项，以便组织施工和安排进度。

施工过程的划分，应考虑所选择的施工方案。如厂房基础采用敞开式施工方案时，柱基础和设备基础可合并为一个施工过程；而采用封闭式施工方案时，则必须列出柱基础、设备基础这两个施工过程。

住宅建筑的水、暖、气、卫、电等房屋设备安装是建筑工程的重要组成部分，应单独列项；工业厂房的各种机电等设备安装也要单独列项，但不必细分，可由专业队或设备安装单位单独编制其施工进度计划。土建施工进度计划中列出其施工过程，表明其与土建施工的配合关系。

4. 明确施工过程对施工进度的影响程度

根据施工过程对工程进度的影响程度可分成为三类。第一类为资源驱动的施工过程，这类施工过程直接在拟建工程上进行作业、占用时间、资源，对工程的完成与否起着决定性的作用，它在条件允许的情况下，可以缩短或延长工期。第二类为辅助性施工过程，它一般不占用拟建工程的工作面，虽然，需要一定的时间和消耗一定的资源，但不占用工期，故可不列入施工计划以内。如交通运输，场外构件加工或预制等。第三类施工过程虽直接在拟建工程上进行作业，但它的工期不以人的意志为转移，随着客观条件的变化而变化，它应根据具体情况列入施工计划。如混凝土的养护等。

施工过程划分和确定之后，应按前述施工顺序列出施工过程的逻辑联系。

（二）计算工程量

当确定了施工过程之后，应计算每个施工过程的工程量。工程量应根据施工图纸、工程量计算规则及相应的施工方法进行计算。实际就是按工程的几何形状进行计算。计算时应注意以下几个问题：

1. 注意工程量的计量单位

每个施工过程的工程量的计量单位应与采用的施工定额的计量单位相一致。如模板工程以平方米（m^2）为计量单位；绑扎钢筋以吨（t）为单位计算；混凝土以立方米（m^3）为计量单位等等。这样，在计算劳动量、材料消耗量及机械台班量时就可直接套用施工定额，不再进行换算。

2. 注意采用的施工方法

计算工程量时，应与采用的施工方法相一致，以便计算的工程量与施工的实际情况相符合。例如：挖土时是否放坡，是否加工作面，坡度和工作面尺寸是多少；开挖方式是单独开挖、条形开挖,还是整片开挖等,不同的开挖方式,土方量相差是很大的。

3. 正确取用预算文件中的工程量

如果编制单位工程施工进度计划时,已编制出预算文件(施工图预算或施工预算),则工程量可从预算文件中抄出并汇总。例如:要确定施工进度计划中列出的"砌筑墙体"这一施工过程的工程量,可先分析它包括哪些施工内容,然后从预算文件中摘出这些施工内容的工程量,再将它们全部汇总即可求得。但是,施工进度计划中某些施工过程与预算文件的内容不同或有出入(如计量单位、计算规则、采用的定额等),则应根据施工实际情况加以修改,调整或重新计算。

(三)套用施工定额

确定了施工过程及其工程量之后,即可套用施工定额(当地实际采用的劳动定额及机械台班定额),以确定劳动量和机械台班量。

在套用国家或当地颁发的定额时,必须注意结合本单位工人的技术等级、实际操作水平、施工机械情况和施工现场条件等因素,确定定额的实际水平,使计算出来的劳动量、机械台班量符合实际需要。

有些采用新技术、新材料、新工艺或特殊施工方法的施工过程,定额中尚未编入,这时可参考类似施工过程的定额、经验资料,按实际情况确定。

(四)计算劳动量及机械台班量

根据工程量及确定采用的施工定额,即可进行劳动量及机械台班量的计算。

1. 劳动量的计算

劳动量也称劳动工日数。凡是采用手工操作为主的施工过程,其劳动量均可按下式计算:

$$P_i = \frac{Q_i}{S_i} \text{ 或 } P_i = Q_i \times H_i \tag{8-4}$$

式中 P_i ——某施工过程所需劳动量(工日);

Q_i ——该施工过程的工程量(m^3、m^2、m、t);

S_i ——该施工过程采用的产量定额(m^3/工日、m^2/工日、m/工日、t/工日等);

H_i ——该施工过程采用的时间定额(工日/m^3、工日/m^2、工日/m、工日/t等);

【案例 8-1】 某混合结构工程基槽人工挖土量为 $600m^3$,查劳动定额得产量定额为 $3.5m^3$/工日,计算完成基槽挖土所需的劳动量。

【解】:

$$P = \frac{Q}{S} = \frac{600}{3.5} = 171(\text{工日})$$

当某一施工过程是由两个或两个以上不同分项工程合并而成时,其总劳动量应按下式计算:

$$P_\text{总} = \sum_{i=1}^{n} P_i = P_1 + P_2 + \cdots + P_n \tag{8-5}$$

【案例 8-2】 某钢筋混凝土基础工程,其支模板、扎钢筋、浇筑混凝土三个施工过程的工程量分别为 600m²、5t、250m³，查劳动定额其时间定额分别为 0.253 工日/m²、5.28 工日/t、0.388 工日/m³，试计算完成钢筋混凝土基础所需劳动量。

【解】 $P_{模} = 600 \times 0.253 = 151.8(工日)$

$P_{筋} = 5 \times 5.28 = 26.4(工日)$

$P_{混凝土} = 250 \times 0.833 = 208.3(工日)$

$P_{杯基} = P_{模} + P_{筋} + P_{混凝土} = 151.8 + 26.4 + 208.3 = 386.5(工日)$

当某一施工过程是由同一工种、但不同做法、不同材料的若干个分项工程合并组成时，应先按公式（8-2）计算其综合产量定额，再求其劳动量。其计算公式如下：

$$\overline{S} = \frac{\sum_{i=1}^{n} Q_i}{\sum_{i=1}^{n} P_i} = \frac{Q_1 + Q_2 + \cdots + Q_n}{P_1 + P_2 + \cdots + P_n} = \frac{Q_1 + Q_2 + \cdots + Q_n}{\dfrac{Q_1}{S_1} + \dfrac{Q_2}{S_2} + \cdots + \dfrac{Q_n}{S_n}} \tag{8-6a}$$

$$\overline{H} = \frac{1}{\overline{S}} \tag{8-6b}$$

式中　　$\overline{S}$——某施工过程的综合产量定额（m³/工日、m²/工日、m/工日、t/工日等）；

　　　　$\overline{H}$——某施工过程的综合时间定额（工日/m³、工日/m²、工日/m、工日/t 等）；

　　　　$\sum_{i=1}^{n} Q_i$——总工程量（m³、m²、m、t 等）；

　　　　$\sum_{i=1}^{n} P_i$——总劳动量（工日）；

　　　　$Q_1、Q_2 \cdots Q_n$——同一施工过程的各分项工程的工程量；

　　　　$S_1、S_2 \cdots S_n$——与 $Q_1、Q_2 \cdots Q_n$ 相对应的产量定额。

【案例 8-3】 某工程，其外墙面装饰有外墙涂料、真石漆、面砖三种做法，其工程量分别是 850.5m²、500.3m²、320.3m²；采用的产量定额分别是 7.56m²/工日、4.35m²/工日、4.05m²/工日。计算它们的综合产量定额及外墙面装饰所需的劳动量。

【解】

$$\overline{S} = \frac{Q_1 + Q_2 + Q_3}{\dfrac{Q_1}{S_1} + \dfrac{Q_2}{S_2} + \dfrac{Q_3}{S_3}} = \frac{850.5 + 500.3 + 320.3}{\dfrac{850.5}{7.56} + \dfrac{500.3}{4.35} + \dfrac{320.3}{4.05}}$$

$$= \frac{1671.1}{112.5 + 115 + 79.1} = 5.45(m^2/工日)$$

$$P_{外墙装饰} = \frac{\sum_{i=1}^{3} Q_i}{\overline{S}} = \frac{1671.1}{5.45} = 306.6(工日)$$

取 $P_{外墙装饰} = 306.5$ 工日

2. 机械台班量的计算

凡是采用机械为主的施工过程，可按下式计算其所需的机械台班数：

$$P_{机械} = \frac{Q_{机械}}{S_{机械}} \text{ 或 } P_{机械} = Q_{机械} \times H_{机械} \tag{8-7}$$

式中　$P_{机械}$——某施工过程需要的机械台班数（台班）；
　　　$Q_{机械}$——机械完成的工程量（m³、t、件等）；
　　　$S_{机械}$——机械的产量定额（m³/台班、t/台班等）；
　　　$H_{机械}$——机械的时间定额（台班/m³、台班/t等）。

在实际计算中 $S_{机械}$ 或 $H_{机械}$ 的采用应根据机械的实际情况、施工条件等因素考虑，结合实际确定，以便准确地计算需要的机械台班数。

【案例8-4】 某工程基础挖土采用 W-100 型反铲挖土机挖土，挖方量为 2099m³，经计算采用的机械台班产量为 120m³/台班。计算挖土机所需台班量。

【解】
$$P_{机械} = \frac{Q_{机械}}{S_{机械}} = \frac{2099}{120} = 17.49(台班) \text{ 取 } 17.5 \text{ 个台班}$$

（五）计算确定施工过程的延续时间

施工过程持续时间的确定方法有三种：经验估算法、定额计算法和倒排计划法。

1. 经验估算法

经验估算法也称三时估算法，即先估计出完成该施工过程的最乐观时间、最悲观时间和最可能时间三种施工时间，再根据公式（8-4）计算出该施工过程的延续时间。这种方法适用于新结构、新技术、新工艺、新材料等无定额可循的施工过程。

$$D = \frac{A + 4B + C}{6} \tag{8-8}$$

式中　A——最乐观的时间估算（最短的时间）；
　　　B——最可能的时间估算（最正常的时间）；
　　　C——最悲观的时间估算（最长的时间）。

2. 定额计算法

这种方法是根据施工过程需要的劳动量或机械台班量，以及配备的劳动人数或机械台数，确定施工过程持续时间。其计算按公式（8-5）、公式（8-6）进行：

$$D = \frac{P}{N \times R} \tag{8-9}$$

$$D_{机械} = \frac{P_{机械}}{N_{机械} \times R_{机械}} \tag{8-10}$$

式中　D——某手工操作为主的施工过程持续时间（天）；
　　　P——该施工过程所需的劳动量（工日）；
　　　R——该施工过程所配备的施工班组人数（人）；
　　　N——每天采用的工作班制（班）；
　　　$D_{机械}$——某机械施工为主的施工过程的持续时间（天）；
　　　$P_{机械}$——该施工过程所需的机械台班数（台班）；
　　　$R_{机械}$——该施工过程所配备的机械台数（台）；
　　　$N_{机械}$——每天采用的工作台班（台班）。

从上述公式可知,要计算确定某施工过程持续时间,除已确定的 P 或 $P_{机械}$ 外,还必须先确定 R、$R_{机械}$ 及 N、$N_{机械}$ 的数值。

要确定施工班组人数 R 或施工机械台班数 $R_{机械}$,除了考虑必须能获得或能配备的施工班组人数(特别是技术工人人数)或施工机械台数之外,在实际工作中,还必须结合施工现场的具体条件、最小工作面与最小劳动组合人数的要求以及机械施工的工作面大小、机械效率、机械必要的停歇维修与保养时间等因素考虑,才能符合实际可能和要求的施工班组人数及机械台数。

每天工作班制确定,当工期允许、劳动力和施工机械周转使用不紧迫、施工工艺上无连续施工要求时,通常采用一班制施工,在建筑业中往往采用1.25班即10小时。当工期较紧或为了提高施工机械的使用率及加快机械的周转使用,或工艺上要求连续施工时,某些施工项目可考虑二班甚至三班制施工。但采用多班制施工,必然增加有关设施及费用,因此,需慎重选用。

【案例 8-5】 某工程基础混凝土浇筑所需劳动量为 536 工日,每天采用三班制,每班安排 30 人施工,试求完成混凝土垫层的施工持续时间。

【解】 $D = \dfrac{P}{N \times R} = \dfrac{536}{3 \times 30} = 5.96 = 6(天)$

3. 计划倒排法

这种方法根据施工的工期要求,先确定施工过程的延续时间及工作班制,再确定施工班组人数(R)或机械台数($R_{机械}$),计算公式如下:

$$R = \frac{P}{N \times D} \tag{8-11}$$

$$R_{机械} = \frac{P_{机械}}{N \times D_{机械}} \tag{8-12}$$

式中符号同公式(8-9)、公式(8-10)。

如果按上述两式计算出来的结果,超过了本部门现有的人数或机械台数,则要求有关部门进行平衡、调度及支持。或从技术上、组织上采用措施。如组织平行立体交叉流水施工,提高混凝土早期强度及采用多班组、多班制的施工等。

【案例 8-6】 某工程砌墙所需劳动量为 810 个工日,要求在 20 天内完成,采用一班制施工,试求每班工人数。

【解】 $R = \dfrac{P}{N \times D} = \dfrac{810}{1 \times 20} = 40.5(人)$

取 R 砌墙为 41 人。

上例所需施工班组人数为 41 人,若配备技工 20 人,普工 21 人,其比例为 1:1.05,是否有这些劳动人数,是否有 20 个技工,是否有足够的工作面,这些都需经分析研究才能确定。现按 41 人计算,实际采用的劳动量为 41×20×1=820(工日),比计划劳动量 810 个工日多 10 个工日,相差不大。

(六)初排施工进度(以横道图为例)

上述各项计算内容确定之后,即可编制施工进度计划的初步方案。一般的编制方法有:

1. 根据施工经验直接安排的方法

这种方法是根据经验资料及有关计算，直接在进度表上画出进度线。其一般步骤是：先安排主导施工过程的施工进度，然后再安排其余施工过程，它应尽可能配合主导施工过程并最大限度地搭接，形成施工进度计划的初步方案。总的原则应使每个施工过程（工作）尽可能早的投入施工。

2．按工艺组合组织流水的施工方法

这种方法就是先按各施工过程（即工艺组合流水）初排流水进度线，然后将各工艺组合最大限度地搭接起来。

无论采用上述哪一种方法编排进度，都应注意以下问题：

（1）每个施工过程的施工进度线都应用横道粗实线段表示（初排时可用铅笔细线表示，待检查调整无误后再加粗）；

（2）每个施工过程的进度线所表示的时间（天）应与计算确定的延续时间一致；

（3）每个施工过程的施工起止时间应根据施工工艺顺序及组织顺序确定。

（七）检查与调整施工进度计划

施工进度计划初步方案编出后，应根据与业主和有关部门的要求、合同规定及施工条件等，先检查各施工过程之间的施工顺序是否合理、工期是否满足要求、劳动力等资源消耗是否均衡，然后再进行调整，直至满足要求，正式形成施工进度计划。总的要求是在合理的工期下尽可能地使施工过程连续施工，这样便于资源的合理安排。

三、编制资源需用量计划

单位工程施工进度计划编制确定以后，便可编制劳动力需要量计划；编制主要材料、预制构件、门窗等的需用量和加工计划；编制施工机具及周转材料的需用量和进场计划的编制。它们是做好劳动力与物资的供应、平衡、调度、落实的依据，也是施工单位编制施工作业计划的主要依据之一。以下简要叙述各计划表的编制内容及其基本要求。

（一）劳动力需要量计划

本表反映单位工程施工中所需要的各种技术工人、普工人数。一般要求按月分旬编制计划。主要根据确定的施工进度计划提出，其方法是按进度表上每天需要的施工人数，分工种进行统计，得出每天所需工种及人数、按时间进度要求汇总编出。其表格如表 8-2 所示。

劳动力需要量计划　　　　表 8-2

序号	工种名称	人数	月			月			月			月		
			上	中	下	上	中	下	上	中	下	上	中	…

（二）主要材料需要量计划

这种计划是根据施工预算、材料消耗定额和施工进度计划编制的，主要反映施工过程中各种主要材料的需要量，作为备料、供料和确定仓库、堆场面积及运输量的依据。其表格如表 8-3 所示。

主要材料需要量计划　　　　　　　　　　　　　表8-3

序号	材料名称	规格	需要量		需要时间								备注
					月			月			月		
			单位	数量	上	中	下	上	中	下	上	中	下	

（三）施工机具需要量计划

这种计划是根据施工预算、施工方案、施工进度计划和机械台班定额编制的，主要反映施工所需机械和器具的名称、型号、数量及使用时间。其表格如表8-4所示。

机具名称需要量计划　　　　　　　　　　　　　表8-4

序号	机具名称	型号	单位	需用数量	进退场时间	备注

（四）预制构件需要量计划

这种计划是根据施工图、施工方案及施工进度计划要求编制的。主要反映施工中各种预制构件的需要量及供应日期，并作为落实加工单位以及按所需规格、数量和使用时间组织构件进场的依据。其表格如8-5所示。

预制构件需要量计划　　　　　　　　　　　　　表8-5

序号	构件名称	编号	规格	单位	数量	要求进场时间	备注

第五节　单位工程施工平面图

单位工程施工平面图，是对拟建工程的施工现场，根据施工需要的有关内容，按一定的规则而作出的平面和空间的规划。它是单位工程施工组织设计的重要组成部分。

一、单位工程施工平面图设计的意义和内容

组织拟建工程的施工，施工现场必须具备一定的施工条件，除了做好必要的"三通一平"工作之外，还应布置施工机械、临时堆场、仓库、办公室等生产性和非生产性临时设施，这些设施均应按照一定的原则，结合拟建工程的施工特点和施工现场的具体条件，作出一个合理、适用、经济的平面布置和空间规划方案，并将这些内容表现在图纸上，这就是单位工程施工平面图。

施工平面图设计是单位工程开工前准备工作的重要内容之一。它是安排和布置施工现场的基本依据，也是实现有组织有计划和顺利地进行施工的重要条件，也是施工现场文明施工的重要保证。因此，合理地、科学地规划单位工程施工平面图，并严格贯彻执行，加强督促和管理，不仅可以顺利地完成施工任务，而且还能提高施工效率和效益。

应当指出：建筑工程施工由于工程性质、规模、现场条件和环境的不同，所选的施工方案、施工机械的品种、数量也不同。因此，施工现场需要规划和布置的内容也有多有少，同时工程施工又是一个复杂多变的过程。它随着工程的不断展开，要规划和布置的内容逐渐增多；随着工程的逐渐收尾，材料、构件等逐渐消耗，施工机械、施工设施逐渐退场和拆除。因此，在整个工程的不同施工阶段，施工现场布置的内容也各有侧重且不断变化。所以，工程规模较大，结构复杂、工期较长的单位工程，应当按不同的施工阶段设计施工平面图，但要统筹兼顾。近期的应照顾远期的；土建施工的照顾设备安装的；局部的应服从整体的。为此在整个工程施工中各协作单位应以土建施工单位为主，共同协商，合理布置施工平面，做到各得其所。

规模不大的混合结构和框架结构工程，由于工期不长，施工也不复杂。因此，这些工程往往只要反映其主要施工阶段的现场平面规划布置，一般是考虑主体结构施工阶段的施工平面布置，当然也要兼顾其他施工阶段的需要。如混合结构工程的施工，在主体结构施工阶段要反映在施工平面图上的内容最多，但随着主体结构施工的结束，现场砌块、构件等的堆场将空出来，某些大型施工机械将拆除退场，施工现场也就变得宽松了，但应注意是否增加砂浆搅拌机的数量和相应堆场的面积。

单位工程施工平面图一般包括以下内容：

（1）单位工程施工区域范围内，将已建的和拟建的地上的、地下的建筑物及构筑物的平面尺寸、位置标注出来，并标注出河流、湖泊等的位置和尺寸以及指北针、风向玫瑰图等；

（2）拟建工程所需的起重机械、垂直运输设备、搅拌机械及其他机械的布置位置，起重机械开行的线路及方向等；

（3）施工道路的布置、现场出入口位置等；

（4）各种预制构件堆放及预制场地所需面积、布置位置；大宗材料堆场的面积、位置确定；仓库的面积和位置确定；装配式结构构件的就位位置确定；

（5）生产性及非生产性临时设施的名称、面积、位置的确定；

（6）临时供电、供水、供热等管线的布置；水源、电源、变压器位置确定；现场排水沟渠及排水方向的考虑；

（7）土方工程的弃土及取土地点等有关说明；

（8）劳动保护、安全、防火及防洪设施布置以及其他需要的布置内容。

二、单位工程施工平面图设计的依据和原则

在设计施工平面图之前，必须熟悉施工现场与周围的地理环境；调查研究，收集有关技术经济资料；对拟建工程的工程概况、施工方案、施工进度及有关要求进行分析研究。只有这样，才能使施工平面图设计的内容与施工现场及工程施工的实际情况相符合。

（一）单位工程施工平面图设计的主要依据

（1）自然条件调查资料。如气象、地形、水文及工程地质资料等。主要用于：布置地面水和地下水的排水沟；确定易燃、易爆、沥青灶、化灰池等有碍人体健康的设施布置位置；安排冬、雨季施工期间所需设施的地点。

（2）技术经济条件调查资料。如交通运输、水源、电源、物资资源、生产和生活基地状况等的资料。主要用于：布置水、电、暖、煤、卫等管线的位置及走向；交通道路、施工现场出入口的走向及位置；临时设施搭设数量的确定。

(3) 拟建工程施工图纸及有关资料。建筑总平面图上表明的一切地上、地下的已建工程及拟建工程的位置，这是正确确定临时设施位置，修建临时道路、解决排水等所必须的资料，以便考虑是否可以利用已有的房屋为施工服务或者是否拆除。

(4) 一切已有和拟建的地上、地下的管道位置。设计平面布置图时，应考虑是否可以利用这些管道或者已有的管道对施工有妨碍而必须拆除或迁移，同时要避免把临时建筑物等设施布置在拟建的管道上面。

(5) 建筑区域的竖向设计资料和土方平衡图。这对布置水、电管线、安排土方的挖填及确定取土、弃土地点很重要。

(6) 施工方案与进度计划。根据施工方案确定的起重机械、搅拌机械等各种机具的数量，考虑安排它们的位置；根据现场预制构件安排要求，作出预制场地规划；根据进度计划，了解分阶段布置施工现场的要求，并如何整体考虑施工平面布置。

(7) 根据各种主要材料、半成品、预制构件加工生产计划、需要量计划及施工进度要求等资料，设计材料堆场、仓库等的面积和位置。

(8) 建设单位能提供的已建房屋及其他生活设施的面积等有关情况。以便决定施工现场临时设施的搭设数量。

(9) 现场必须搭建的有关生产作业场所的规模要求。以便确定其面积和位置。

(10) 其他需要掌握的有关资料和特殊要求。

(二) 单位工程施工平面图设计原则

(1) 在确保安全施工以及使现场施工能比较顺利进行的条件下，要布置紧凑，少占或不占农田，尽可能减少施工占地面积。

(2) 最大限度缩短场内运距，尽可能减少二次搬运。各种材料、构件等要根据施工进度并保证能连续施工的前提下，有计划地组织分期分批进场，充分利用场地；合理安排生产流程，材料、构件要尽可能布置在使用地点附近，要通过垂直运输的尽可能布置在垂直运输机具附近，务求减少运距，达到节约用工和减少材料的损耗。

(3) 在保证工程施工顺利进行的条件下，尽量减少临时设施的搭设。为了降低临时设施的费用，应尽量利用已有的或拟建的各种设施为施工服务；对必需修建的临时设施尽可能采用装拆方便的设施；布置时要不影响正式工程的施工，避免二次或多次拆建；各种临时设施的布置，应便于生产和生活。

(4) 各项布置内容，应符合劳动保护、技术安全、防火和防洪的要求。为此，机械设备的钢丝绳、缆风绳以及电缆、电线与管道等要不妨碍交通，保证道路畅通；各种易燃库、棚（如木工、油毡、油料等）及沥青灶、化灰池应布置在下风向，并远离生活区；炸药、雷管要严格控制并由专人保管；根据工程具体情况，考虑各种劳保、安全、消防设施；在山区雨季施工时，应考虑防洪、排涝等措施，做到有备无患。

根据上述原则及施工现场的实际情况，尽可能进行多方案施工平面图设计。并从满足施工要求的程度；施工占地面积及利用率；各种临时设施的数量、面积、所需费用；场内各种主要材料、半成品（混凝土、砂浆等）、构件的运距和运量大小；各种水电管线的敷设长度；施工道路的长度、宽度；安全及劳动保护是否符合要求等进行分析比较，选择出合理、安全、经济、可行的布置方案。

三、单位工程施工平面设计步骤

（一）确定起重机械的位置

起重机械的位置直接影响仓库、堆场、砂浆和混凝土制备站的位置，以及道路和水、电线路的布置等。因此应予以首先考虑。

布置固定式垂直运输设备，例如：井架、龙门架、施工电梯等，主要根据机械性能、建筑物的平面和大小、施工段的划分、材料进场方向和道路情况而定。其目的是充分发挥起重机械的能力并使地面和楼面上的水平运距最小。一般说来，当建筑物各部位的高度相同时，布置在施工段的分界线附近；当建筑物各部位的高度不同时，布置在高低分界线处。这样布置的优点是楼面上各施工段水平运输互不干扰。若有可能，井架、龙门架、施工电梯的位置，以布置在建筑的窗口处为宜，以避免砌墙留槎和减少井架拆除后的修补工作。固定式起重运输设备中卷扬机的位置不应距离起重机过近，以便司机的视线能够看到起重机的整个升降过程。

塔式起重机有行走式和固定式二种，行走式起重机由于其稳定性差已经淘汰。塔吊的布置除了安全上应注意的问题以外，还应该着重解决布置的位置问题。建筑物的平面应尽可能处于吊臂回转半径之内，以便直接将材料和构件运至任何施工地点，尽量避免出现"死角"（见图8-7）。塔式起重机的安装位置，主要取决于建筑物的平面布置、形状、高度和吊装方法等。塔吊离建筑物的距离应该考虑脚手架的宽度、建筑物悬挑部位的宽度、安全距离、回转半径（R）等内容。

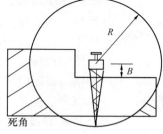

图8-7 塔吊布置方案

（二）确定搅拌站、仓库和材料、构件堆场以及工厂的位置

1. 搅拌站、仓库和材料、构件堆场的位置应尽量靠近使用地点或在起重机起重能力范围内，并考虑到运输和装卸的方便。

（1）建筑物基础和第一施工层所用的材料，应该布置在建筑物的四周。材料堆放位置应与基槽边缘保持一定的安全距离，以免造成基槽土壁的塌方事故。

（2）第二施工层以上所用的材料，应布置在起重机附近。

（3）砂、砾石等大宗材料应尽量布置在搅拌站附近。

（4）当多种材料同时布置时，对大宗的、重大的和先期使用的材料，应尽量在起重机附近布置；少量的、轻的和后期使用的材料，则可布置的稍远一些。

（5）根据不同的施工阶段使用不同材料的特点，在同一位置上可先后布置不同的材料。

2. 根据起重机械的类型，搅拌站、仓库和堆场位置又有以下几种布置方式：

（1）当采用固定式垂直运输设备时，须经起重机运送的材料和构件堆场位置，以及仓库和搅拌站的位置应尽量靠近起重机布置，以缩短运距或减少二次搬运；

（2）当采用塔式起重机进行垂直运输时，材料和构件堆场的位置，以及仓库和搅拌站出料口的位置，应布置在塔式起重机的有效起重半径内；

（3）当采用无轨自行式起重机进行水平和垂直运输时，材料、构件堆场、仓库和搅拌站等应沿起重机运行路线布置。且其位置应在起重臂的最大外伸长度范围内。

木工棚和钢筋加工棚的位置可考虑布置在建筑物四周以外的地方，但应有一定的场地堆放木材、钢筋和成品。石灰仓库和化灰池的位置要接近砂浆搅拌站并在下风向；沥青堆场及熬制锅的位置要离开易燃仓库或堆场，并布置在下风向。

（三）运输道路的布置

运输道路的布置主要解决运输和消防两个问题。现场主要道路应尽可能利用永久性道路的路面或路基，以节约费用。现场道路布置时要保证行驶畅通，使运输工具有回转的可能性。因此，运输线路最好绕建筑物布置成环形道路。道路宽度大于 3.5m。

（四）临时设施的布置

1. 临时设施分类、内容

施工现场的临时设施可分为生产性与非生产性两大类。

生产性临时设施内容包括：在现场制作加工的作业棚，如木工棚、钢筋加工棚、白铁加工棚；各种材料库、棚，如水泥库、油料库、卷材库、沥青棚、石灰棚；各种机械操作棚，如搅拌机棚、卷扬机棚、电焊机棚；各种生产性用房，如锅炉房、烘炉房、机修房、水泵房、空气压缩机房等；其他设施，如变压器等。

非生产性临时设施内容包括：各种生产管理办公用房、会议室、文化娱乐室、福利性用房、医务、宿舍、食堂、浴室、开水房、警卫传达室、厕所等。

2. 单位工程临时设施布置

布置临时设施，应遵循使用方便、有利施工、尽量合并搭建、符合防火安全的原则；同时结合现场地形和条件、施工道路的规划等因素分析考虑它们的布置。各种临时设施均不能布置在拟建工程（或后续开工工程）、拟建地下管沟、取土、弃土等地点。

各种临时设施尽可能采用活动式、装拆式结构或就地取材。

施工现场范围应设置临时围墙、围网或围笆。

（五）布置水电管网

（1）施工用临时给水管，一般由建设单位的干管或施工用干管接到用水地点。布置有枝状、环状和混合状等方式，应根据工程实际情况从经济和保证供水两个方面考虑其布置方式。管径的大小、龙头数目根据工程规模由计算确定。管道可埋置于地下，也可铺设在地面上，视气温情况和使用期限而定。工地内要设消防栓，消防栓距离建筑物应不小于 5m，也不应大于 25m，距离路边不大于 2m。条件允许时，可利用城市或建设单位的永久消防设施。有时，为了防止供水的意外中断，可在建筑物附近设置简易蓄水池，储存一定数量的生产和消防用水。如果水压不足时，尚应设置高压水泵。

（2）为了便于排除地面水和地下水，要及时修通永久性下水道，并结合现场地形在建筑物四周设置排泄地面水和地下水的沟渠。

（3）施工中的临时供电，应在全工地性施工总平面图中一并考虑。只有独立的单位工程施工时才根据计算出的现场用电量选用变压器或由业主原有变压器供电。变压器的位置应布置在现场边缘高压线接入处，但不宜布置在交通要道口处。现场导线宜采用绝缘线架空或电缆布置。

第六节　某办公楼工程施工组织设计

一、工程概况

本工程是集现代管理和先进技术装备于一体的智能型建筑，位于省府所在地。东临将军路，西遥市府大院，南对科协办公楼，北接中医院。

（一）工程设计情况

本工程由主楼和辅房两部分组成，建筑面积 13779m^2，投资约 5000 多万元。主楼为九层、十一层、局部十二层。坐北朝南，南侧有突出的门厅；东侧辅房是三层的沿街餐厅、轿车库和门卫用房，与主楼垂直衔接；主楼地下室是人防、500t 水池和机房；广场硬地下是地下车库；北面是消防通道；南面是 7m 宽的规划道路及主要出入口。室内 ±0.00，相当于黄海高程 4.7m。现场地面平均高程约 3.7m。

主楼是 7 度抗震设防的框架剪力墙结构，柱网分 7.2m×5.4m、7.2m×5.7m 两种；ϕ800、ϕ1100、ϕ1200 大孔径钻孔灌注桩基础，混凝土强度等级 C25；地下室底板厚 600mm，外围墙厚 400mm，层高有 3.45m 和 4.05m；一层层高有 2.10、2.60、3.50m。标准层层高 3.30m，十一层层高 5.00m；外围框架墙用混凝土小型砌块填充，内框架墙用轻质泰柏板分隔；楼、屋面板除现浇混凝土外，其余均采用预应力薄板上现浇厚度不同的钢筋混凝土的叠合板。辅房采用 ϕ500 水泥搅拌桩复合地基，于主楼衔接处，设宽 150mm 沉降缝。

设备情况：给排水、消防、电气均按一类高层建筑设计，水源采用了市政和省府行政二路供水，二个消防给水系统，大楼采用顶喷、侧喷和地下室满堂喷方式的自动喷淋系统；双向电源供电，配变电所设在主楼底层；冷暖两用中央空调；接地、防雷利用基础主筋并与大楼接地系统融为一体。

室外管线：水源从东北和西南角，分别从市政给水管和省府行政供水管接入，同雨水管一样绕建筑四周埋设。污水管经化粪池沿北侧东西向敷设。雨水、污水均在东北角引入市政管道网。

（二）工程特点

（1）本工程选用了大量轻质高强、性能好的新型材料，装饰上粗犷、大方和细腻相结合，手法恰到好处，表现了不同的质感和风韵。

（2）地基处于含水量大、力学性能差的淤泥质黏土层，且下卧持力层较深；基坑的支护处于淤泥质黏土层中，这将使基坑支护的难度和费用增加，加上地下室的占地面积大范围广，导致施工场地狭窄，难以展开施工。

（3）主要实物量：钻孔灌注桩 2521m^3，水泥搅拌桩 192m^3，围护设施 250 延米，防水混凝土 1928m^3，现浇混凝土 3662m^3，屋面 1706m^2，叠合板 12164m^2，门窗 1571m^2，填充墙 10259m^2，吊顶 3018m^2，楼地面 16220m^2。

（三）施工条件分析

1. 施工工期目标

合同工期 580 天，比国家定额工期（900 天），提前 35.6%。

2. 施工质量目标

工程质量合格,确保市级优质工程,争创省级优质工程。

3．施工力量及施工机械配置

本工程属省重点工程,它的外形及内部结构复杂,技术要求高,工期紧。因此如何使人、材、机在时间、空间上得到合理安排,以达到保质、保量、安全、如期地完成施工任务,是这个工程施工的难点,为此采取以下措施:

(1) 公司成立重点工程领导小组,由分公司经理任组长,每星期开一次生产调度会,及时解决进度、资金、质量、技术、安全等问题。

(2) 实行项目法施工,从工区抽调强有力的技术骨干组成项目管理班子和施工班组。

1) 项目管理班子主要成员名单见表8-6。

项目管理班子名单 表8-6

岗　位	姓　名	职　称
项目经理	王李阳	工程师
技术负责人	吴了高	高级工程师
土建施工员	徐上林	工程师
水电施工员	姚由及	高级工程师
质安员	许容位	工程师
材料员	王其当	助理工程师
暖通施工员	储本任	工程师

2) 劳动力配置详见劳动力计划表(表8-8)。

分公司保证基本人员100人,各个技术岗位关键班组均派本公司人员负责,其余劳动力缺口,从江西和四川调集,劳务合同已经签订。

3) 做好施工准备以早日开工。

二、施工方案

(一) 总体安排

本工程是一项综合性强、功能多,建筑装饰和设备安装要求较高,按一类建筑设计的项目。因此承担此项任务时,我们调配了一批年富力强、经验丰富的施工管理人员组成现场管理班子,周密计划、科学安排、严格管理、精心组织施工,安排好各专业工种的配合和交叉流水作业;同时组织一大批操作技能熟练、素质高的专业技术工人,发扬求实、创新、团结、拼搏的企业精神;公司优先调配施工机械器具,积极引进新技术、新装备和新工艺,以满足施工需要。

(二) 施工顺序

本工程施工场地狭窄,地基上还残留着老基础及其他障碍物,因此应及时清除,并插入基坑支护及塔吊基础处理的加固措施,积极拓宽工作面,以减少窝工和返工损失,从而加快工程进度缩短工期。

本工程施工阶段划分分:基础、主体、装修、设备安装和调试工程四个阶段。

本工程施工段划分为:基础、主体主楼工程两段,辅房单列不分段。

本工程主要项目施工顺序、方法及措施分述如后。

1. 钻孔灌注桩

（1）地质概况

本工程地下水位高，在地表以下0.15~1.19m之间，大都在0.60m左右。地表以下除2m左右的填土和1~2m的粉质黏土外，以下均为淤泥质土，天然含水量大，持力层设在风化的凝灰岩上。选用GZQ-800GC~1250潜水电钻成孔机，泥浆护壁，其顺序从左至右进行。

（2）工艺流程

定桩位→埋设护筒→钻机就位→钻头对准桩心地面→空转→钻入土中泥浆护壁成孔→清孔→钢筋笼→下导管→二次清孔→灌注水下混凝土→水中养护成桩。

现场机械搅拌混凝土，骨料最大粒径4cm，强度等级C25，掺用减水剂，坍落度控制在18cm左右，钢筋笼用液压式吊机从组装台分段吊运至桩位，先将下段挂在孔内，吊高第二段进行焊接、逐段焊接逐段放下，混凝土用机动翻斗车或吊机吊运至灌注桩位，以加快施工速度。浇筑高度控制在-3.4m左右，保证凿除浮浆后，满足桩顶标高和质量要求，同时减少凿桩量和混凝土耗用。

（3）主要技术措施

1）笼式钻头进入凝灰岩持力层深度不小于500mm，对于淤泥质土层最大钻进速度不超过1m/min。

2）严格控制桩孔、钢筋笼的垂直度和混凝土浇筑高度。

3）混凝土连续浇灌，严禁导管底端提出混凝土面。浇筑完毕后封闭桩孔。

4）成孔过程中勤测泥浆比重，泥浆比重保持在1.15左右。

5）当发现缩颈、坍孔或钻孔倾斜时，采用相应的有效纠偏措施。

6）按规定或建设、设计单位意见进行静载和动测试验。

2. 土方开挖

（1）基坑支护

基坑支护采用水泥搅拌桩，深7.5m，两桩搭接10cm，沿基坑外围封闭布置。

（2）施工段划分及挖土方法

地下室土方开挖，采用W1-100型反铲挖土机与人工整修相结合的方法进行。根据弃土场的距离，组织相应数量的自卸式汽车外运。

（3）排水措施

基底集水坑，挖至开挖标高以下1.2m，四周用水泥砂浆砖砌筑，潜水泵排水，用橡胶水管引入市政雨水井内，疏通四周地面水沟，排水入雨水井内，避免地表水顺着围护流入基坑。

（4）其他事项

机械挖土容易损坏桩体和外露钢筋，开挖时事先作好桩位标志，采用小斗开挖，并留40cm的土，用人工整修至开挖深度。汽车在松土上行驶时，应事先铺30cm以上塘碴。

3. 地下室防水混凝土

（1）地基土

地下室筏式板基下卧在淤泥质黏土层上，天然含水量为29.6%，承载力140kPa，地下水位高。

(2) 设计概况

筏式板基分为两大块，一块车库部分，面积1115m²，另一块1308m²，为水池、泵房、进风、排烟机房，板厚600mm。两块之间设沉降缝彼此隔开。地下室外墙厚350～400mm，内墙300～350mm，兼有承重、围护抵御土主动压力和防渗的功能。

(3) 防水混凝土的施工

1) 施工顺序及施工缝位置的确定。

按平面布置特点分为两个施工段，每一施工段的筏式板基连续施工，不留施工缝，在板与外墙交界线以上200mm高度，设置水平施工缝，采用钢板止水带，S6抗渗混凝土并掺UEA浇捣。

2) 采用商品混凝土，提高混凝土密实度。

A．增加混凝土的密实度，是提高混凝土抗渗的关键所在，除采取必需的技术措施以外，施工前还应对振捣工进行技术交底，提高质量意识。

B．保证防水混凝土组成材料的质量：水泥——使用质量稳定的生产厂商提供的水泥；石子——采用粒径小于40mm，强度高且具有连续级配，含泥量少于1%的石子；砂——采用中粗砂。

3) 掺用水泥用量5%～7%的粉煤灰，0.15%～0.3%的减水剂，5%的UEA。

4) 根据施工需要，采用的特殊防水措施：预埋套管支撑；止水环对拉螺栓；钢板止水带；预埋件防水装置；适宜的沉降缝。

4．结构混凝土

(1) 模板

本工程主楼现浇混凝土主要有地下室、水池防水混凝土，现浇混凝土框架、电梯井剪力墙及部分楼地面，工程量大、工期紧、模板周转快的特点，拟定选用早拆型钢木竹结构体系模板为主，组合钢模和木模板为辅的模板体系。

(2) 细部结构模板

为了提高细部工程（梁板之间、梁柱之间、梁墙之间）的质量，达到顺直、方正、平滑连接的要求。在以上部位，采用附加特殊加工的铁皮，详细见"铁皮在现浇混凝土工程中的妙用"一文，同时改进预埋件的预埋工艺。

(3) 抗震拉筋

本工程为7度一级抗震设防，根据抗震设计规范，选用拉筋预埋件专用模板，见"改进预埋拉筋的几种方法"一文。

(4) 垂直运输

垂直运输选用QTZ40C自升式塔吊，塔身截面1.4m×1.4m，底座3.8m×3.8m，节距2.5m，附着式架设于电梯井北侧，最大起升高度120m，最大起重量4t，最大幅度42m，最大幅度时起重量0.965t，本工程在8m、17m、24m、31m标高处附着在主楼结构部位。

同时搭设SCD120施工升降机一台，八立柱扣件式钢管井架两台于主楼南侧，作小型工具、材料的垂直运输，其位置见施工现场布置平面图。

(5) 钢筋

1）材料——选用正规厂家生产的钢材。钢材进场时有出厂合格证或试验报告单，检验其外观质量和标牌，进场后根据检验标准进行复试，合格后加工成型。

2）加工方法——采用机械调直切断，机械和人工弯曲成型相结合。

3）钢筋接头——采用 UN100、100kVA 对焊机、电渣压力焊、局部采用交流电弧焊。

（6）施工缝及沉降缝

1）地下室筏式底板——施工缝设在距底板上表面 200mm 高度处。每个施工段内的底板及板上 200mm 高度以内的围护墙和内隔墙（约 700m³），均一次性纵向推进，连续分层浇筑。

2）地下围护墙——一次浇筑高度为 3.0~3.30m 左右，外墙实物量约 1321m³，内墙实物量约 24~30m³，分四个作业面分层连续浇筑。水池壁一次成型。

3）框架柱——在楼面和梁底设水平施工缝。为保证柱的正确位置，减少偏移，在各柱的楼板面标高处，用预埋钢筋方法，固定柱子模板。

4）现浇楼板——叠合板的现浇部分混凝土，单向平行推进。

5）剪力墙——水平施工缝按结构层留置，一般不设垂直施工缝，遇特殊情况，在门窗洞口的 1/3 处，或纵横墙交接处设垂直施工缝。

6）施工缝的处理——在施工缝处继续浇筑混凝土时，已浇筑的混凝土抗压强度不应小于 $1.2N/mm^2$，同时需经以下方法处理：

①清除垃圾、表面松动砂石和软弱混凝土，并加以凿毛，用压力水冲洗干净并充分湿润，清除表面积水。

②在浇筑前，水平施工缝先铺上 15~20mm 厚的水泥砂浆，其配合比与混凝土内的砂浆成分相同。

③受动力作用的设备基础和防水混凝土结构的施工缝应采取相适的附加措施。

（7）混凝土浇筑、拆模、养护

1）浇筑——浇筑前应清除杂物，游离水。防水混凝土倾落高度不超过 1.5m，普通混凝土倾落高度不超过 2m。分层浇筑厚度控制在 300~400mm 之间，后层混凝土应在前层混凝土浇筑后 2h 以内进行。根据结构截面尺寸、钢筋密集程度分别采用不同直径的插入式震动棒、平板式、附着式震动机械，地下室、楼面混凝土采用混凝土抹光机（HM—69），HZJ—40 真空吸水技术，降低水灰比，增加密实度，提高早期强度。

2）拆模——防水混凝土模板的拆除应在防水混凝土强度超过设计强度等级的 70％以后进行。混凝土表面与环境温差不超过 15℃，以防止混凝土表面产生裂缝。

3）养护——根据季节环境，混凝土特性，采用薄膜覆盖、草包覆盖、浇水养护等多种方法。养护时间：防水混凝土在混凝土浇筑后 4~6h 进行正常养护，持续时间不小于 14 天，普通混凝土养护时间不小于 7 天。

（8）小型砌块填充墙

本工程砌体分细石混凝土小型砌块外墙与泰柏板内墙（由厂家安装）两种。

细石混凝土小型砌块，砌体施工按《砌块工程施工规程》进行，其工艺流程如图 8-8 所示。

施工要点：

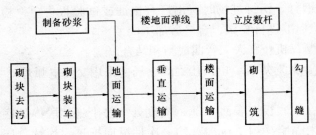

图 8-8 砌块工艺流程

1）砌块排列。必须根据砌块尺寸和垂直灰缝宽度、水平灰缝厚度计算砌块砌筑皮数和排数，框架梁下和错缝不足一个砌块时，应用砖块或实心辅助砌块楔紧。

2）上下皮砌块、应孔对孔、肋对肋、错缝搭砌。

3）对设计规定或施工所需要的孔洞口、管道、沟槽和预埋件或脚手眼等应在砌筑时预留、预埋或将砌块孔洞朝内侧砌。不得在砌筑好后的砌体上打洞、凿槽。

4）砌块一般不需浇水，砌体顶部要覆盖防雨，每天砌筑高度不超过 1.8m。

5）框架柱的 2ϕ6 拉筋，应埋入砌体内不小于 60cm。

6）砌筑时应底面朝上砌筑，灰缝宽（厚）度 8～12mm，水平灰缝的砂浆饱满度不小于 90%，垂直灰缝的砂浆饱满度不小于 60%。

7）砂浆稠度控制在 5～7cm 之间，加入减水剂，在 4h 以内使用完毕。

8）其他措施。砌块到场后应按有关规定作质量、外观检验，并附有 28d 强度试验报告，并按规定抽样。

5. 主体施工阶段施工测量

使用 S3 水准仪进行高程传递，实行闭合测设路线进行水准测量，埋设施工用水准基点，供工程沉降观测，楼房高程传递，使用进口的 GTS-301 全站电子速测仪进行主轴线检测。

（1）水准基点，主轴线控制的埋设：水准基点，在建筑物的四角埋设四点；沉降观测点埋设于有特性意义的框架柱 ±0.00～0.200 处；平面控制点拟定在 1、15 轴和 A、J 轴的南侧、西侧延长线上布设，形成测量控制网。沉降点构造按规范设置。

（2）楼层高程传递：楼层施工用高程控制点分别设于三道楼梯平台上，上下楼层的六个水准控制点，测设时采用闭合双路线。

6. 珍珠岩隔热保温层、SBS 屋面

（1）珍珠岩保温层，待屋面承重层具备施工强度后，按水泥:膨胀珍珠岩为 1:2 左右的比例加适当的水配制而成，稠度以外观松散，手捏成团不散，只能挤出少量水泥浆为宜，本工程以人工抹灰法进行。

（2）施工要点

①基层表面事先应洒水湿润。

②保温层平面铺设，分仓进行、铺设厚度为设计厚度的 1.3 倍，刮平轻度拍实、抹平，其平整度用 2m 直尺检查，预埋通气孔。

③在保温层上先抹一层 7～10mm 厚的 1:2.5 水泥砂浆，养护一周后铺设 SBS 卷材。

④SBS 卷材施工选用 FL-5 型胶粘剂，再用明火烘烤铺贴。

⑤开卷清除卷材表面隔离物后，先在天沟、烟道口、水落口等薄弱环节处涂刷胶粘剂，铺贴一层附加层。再按卷材尺寸从低处向高处分块弹线，弹线时应保证有 10cm 的重叠尺寸。

⑥涂刷胶粘剂厚薄要一致，待内含溶剂挥发后开始铺贴 SBS 卷材。
⑦铺贴采用明火烘烤推滚法，用圆辊筒滚平压紧，排除其间空气，消除皱折。

7．装修

当楼面采用叠合式现浇板时，内装修可视天气情况与主体结构交替插入，以促进提前竣工，当提前插入装修时，施工层以上必须达到防水要求和足够的强度。

（1）施工顺序，总体上应遵循先屋面，后楼层，自上而下的原则。

1) 按使用功能——自然间→走道→楼梯间。

2) 按自然间——顶棚→墙面→楼地面。

3) 按装修分类——一级抹灰→装饰抹灰→油漆、涂料、裱糊、玻璃→专业装修。

4) 按操作工艺——在基层符合要求后，阴阳找方→设置标筋→分层赶平→面层→修整→表面压光。要求表面光滑、洁净、色泽均匀，线角平直、清晰，美观无抹纹。

（2）施工准备及基层处理要求

1) 除了对机具、材料作出进出场计划外，还要根据设计和现场特点，编制具体的分项工程施工方案，制定具体的操作工艺和施工方法，进行技术交底，搞好样板房的施工。

2) 对结构工程以及配合工种进行检查，对门窗洞口尺寸、标高、位置，顶棚、墙面、预埋件、现浇构件的平整度着重检查核对，及时作好相应的弥补或整修。

3) 检查水管、电线、配电设施是否安装齐全，对水暖管道作好压力试验。

4) 对已安装的门窗框，采取成品保护措施。

5) 砌体和混凝土表面凹凸大的部位应凿平或用 1:3 水泥砂浆补齐；太光的要凿毛或用界面剂涂刷；表面有砂浆、油渍污垢等应清除干净（油、污严重时，用 10% 碱水洗刷），并浇水湿润。

6) 门窗框与立墙接触处用水泥砂浆或混合砂浆（加少量麻刀）嵌填密实，外墙部位打发泡剂。

7) 水、暖、通风管道口通过的墙孔和楼板洞，必须用混凝土或 1:3 水泥砂浆堵严。

8) 不同基层材料（如砌块与混凝土）交接处应铺金属网，搭接宽度不得小于 10cm。

9) 预制板顶棚抹灰前用 1:0.3:3 水泥石灰砂浆将板缝勾实。

三、施工进度

（一）施工进度计划

根据各阶段进度绘制施工进度控制网络，如图 8-9 所示。

（二）施工准备

（1）调查研究有关的工程、水文地质资料和地下障碍物，清除地下障碍物。

（2）定位放样，设置必要的测量标志，建立测量控制网。

（3）钻孔灌注桩施工的同时，插入基坑支护、塔吊基础加固，作好施工现场道路及明沟排水工作。

（4）根据建设单位已经接通的水、电源，按桩基、地下室和主体结构阶段的施工要求延伸水、电管线。

（5）临时设施，见表 8-7。主体施工阶段，即施工高峰期，除了利用部分应予拆除，可暂缓拆除的旧房作临设外，还可利用建好的地下室作职工临时宿舍。

临时设施一览表　　　　　　　表8-7

名　称	计算量	结构形式	建筑面积（m²）	备　注
钢筋加工棚	40人	敞开式竹（钢）结构	24×5=120	3m²/人在旧房加宽
木工加工棚	60人	敞开式竹（钢）结构	24×5=120	2m²/人
职工宿舍	200人	二层装配式活动房	6×3×10×2=360	双层床统铺
职工食堂	200人	利用旧房屋加设砖混工棚	12×5=60	
办公室	23人	二层装配式活动房	6×3×6×2=216	
拌和机棚	2台	敞开钢棚	12×7=84	
厕所		利用现有旧厕所	4×5×2=40	高峰期另行设置
水泥散装库	20t×2	成品购入	用地2.5×2.5×2=12.5	

（6）按地质资料、施工图，作好施工准备；根据施工进程及时调整相应的施工方案。

（7）劳力调度，各主要阶段的劳动力计划用量，见表8-8。

劳动力计划表　　　　　　　表8-8

专业工种	基础		主体		装修	
	人数	班组	人数	班组	人数	班组
木　工	43	2	77	4	20	1
钢筋工	24	1	40	2		
泥工（混凝土）	37	2	55	2		
（瓦工）					24	1
（抹灰）					56	3
架子工	4	1	12	1		
土建电工	2	1	4	1	2	
油漆工					18	1
其　他	3	1	6		3	
小　计	113		194		123	

注：表中砌体工程列入装修

（8）主要施工机具，见表8-9。

主要施工机具一览表　　　　　　　表8-9

序号	机具名称	规格型号	单位	数量	备　注
1	潜水钻孔打桩机	电动式30×2kW	台	1	备φ800、φ1000、φ1100钻头
2	泥浆泵（灰浆泵）	直接作用式HB6-3	台	1	
3	污水泵		台	1	备用
4	砂石泵	与钻机配套	台	1	泵举反循环排渣时
5	单斗挖掘机	W1-60、W2-100	台	1	地下室掘土
6	自卸汽车	QD351或352	辆	另行组合	根据弃土运距实际组合
7	水泥搅拌机	JZC350	台	2	

续表

序号	机具名称	规格型号	单位	数量	备注
8	履带吊或汽车吊	W1-50型或QL3-16	台	2	吊钢筋笼
9	附着式塔吊	QTZ40C	台	1	
10	钢筋对焊机	UN100（100kVA）	台	1	
11	钢筋调直机	GT4-1A	台	1	
12	钢筋切割机	GQ40	台	1	
13	单头水泥搅拌桩机		台	2	用于围护桩
14	钢筋弯曲机	GW32	台	1	
15	剪板机	Q1-2020×2000	台	1	
16	交流电焊机	BS1-330 21kVA	台	1	
17	交流电焊机	轻型	台	2	
18	插入式振动机	V30、V-38、V48、V60	台	7	其中V-48四台
19	平板式振动机		台	2	
20	真空吸水机	ZF15、22	台	1	
21	混凝土抹光机	HZJ-40	台	1	
22	潜水泵	扬20m、153m³/h	台	3	备用1台
23	蛙式打夯机	HW60	台	2	
24	压刨	MB403 B300mm	台	1	
25	木工平刨	M506 B600mm	台	2	
26	圆盘锯	MJ225 ϕ500、ϕ300	台	2	
27	多用木工车床		台	1	
28	弯管机	W27-60	台	1	
29	手提式冲击钻	BCSZ、SB4502	台	5	
30	钢管	ϕ48	t	110	挑脚手50t，安全网10t，支撑100t
31	井架（含卷扬机）	3.5×27.5kW	台	2	
32	人力车	100kg	辆	20	
33	安全网	10×10cm目，宽3m	m²	2000	
34	钢木竹楼板模板体系	早拆型	m²	2400	
35	安全围护	宽幅编织布	m	2000	
36	竹脚手片	800×1200	片	2500	
37	电渣压力焊	14kW	台	1	
38	灰浆搅拌机	UJZ-200 3m²/h	台	2	
39	混凝土搅拌机	350L	台	1	

（9）材料供应计划，见表8-10。

材 料 供 应 计 划 表　　　　　　　表 8-10

材料名称	数量（t）	其中：桩基工程	基础、地下室、主体及装修
42.5 硅酸盐水泥	6100	710	5390
钢筋	1006	78	928
其中：Φ6	105	20	85
Φ8	33	15	18
Φ10	123		123
Φ12	84		84
Φ14	22	15.8	6.2
Φ16	225		225
Φ18	129	13.1	115.9
Φ20	132	29	103
Φ22	98		98
Φ24	55		55

注：1. 表列二材不包括支护及其他施工技术措施耗用量。
　　2. 桩基工程二材，水泥在开工前一个月提供样品20t，开工前五天后陆续进场，钢筋在开工前10天进场。
　　3. 基础地下室工程二材，水泥开工后第40天陆续进场，钢筋在开工后陆续进场。
　　4. 主体、装修工程二材，开工后按提前编制的供应计划组织进场。

四、施工平面布置图

1. 施工用电

施工机械及照明用电的测算，建设单位应向施工单位提供315kVA的配电变压器，用电量规格为380/220V，（导线布置详见施工平面布置图）。

2. 施工用水

根据用水量的计算，施工用水和生活用水之和小于消防用水（10L/s），由于占地面积小于5ha（公顷），供水管流速为1.5m/s。

$$故总管管径：D = \sqrt{\frac{4000Q}{\pi V}} = \sqrt{\frac{4000 \times 1.1 \times 10}{\pi \times 1.5}} = 97 \text{mm}$$

选取100的铸铁管，分管采用 $DN = 25$（1英寸）管，布置详见施工布置图（图8-10）。

3. 临时设施

有关班组提前进入现场严格按平面布置要求搭设临时设施。

4. 施工平面布置

因所需材料量大、品种多，所需劳动力数量大、技术力量要求高，为此需有相应的临时堆场及临时设施，由于施工场地比较小，这就要求整个施工平面布置紧凑、合理，做到互不干扰，力求节约用地、方便施工，且分施工阶段布置平面。办公室、工人临时生活用房采用双层活动房，待地下室及一层建好后逐步移入室内（改变平面布置以腾出裙房施工用地），从而也增加回转场地。（临时设施详见临设一览表及施工平面布置图）

5. 交通运输情况

本工程位于将军路，属市内主要交通要道，经常发生交通堵塞，故白天尽可能运输一些小型构件，一些长、大、重的构件宜放在晚上运输，并与交警联系派一警员维持进场入口处的交通秩序。特别是在打桩阶段，废泥浆的外运必须在晚上进行，泥浆车密封性一定

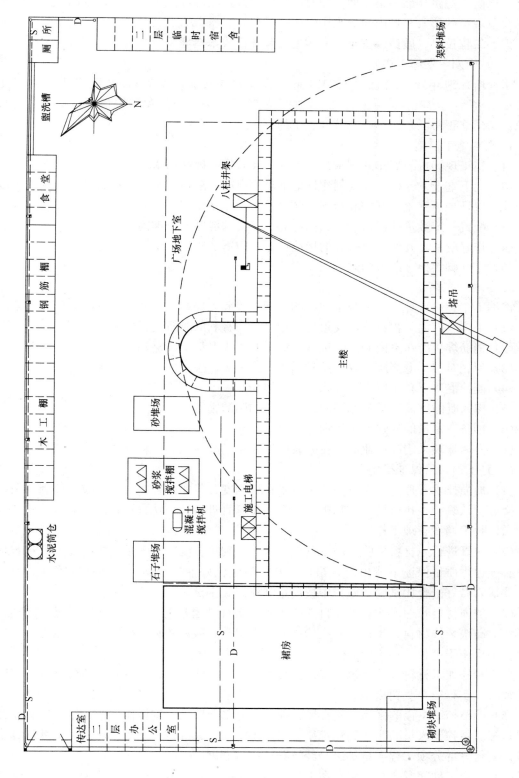

图 8-10 某工程施工现场平面布置图

要好，以防止泥浆外漏污染路面，如有污染应做好道路的冲洗工作，确保全国卫生城市和环保模范城市的形象。场内运输采用永久性道路。

五、工程技术、质量、安全、文明施工和降低成本措施

（一）雨期冬期施工措施

工程所在地年降水总量达1223.9mm，日最大暴雨量达189.3mm，时最大暴雨量达59.2mm，冬季平均温度$\leqslant +5℃$，延续时间达55天。为此设气象预报情报人员一名，与气象台站建立正常联系，作好季节性施工的参谋。

1．雨季施工措施

（1）施工现场按规划作好排水管沟工程，及时排除地面雨水。

（2）地下室土方开挖时按规划作好地下集水设施，配备排水机械和管道，引水入市政排水井，保证地下室土方开挖和地下室防水混凝土正常施工。

（3）配置一定数量的覆盖物品，保证尚未终凝的混凝土不被雨水冲淋。

（4）作好塔吊、井架、电机等的接地接零及防雷装置。

（5）作好脚手架、通道的防滑工作。

2．冬季施工措施

根据本工程进度计划，部分主体结构屋面工程和外墙装修期间将进入冬施工阶段。

（1）主体、屋面工程：掌握气象变化趋势抓住有利的时机进行施工。

（2）钢筋焊接应在室内避雨雪进行，焊后的接头严禁立刻碰到水、冰、雪。

（3）闪光对焊、电渣压力焊应及时调整焊接参数，接头的焊渣应延缓数分钟后打渣。

（4）搅拌混凝土禁止用有雪或冰块的水拌和。

（5）掺入既防冻又早强作用的外加剂，如硝酸钙等。

（6）预备一定量的早强型水泥和保温覆盖材料。

（7）外墙抹灰采用冷作业法，在砂浆中掺入亚硝酸钠或漂白粉等化学附加剂。

（二）工程质量保证措施

（1）加强技术管理，认真贯彻各项技术管理制度；落实好各级人员岗位责任制，做好技术交底，认真检查执行情况；积极开展全面质量管理活动，认真进行工程质量检验和评定，做好技术档案管理工作。

（2）认真进行原材料检验。进场钢材、水泥、砌块、混凝土、预制板、焊条等建筑材料，必须提供质量保证书或出厂合格证，并按规定做好抽样检验；各种强度等级的混凝土，要认真做好配合比试验；施工中按规定制作混凝土试块。

（3）加强材料管理。建立工、料消耗台账，实行"当日领料、当日记载、月底结账"制度；对高级装饰材料，实行"专人检验、专人保管、限额领料、按时结算"制度；未经检验，不得用于工程。

（4）对外加工材料、外分包工程，认真贯彻质量检验制度，进行质量监督，发现问题及时整改，实行质量奖罚措施。

（5）严格控制主楼的标高和垂直度，控制各分部分项工程的操作工艺，结束后必须经班组长和质量检验人员验收达到预定质量目标签字后，方准进行下道工序施工，并计算工作量，实行分部分项工程质量等级与经济分配挂钩制度。

（6）加强工种间配合与衔接。在土建工程施工时，水、卫、电、暖等工程应与其密切配合，设专人检查预留孔、预埋件等位置尺寸，逐层跟上，不得遗漏。

（7）装饰：高级装修面料或进口材料应按施工进度提前两个月进场，以便分类挑选和材质检验。

（8）采用混凝土真空吸水设备，混凝土楼面抹光机，新型模板支撑体系及预埋管道预留孔堵灌新技术、新工艺。

（三）保证安全施工措施

严格执行各项安全管理制度和安全操作规程，并采取以下措施：

（1）沿将军路的附房，距规划红线外7m处（不占人行道）设置2.5m高的通长封闭式围护隔离带，通道口设置红色信号灯、警告电铃及专人看守。

（2）在三层悬挑脚手架上，满铺脚手片，用镀锌铁丝与小横杆扎牢，外扎80cm×100cm竹脚手片，设钢管扶手，钢管踢脚杆，并用塑料编织布封闭。附房部分，设双排钢管脚手架，与主楼悬挑架同样围护，主楼在三层楼面标高处，支撑挑出3m的安全网。井字架四周用安全网全封闭围护。

（3）固定的塔吊、金属井字架等设置避雷装置，其接地电阻不大于4Ω。所有机电设备，均应实行专人专机负责。

（4）严禁由高处向下抛扔垃圾、料具物品；各层电梯口、楼梯口、通道口、预留洞口设置安全护栏。

（5）加强防火、防盗工作，指定专人巡监。每层要设防火装置，每逢三、六、九层设一临时消防栓。在施工期间严禁非施工人员进入工地，外单位来人要专人陪同。

（6）外装饰用的施工吊篮，每次使用前检查安全装置的可靠性。

（7）塔式起重机基座，升降机基础井字架地基必须坚实，雨期要做好排水导流工作，防止塔、架倾斜事故，悬挑的脚手架作业前必须仔细检查其牢固程度，限制施工荷载。

（8）由专人负责与气象台站联系，及时了解天气变化情况，以便采取相应技术措施，防止发生事故。

（9）以班组为单位，作业前举行安全例会，工地逢十召开由班组长参加的安全例会，分项工程施工时由安全员向班组长进行安全技术书面交底，提高职工的安全意识和自我防护能力。

（四）现场文明施工措施

（1）以后勤组为主，组成施工现场平面布置管理小组。加强材料、半成品、机械堆放、管线布置、排水沟、场内运输通道和环境卫生等工作的协调与控制，发现问题及时处理。

（2）以政工组为主，制定切实可行，行之有效的门卫制度和职工道德准则，对违纪违法和败坏企业形象的行为进行教育，并作出相应的处罚。

（3）在基础工程施工时，结合工程排污设施，插入地面化粪池工程，主楼进入三层时，隔二层设置临时厕所，用φ150铸铁管引入地面化粪池，接市政排污井。

（4）合理安排作业时间，限制晚间施工时间，避免因施工机械产生的噪声影响四周市民的休息，必要时采取一定的消声措施。白天工作时环境噪声控制在55分贝以下。

（5）沿街围护隔离带（砖墙）用白灰粉刷，改变建筑工地外表面貌。

（五）降低工程成本措施

（1）对分部分项工程进行技术交底，规定操作工序，执行质量管理制度，减少返工以降低工程成本。

（2）加强施工期间定额管理，实行限额领料制度，减少材料损耗，控制在定额损耗限额内。实行少耗有奖、多耗要罚的措施。

（3）采用框架柱预埋拉筋、预留管道堵孔新技术，采用早拆型钢木竹结构模板体系，采用悬挑钢管扣件脚手技术，提高周转材料的周转次数，节约施工投入。

（4）在混凝土中应加入外加剂，以节约水泥，降低成本。

（5）钢筋水平接头采用对焊，竖向接头采用电渣压力焊。

（6）利用原有旧房作部分临时宿舍，采用双层床架以减少临时宿舍占用，从而减少临时设施费用。

思 考 题

1. 什么叫单位工程施工组织设计？
2. 试述单位工程施工组织设计的编制依据和程序？
3. 单位工程施工组织设计包括哪些内容？
4. 工程概况及施工特点分析包括哪些内容？
5. 施工方案包括哪些内容？
6. 确定施工顺序应遵守的基本原则是什么？
7. 确定施工顺序应具备哪些基本要求？
8. 试述多层混合结构民用房屋的施工应遵循什么样的的顺序？
9. 钢筋混凝土框架结构房屋的施工顺序又如何？
10. 试述装配式单层工业厂房的施工顺序？
11. 选择施工方法和施工机械应满足哪些基本要求？
12. 主要分部分项工程的施工方法和施工机械选择如何确定？
13. 试述技术措施的主要内容。
14. 保证和提高工程质量的措施应从哪几个方面考虑？
15. 确保施工安全的措施有哪些？
16. 如何降低工程成本？
17. 现场文明施工应采取什么样的措施？
18. 如何对施工方案进行评价？
19. 什么是单位工程施工进度计划，它有什么作用？
20. 单位工程施工进度计划可分几类？分别适用于什么情况？
21. 单位工程施工进度计划的编制依据是什么？
22. 单位工程施工进度计划的编制步骤是怎样的？
23. 施工过程划分应考虑哪些要求？
24. 工程量计算应注意什么问题？
25. 如何确定施工过程的劳动量或机械台班量？
26. 如何确定施工过程的延续时间？
27. 资源需要量计划有哪些？
28. 单位工程施工平面图包括哪些内容？
29. 单位工程施工平面图设计应遵循什么样的原则？
30. 如何设计单位工程施工平面图？

第九章 建筑工程施工资源管理

劳动具有三要素,即劳动工具,劳动对象及劳动力,具体在建筑工程项目中是以施工机具,施工材料和施工人员来体现。

第一节 施工机具管理

一、施工机具管理的意义

施工机具是建筑生产力的重要组成因素,现代建筑企业是运用机器和机械体系进行工程施工的,施工机具是建筑企业进行生产活动的技术装备。加强施工机具的管理,使其处于良好的技术状态,是减轻工人劳动强度,提高劳动生产率,保证建筑施工安全快速进行,提高企业经济效益的重要环节。

施工机具管理就是按照建筑生产的特点和机械运转的规律,对机械设备的选择评价、有效使用、维护修理、改造更新的报废处理等管理工作的总称。

二、施工机具的分类及装备的原则

建筑企业施工机具包括的范围较为广泛,有施工和生产用的建筑机械和其他各类机械设备,以及非生产机械设备,统称为施工机具。

建筑机械包括:挖掘机械、起重机械、铲土运输机械、压实机械、路面机械、打桩机械、混凝土机械、钢筋和预应力机械、装修机械、交通运输设备、加工和维修设备、动力设备、木工机械、测试仪器、科学试验设备等其他各类机械设备。

非生产性机械设备有:印刷、医疗、生活、文教、宣传等专用设备。

建筑企业合理装备施工机具的目的是既保证满足施工生产的需要,又能使每台机械设备发挥最高效率,以达到最佳经济效益,总的原则是:技术上先进、经济上合理、生产上适用。

三、施工机具的选择、使用、保养和维修

(一)施工机具的选择

对于建筑工程而言,施工机具的来源有购置、制造、租赁和利用企业原有设备四种方式,正确选择施工机具是降低工程成本的一个重要环节。

1. 购置

购置新施工机具(包括从国外引进新装备)。这是较常采用的方式,其特点是需要较高的初始投资,但选择余地大,质量可靠,其维修费用小,使用效率较稳定,故障率低。企业购置施工机具,应当由企业设备管理机械或设备管理人员提出有关设备的可靠性和有利于设备维修等要求。进口设备应当备有设备维修技术资料和必要的维修配件。进口的设备到达后,应认真验收,及时安装、调试和投入使用,发现问题应当在索赔期内提出索赔。

2. 制造

制造施工机具。企业自制设备，应当组织设备管理、维修、使用方面的人员参加设计方案的研究和审查工作，并严格按照设计方案做好设备的制造工作。设备制成后，应当有完整的技术资料。自制施工机具的特点是需要一定的投资，可利用企业已有的技术条件，但因缺乏制造经验，协作不便，质量不稳定，通用性差。对一些大型设备、通用性强的设备，一般不采用此法。

3. 租赁

租赁施工机具。根据工程需要，向租赁公司或有关单位租用施工机具。其特点是不必马上花大量的资金，先用后还，钱少也能办事；而且时间上比较灵活，租赁可长可短。当企业资金缺乏时，还可以长期租赁形式获得急需的施工机具，只要按照规定分期偿还租赁费和名义货价后，就可取得设备的所有权。这种方式对加速建筑业的技术改造好处极大，因此，当前发达的资本主义国家的建筑企业有三分之二左右的设备靠租赁，这也是我们的方向。

4. 利用

利用企业原有的施工机具。这实际就是租赁的方式，在实行项目管理以后，项目就是一个核算单位。项目部向公司租赁施工机具，并向公司支付一定的租金，这在我国目前应用得比较普遍，以后将逐渐走向租赁方式。

根据以上四种方式分别计算施工机具的等值年成本，从中挑选等值年成本最低的方式作为选择的对象，总的选择原则为：技术安全可靠，费用最低。

(1) 购置、制造和利用企业原有设备

$$等值年成本 = (施工机具原值 - 残值) \times 资金回收系数 + 残值利息 + 施工机具年使用费 + 其他费用 \tag{9-1}$$

$$资金回收系数 = i(1+i)^n / [(1+i)^n - 1] \tag{9-2}$$

式中　i——利率；

n——资金回收年限（折旧年限）。

(2) 租赁

$$等值年成本 = 租赁费 + 年使用费 + 其他费用 \tag{9-3}$$

(二) 施工机具的使用

使用是施工机具管理中的一个重要环节。正确地、合理地使用施工机具可以减轻磨损，保持良好的工作性能和应有的精度。应该充分发挥施工机具的生产效率、延长其使用寿命以节省费用。

为把施工机具用好、管好，企业应当建立健全的设备操作、使用、维修规程和岗位责任制。设备的操作和维修人员必须严格遵守设备操作、使用的维修规程。

1. 定人定机定岗位

机械设备使用的好坏，关键取决于直接掌握使用的驾驶、操作人员，而他们的责任心和技术素质又决定着设备的使用状况。

定人定机定岗位、机长负责制的目的，是把人机关系相对固定，把使用、维修、保管的责任落实到人。其具体形式如下：

(1) 多人操作或多班作业的设备，在定人的基础上，任命一位机长全面负责。

（2）一人使用保管一台设备或一人管理多台设备者，即为机长，对所管设备负责。

（3）掌握有中、小型机械设备的班组，不便于定人定机时，应任命机组长对所管设备负责。

操作人员的主要职责是：

（1）四懂三会。对操作技术要精益求精，要求懂得设备的构造、原理、性能和操作规程；会正确操作、维修保养和排除故障。

（2）遵守制度。要严守操作规程，执行保养制度和岗位责任制度等各项规章制度，并杜绝违章作业确保安全生产；认真执行交接班制度，及时准确地填写设备的各项原始记录和统计报表。

（3）谨慎操作、完成任务。要服从指挥搞好协作，优质、高效、低耗地完成作业任务。

（4）保管好原机的零部件、附属设备、随机工具，做到完整齐全，不无故损坏。

（5）机长、机组长除以上职责外，还要负责组织、指导和监督对设备的安全使用、保养和维修；并负责审查、汇总原始记录资料和统计报表以及组织技术学习、经验交流等。

2．合理使用施工机具

合理使用，就是要正确处理好管、用、养、修四者的关系，遵守机械运转的自然规律，科学地使用施工机具。

（1）新购、新制、经改造更新或大修后的机械设备，必须按技术标准进行检查、保养和试运转等技术鉴定，确认合格后，方可使用。

（2）对选用机械设备的性能、技术状况和使用要求等应作技术交底。要求严格按照使用说明书的具体规定正确操作，严禁超载、超速等拼设备的野蛮作业。

（3）任何机械都要按规定执行检查保养。机械设备的安全装置、指示仪表，要确保完好有效，若有故障应立即排除，不得带病运转。

（4）机械设备停用时，应放置在安全位置。设备上的零部件、附件不得任意拆卸，应该保证设备的完整配套。

3．建立安全生产与事故处理制度

为确保施工机具在施工作业中安全生产，首先要认真执行定人定机定岗位、机长负责制。机械操作人员均须经过技术培训，安全技术教育，考试合格，并持有操作证后，方可上岗操作。

其次，要按使用说明书上各项规定和要求，认真执行试运转（或走合要求）、安全装置试验等工作，方可正式使用。同时，要严格执行安全技术操作规程，严禁违章作业。

再者，在设备大检查和保养修理中，要重点检查各种安全、保护和指示装置的灵敏可靠性。对于自制、改造更新或大修后的机械设备要保证质量，检验合格者方准使用。

机械设备事故是指设备运转发生异常，或人为事故而导致设备损坏或停机停产等后果。设备事故分为一般事故、重大事故和特大事故三类。

事故发生后，应立即停车，并保持现场，事故情况要逐级上报，主管人员应立即深入现场调查分析事故原因，进行技术鉴定和处理；同时要制定出防止类似事故再发生的措施，并按事故性质严肃处理和如实上报。

4．建立健全施工机具的技术档案

施工机具的技术档案是从出厂、使用到报废全过程的技术性历史记录。它对掌握机械的变化规律，合理使用，适时维修，做好配件准备等提供可靠的技术依据。因此，对主要的机械设备必须逐台建立技术档案。它包括：使用（保修）说明书、附属装置及工具明细表、出厂检验合格证、易损件图册及有关制作图等原始资料；机械技术试验验收记录和交接清单；机械运行、消耗等汇总记录；历次主要修理和改装记录；以及机械事故记录等。

（三）施工机具的保养及维修

根据建筑施工的特点，建筑机械的磨损较为突出，因此做好保养和修理，使其经常处于良好的技术状态，极为重要。而保养与修理是相互配合，相互促进的，我国实行定期保养、计划检修、养修并重、预防为主的方针。

1. 施工机具的检查

检查是施工机具维护、修理的基础和首要环节，它是指对机械设备的运行情况、工作精度、磨损程度进行检查和校验。通过检查可全面地掌握实况、查明隐患、发现问题，以便改进维修工作，提高修理质量和缩短修理时间。

按检查时间间隔可分为：

（1）日常检查。主要由操作工人对机械设备进行每天检查，并与例行保养结合。若发现不正常情况，应及时排除或上报。

（2）定期检查。在操作人员参与下，按检查计划由专职维修人员定期执行。要求全面、准确地掌握设备性能及实际磨损程度，以便确定修理的时间和种类。

按检查的技术性能可分为：

（1）机能检查。对设备的各项机能进行检查和测定，如漏油、漏水、漏气、防尘密封等，以及零件耐高温、高速、高压的性能等。

（2）精度检查。对设备的精度指数进行检查和测定，为设备的验收、修理和更新提供较为科学的依据。

精度指数即设备精度的实测值与允许值之比。其公式为：

$$\text{精度指数} = \sqrt{\frac{\sum(\text{精度实测值}/\text{精度允许值})^2}{\text{测定项目数}}} \quad (9\text{-}4a)$$

或

$$T = \sqrt{\frac{\sum(T_P/T_S)^2}{n}} \quad (9\text{-}4b)$$

精度指数越小，表示的精度越高。各种机械设备均可按一定精度指数要求来进行新设备验收，大修后验收，以及确定调整、修理或更新。

2. 施工机具的保养

保养是预防性的措施，其目的是使机械保持良好的技术状况，提高其运转的可靠性和安全性，减少零部件的磨损以延长使用寿命、降低消耗，提高机械施工的经济效益。

（1）例行保养（日常保养）。由操作人员每日按规定项目和要求进行保养，主要内容是清洁、润滑、紧固、调整、防腐及更换个别零件。

（2）强制保养（定期保养）。即每台设备运转到规定的期限，不管其技术状态如何，都必须按规定进行检查保养。一般分为一、二、三级保养；个别大型机械可实行四级保养。

一级保养。操作工为主，维修工为辅。不仅要普遍地进行紧固、清洁、润滑，还要部分地进行调整。

二级保养。维修工为主，主要是进行内部清洁、润滑、局部解体检查和调整。

三级保养。要对设备的主体部分进行解体检查和调整工作，并更换达到磨损极限的零件，还要对主要零部件的磨损情况作检测、记录数据，以作修理方案的依据。

四级保养。对大型设备要进行四级保养，修复和更换磨损的零件。

3．施工机具的修理

设备的修理是修复因各种因素而造成的设备损坏，通过修理和更换已磨损或腐蚀的零部件，使其技术性能得到恢复。

（1）小修。以维修工人为主，对设备进行全面清洗、部分解体检查和局部修理。

（2）中修。要更换与修复设备的主要零件，和数量较多的其他磨损零件，并校正设备的基准，以恢复和达到规定的精度、功率和其他技术要求。

（3）大修。对设备进行全面解体，并修复和更换全部磨损零部件，恢复设备的原有的精度、性能和效率。其费用由大修基金支付。

第二节　施工材料管理

一、施工材料管理的意义和任务

（一）施工材料管理的意义

施工材料管理是指项目部对施工和生产过程中所需各种材料，进行有计划地组织采购、供应、保管、使用等一系列管理工作的总称。

建筑材料以及构件、半成品等构成建筑产品的实体。材料费占工程成本达70%左右，用于材料的流动资金占企业流动资金50%～60%。因此，施工材料管理是企业生产经营管理的一个重要环节。搞好材料管理的重要意义在于：

（1）是保证施工生产正常进行的先决条件；

（2）是提高工程质量的重要保障；

（3）是降低工程成本，提高企业的经济效益的重要环节；

（4）可以加速资金周转，减少流动资金占用；

（5）有助于提高劳动生产率。

（二）施工材料管理的任务

施工材料管理的任务主要表现在保证供应和降低费用两个方面。

1．保证供应。就是要适时、适地、按质、按量、成套齐备地供应材料。适时，是指按规定时间供应材料；适地，是指将材料供应到指定的地点；按质，是指供应的材料必须符合规定的质量标准；按量，是指按规定数量供应材料；成套齐备，是指供应的材料，其品种规格要配套，并要符合工程需要。

2．降低费用。就是要在保证供应的前提下，努力节约材料费用。通过材料计划、采购、保管和使用的管理，建立和健全材料的采购和运输制度，现场和仓库的保管制度，材料验收、领发，以及回收等制度，合理使用和节约材料，科学地确定合理的仓库储存量，加速材料周转，减少损耗，提高材料利用率，降低材料成本。

二、材料的分类

根据材料在建筑工程中所起的作用、自然属性和管理方法的不同，可按以下三种方式划分：

1. 按其在建筑工程中所起的作用分类

(1) 主要材料。指直接用于建筑物上能构成工程实体的各项材料。如钢材、水泥、木材、砖瓦、石灰、砂石、油漆、五金、水管、电线等。

(2) 结构件。指事先对建筑材料进行加工,经安装后能够构成工程实体一部分的各种构件。如屋架、钢门窗、木门窗、柱、梁、板等。

(3) 周转材料。指在施工中能反复多次周转使用,而又基本上保持其原有形态的材料。如模板、脚手架等。

(4) 机械配件。指修理机械设备需用的各种零件、配件。如曲轴、活塞等。

(5) 其他材料。指虽不构成工程实体,但间接地有助于施工生产进行和产品形成的各种材料。如燃料、油料、润滑油料等。

(6) 低值易耗品。指工具、设备等固定单位价值不到规定限额,或使用期限不到一年的劳动资料。如小工具、防护用品等。

这种划分便于制定材料消耗定额,从而进行成本控制。

2. 按材料的自然属性分类

(1) 金属材料。指黑色金属材料(例如钢筋、型钢、钢脚手架管、铸铁管等)和有色金属材料(例如铜、铝、铅、锌及其半成品等)。

(2) 非金属材料。指木材、橡胶、塑料和陶瓷制品等。

这种分类方法便于根据材料的物理、化学性能进行采购、运输和保管。

3. 按材料的价值在工程中所占比重分

建筑工程需要的材料种类繁多,但资金占用差异极大。有的材料品种数量小,但用量大,资金占用量也大;有的材料品种很多,但占用资金的比重不大;另一种介于这二种之间。ABC 分类,即根据企业材料一般占用资金的大小把材料分为 A、B、C 三类,见表 9-1。

ABC 分类示意表　　　　　　　　　表 9-1

物资分类	占全部品种百分比,%	占用资金百分比,%
A 类	10~15	80
B 类	20~30	15
C 类	60~65	5
合计	100	100

从上表看,C 类材料虽然品种繁多,但资金占用却较少,而 A 类、B 类品种虽少,但用量大,占用资金多,把 A 类及 B 类材料购买及库存控制好,对资金节约将起关键性的作用。因此材料库存决策和管理应侧重于 A 和 B 两类物资上。

三、材料的采购、存储、收发和使用

(一) 材料订购采购

1. 订购采购的原则

材料订购采购是实现材料供应的首要环节。项目的材料主管部门必须根据工程项目计划的要求,将材料供应计划按品种、规格、型号、数量、质量和时间逐项落实。这一工作习惯上称为组织货源。正确地选择货源,对保证工程项目的材料供应,提高项目的经济效

益具有重要的意义。

在材料订购采购中应做到货比三家,"三比一算",即同样材料比质量;同样的质量比价格;同样的价格比运距;最后核算成本。对于临时性购买或一次性的购买来说,主要应考虑供货单位的质量、价格、运费、交货时间和供应方式等方面是否对企业最为有利,对于大宗材料,应尽量采用就近订货、直达订货,尽量减少中转环节。

供货单位落实以后,应签订材料供需合同,以明确双方经济责任。合同的内容应符合合同法规定,一般应包括:材料名称、品种、规格、数量、质量、计量单位、单价及总价、交货时间、交货地点、供货方式、运输方法、检验方法、付款方式和违约责任等条款。

2. 材料订货通常有两种方式

(1) 定期订货。它是按事先确定好的订货时间组织订货,每次订货数量等于下次到货并投入使用前所需材料数量,减去现有库存量,其计算公式如下:

$$每期订货数量 = (订货或供货间隔天数 + 保险储备天数) \times 平均日消耗量 - 实际库存量 - 已订在途量 \tag{9-5}$$

(2) 定量订货。它是在材料的库存量,由最高储备降到最低储备之前的某一储备量水平时,提出订货的一种订货方式。订货的数量是一定的,一般是批量供给,是一种不定期的订货方式。

订货点储备量的确定有两种情况:

1) 在材料消耗和采购期固定不变时,计算公式如下:

$$订货点储备量 = 材料采购期 \times 材料平均消耗量 + 保险储备量 \tag{9-6}$$

式中 采购期是指材料备运时间,包括订货到使用前加工准备的时间。

2) 在材料消耗和采购期有变化时,计算公式如下:

$$订货点储备量 = 平均备运时间 \times 材料平均日消耗量 + 保险储备 + 考虑变动因素增加的储备 \tag{9-7}$$

(3) 材料经济订货量的确定

所谓材料的经济订货量,是指用料企业从自己的经济效果出发,确定材料的最佳订货批量,以使材料的存储费达到最低。

材料存储总费用主要包括下列二项费用:

1) 订购费。主要是指与材料申请、订货和采购有关的差旅费、管理费等费用。它与材料的订购次数有关,而与订购数量无关。

2) 保管费。主要包括被材料占用资金应付的利息、仓库和运输工具的维修折旧费、物资存储损耗等费用。它主要与订购批量有关,而与订购次数无关。从节约订购费出发,应减少订购次数增加订购批量;从降低保管费出发则应减少订购批量,增加订购次数,因此,应确定一个最佳的订货批量,使得存储总费用最小,参见图9-1。经济订购批量的计算公式如下:

$$经济订购批量 = \sqrt{\frac{2 \times 每次的订购费用 \times 处理年需要量}{单位材料的年保管费用}} \tag{9-8}$$

式中 单位材料年保管费用——材料单价 × 单位材料年保管费率。

例如:某建筑企业对某种物资的年需用量为80t,订购费每次为5元,单位物资的年

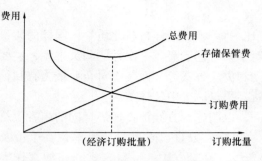

图 9-1 材料的经济订货批量

保管费为 0.5 元，则

$$经济订购批量 = \sqrt{\frac{2 \times 5 \times 80}{0.5}} = 40(t)$$

采用经济批量法确定材料订购量，要求企业能自行确定采购量和采购时间。

（二）材料的存储及管理

1. 建筑材料在施工过程中是逐渐消耗的，而各种材料又是间断的、分批进场的，为保证施工的连续性，施工现场必须有一定合理的材料储备量，这个合理储备量就是材料中的储备定额。

材料储备应考虑经常储备、保险储备和季节性储备等。

（1）经常储备。是指在正常的情况下，为保证施工生产正常进行所需要的合理储备量，这种储备是不断变化的。

（2）保险储备。是指企业为预防材料未能按正常的进料时间到达或进料不符合要求等情况下，为保证施工生产顺利进行而必须储备的材料数量。这种储备在正常情况下是不动用的，它固定地占用一笔流动资金。

（3）季节储备。是指某种材料受自然条件的影响，使材料供应具有季节性限制而必须储备的数量。如地方材料等，对于这类材料储备，必须在供应发生困难前及早准备好，以便在供应中断季节内仍能保证施工生产的正常需要。

材料的储备由于受到施工现场场地的限制、流动资金的限制、市场供应的限制、自然条件的限制和材质本身的要求等诸多不确定的因素，很难精确计算材料的储备量。总而言之，要能够适时、适地、按质、按量、经济地配套供应施工材料。

2. 仓库管理

对仓库管理工作的基本要求是：保管好材料，面向生产第一线，主动配合完成施工任务，积极处理和利用库存闲置材料和废旧材料。

仓库管理的基本内容包括：

（1）按合同规定的品种、数量、质量要求验收材料；

（2）按材料的性能和特点，合理存放，妥善保管，防止材料变质和损耗；

（3）组织材料发放和供应；

（4）组织材料回收和修旧利废；

（5）定期清仓，做到账、卡、物三相符。做好各种材料的收、发、存记录，掌握材料使用动态和库存动态。

3. 现场材料管理

现场材料管理是对工程施工期间及其前后的全部料具管理。包括施工前的料具准备；施工过程中的组织供应，现场堆放管理和耗用监督，竣工后组织清理、回收、盘点、核算等内容。

现场材料管理的具体内容可分三个方面：

（1）施工准备阶段的现场管理工作为：

1）编好工料预算，提出材料的需用计划及构件加工计划；

2）安排好材料堆场和临时仓库设施；
3）组织材料分批进场；
4）做好材料的加工准备工作。
（2）施工过程中的现场材料管理工作，主要是：
1）严格按限额领料单发料；
2）坚持中间分析和检查；
3）组织余料回收，修旧利废；
4）经常组织现场清理。
（3）工程竣工阶段的材料管理工作，主要是：
1）清理现场，回收、整理余料，做到工完场清；
2）在工料分析的基础上，按单位工程核算材料消耗，总结经验。

第三节 施工人员管理

一、施工人员管理概述

（一）承包人（施工单位）在项目的投标阶段就对项目的组织机构和施工人员（人力资源）进行了规划，项目一旦中标签约以后，就须履行义务。

（二）实行施工人员管理就是提高劳动生产率、保证施工安全、实现文明施工。

（三）施工人员由生产工人、专业技术人员和管理干部构成。管理干部和专业技术人员构成了项目部的管理主体，项目部一般由企业委派项目经理组建，而生产工人现场一般分包或由劳务公司提供。

（四）施工人员的确定

1．人员确定原则：

（1）人员确定标准必须先进合理；

（2）有利于促进生产和提高工作效率；

（3）正确处理各类人员之间的合理比例，特别是直接生产工人和非生产人员之间的比例关系；

（4）人员确定应符合生产特点和发展趋势，既可适时修订，又要保持相对稳定，不断提高完善。

2．人员确定的依据和方法

根据建筑企业工程对象多变、任务分散、工作性质复杂等特点，人数的确定应根据企业计划的总工作量和每个人的工作效率，主要有以下几种方法：

（1）按劳动效率确定。根据施工任务的工作量和工人的劳动效率计算定员人数。

（2）按设备确定。根据设备数量、设备工作班次和工人看管设备定额来计算。

（3）按岗位确定。根据设置岗位数和各岗位工作量和劳动效率来计算。

（4）按比例确定。根据生产工人的一定比例，确定服务人员和辅助生产人员的数量。

（5）按组织机构的职责范围和业务分工确定。主要用于计算企业管理人员和专业技术人员数额。

3．项目施工人员确定的要求

施工人员的多少,反映整个项目的经营管理水平和职工工作效率的提高,政策性强,涉及面广,细致复杂。认真执行的要求是:

(1) 建立健全的定员管理制度。一切人员都要"定岗"、"定人","定职责范围",使人人工作内容明确。

(2) 机构设置要精简、慎重,严格控制增加非生产人员和增设临时机构等。

(3) 项目的施工人员编制要随着项目的规模、机械化水平、工艺技术改进、劳动组织和操作水平及业务水平的变化,适时进行修改。要实施动态管理。

二、项目管理部的劳动组织

一旦与劳务公司签订劳务合同,则这些工人就归项目部指挥,这实际就是一个劳动组织。

(一) 劳动组织是劳动者在劳动过程中建立在分工与协作基础上的组织形式。

建筑企业的生产活动是一个有机的统一体,企业的劳动组织就是根据工人生产和客观需要的工作量,结合具体工作条件,科学地组织劳动的分工与协作,把劳动者、劳动对象和劳动手段之间的关系科学地组织起来,成为施工生产统一而协调的整体,达到生产高效率的目的。

(二) 劳动力的合理组织是发展生产力的最基本的因素,它有利于:

(1) 实行科学分工与协作,充分发挥每个职工的劳动积极性和技术业务专长;

(2) 促进和加强企业的科学管理;

(3) 合理使用劳动力,使每个工人有合理的负荷和明确的责任;

(4) 各工种工序间的衔接协作和施工生产的指挥调节。

(三) 建筑企业合理劳动组织的基本原则。

1. 根据施工工程特点,如建筑结构特征、规模、技术复杂程度,采用不同的劳动组织形式,并随施工技术水平的发展、工艺的改进、机械化水平的提高和技术革新而及时调整。

2. 按施工工作的技术内容和分工要求,确定合理的技术等级构成,以充分发挥每个工人的专长。

3. 按工作量的大小和施工工作面的要求确定合理劳动组织,保证每个工人都要有足够的工作量和工作面,以充分利用工作时间和空间。

4. 劳动组织应相对固定,有利于工种间、工序间和各个工人间的熟练配合和协作。

5. 选配好精明干练的班组长。

(四) 根据上述原则,在科学分工和正确配备工人的基础上,把完成某一专业工程而相互协作的有关工人组织在一起的施工劳动集体,是建筑企业最基本的劳动组织形式,称为施工班组,施工班组分为专业施工班(队)组和混合施工班(队)组两种。

1. 专业施工班组

专业施工班组是按施工工艺划分,一般由同一工种的工人所组成。

专业施工班(队)组,工人承担的施工任务比较专一,有利于钻研技术,提高操作熟练程度。但由于工种单一分工较细,有时不能适应交叉施工要求,各工种之间和工序间配合不紧凑,造成工时浪费。

2. 混合施工班(队)组

混合施工班（队）组是将共同完成一个分部工程或单位工程所需要的、互相密切联系的工种工人组成，其特点是便于统一指挥，协调施工。并有自身的调节能力，能简化施工过程中的组织，有利于缩短工期。

这两种组织，各有各的特点和适用范围，要根据企业主要承担施工工程的特点和任务来组织。建筑施工企业一般以专业施工班组为主，它易于采用劳务分包。

三、施工人员的劳动纪律和劳动保护

（一）劳动纪律

1. 劳动纪律的含义

劳动纪律是指劳动者在共同劳动中必须遵守的规则或秩序。

2. 劳动纪律的作用

劳动纪律是组织集体劳动不可缺少的条件，是加强企业管理和项目管理，提高劳动生产率的重要保证。

3. 劳动纪律的主要内容：有组织方面的纪律；生产技术方面的纪律；工作时间内的纪律。

4. 巩固劳动纪律的方法

巩固和加强劳动纪律，首先必须做好思想教育工作，提高广大职工遵守纪律的自觉性，建立健全各种规章制度和必要的奖惩制度，做到有奖有罚，奖罚分明。对一贯遵守劳动纪律的职工，应予以表扬和奖励，对不遵守纪律者，既要做耐心细致的教育工作，并要予以严肃批评，对严重破坏劳动纪律，玩忽职守，并造成严重后果者，应给予必要的处分，甚至追究刑事责任。

（二）劳动保护

1. 劳动保护的重要性

劳动保护是国家为了保护劳动者在生产中的安全与健康的一项重要政策，也是劳动管理的一项重要内容。

施工企业高空和地下作业多，现场环境复杂，露天野外作业，劳动条件差，不安全因素多，是一个事故发生频率较高的行业，这个行业的特点要求企业领导重视安全问题，在组织上、技术上采取措施保证安全生产，保护职工健康。安全、卫生的工作环境，有助于激发职工愉快的情绪，发挥职工的积极性，提高工作效率，促进生产的发展。

2. 劳动保护的主要内容

劳动保护的主要内容包括安全技术、工业卫生、劳动保护制度等三个方面：

（1）安全技术。是指在生产过程中，为了防止和消除伤亡事故、保障职工安全和在繁重体力劳动下的安全问题，而采取的各种安全技术措施。建筑工程施工过程中，高空作业多、露天操作、高空坠落、物体击伤可能性多，施工现场有各种机械设备、电器设备、高压动力设备、临时供电路，对此必须有专门的安全技术措施。

（2）工业卫生。是指在生产过程中对高温、粉尘、噪声、有害气体和其他有害因素的防止和消除，以改善劳动条件，保护职工健康。建筑企业必须注意在暑热、严寒、强风、多雨季节的劳动保护和安全施工，严格控制废气、废水、粉尘和噪声等公害。对接触粉尘（如石粉、水泥粉等）的工种，应改进生产工艺，增加吸尘、防止中毒等通风设备，并注意施工现场的清洁卫生，及时清理废料。

3. 劳动保护制度。是指同保护劳动者的安全和健康有关的一系列制度。劳动保护制度包括生产行政管理制度和生产技术管理制度两个方面。

生产行政管理制度包括：(1) 安全生产责任制；(2) 安全生产教育制度；(3) 安全生产检查监督制度；(4) 伤亡事故的调查报告分析处理制度；(5) 劳动保护用品和保健食品发放管理制度；(6) 保证实现劳逸结合的各种轮休制度，加班加点审批制度；(7) 女工保护制度。

生产技术管理制度包括：(1) 编制安全技术措施计划；(2) 设备的维护检修制度；(3) 安全技术操作规程。

四、施工人员的培训

1. 职工培训的意义

职工培训是企业劳动管理的一项主要内容，是企业为提高职工政治、文化、科学、技术和管理水平而进行的教育和培训。企业为完成经营目标，增强企业后劲，必须提高企业职工的素质。为此，应对企业所有人员（包括领导干部、工程技术人员、管理人员、班组长和工人）、本着"学以致用"的原则，有计划、有重点地进行专门培训。

2. 职工培训的形式和要求

(1) 企业的职工培训要从实际出发，兼顾当前和长期需要，采取多种方式。如上岗前培训、在职学习、业余学习、半脱产专业技术训练班、脱产轮训班和专科大专班等。

(2) 职工培训应直接有效地为企业生产工作服务，要有针对性和实用性，讲究质量、注重实效。

(3) 职工培训应从上而下形成培训系统，建立专门培训机构。

(4) 建立考试考核制度。

五、施工人员的考核与激励

（一）考核

项目部根据施工人员的相应职责进行考核。

对管理人员的考核，主要是根据其德、才、能进行定性和定量考核。对生产班组主要是根据产值、质量及材料消耗三方面进行定量考核。

（二）激励

激励有物质激励和精神激励。

当劳动还没有成为人们第一需要，而是作为一种谋生手段的今天，主要以物质激励为主，精神激励为辅。

思 考 题

1. 施工资源包括哪些？
2. 施工机具如何分类？
3. 建筑企业装备施工机具应把握什么原则？
4. 施工机具的选择方法有几种？
5. 如何确保施工机具安全合理的使用？
6. 施工材料管理有什么意义？
7. 施工材料管理的任务是什么？
8. 材料按其在建筑工程中所起的作用不同可分为哪几类？

9. 材料按自然属性不同如何分类?
10. 材料订购采购一般遵循什么样的原则?
11. 定货点储备量如何确定?
12. 材料的经济订货量如何确定?
13. 试述 ABC 材料分类法的基本内容及管理。
14. 施工人员的构成及确定原则。
15. 施工人员确定的依据和要求分别是什么?
16. 建筑企业合理劳动组织的基本原则是什么?
17. 如何巩固施工人员的劳动纪律?
18. 劳动保护的主要内容包括哪三个方面?
19. 施工人员的培训可采取哪些形式?
20. 试述如何对施工人员进行有效的考核和激励?

第十章 建筑工程项目施工成本管理

第一节 施工成本管理概述

一、施工成本管理

(一) 施工成本是指施工企业在建筑安装工程施工过程中的实际消耗,包括物化劳动和活劳动的消耗,前者是指工程耗用的各种材料、机械的价值,后者是指支付给劳动者的报酬。

(二) 我国现行建筑安装工程费用项目组成(建标 [2003] 206 号关于印发《建筑安装工程费用项目组成》的通知) 如图 10-1 所示, 包括直接费、间接费、利润和税金。

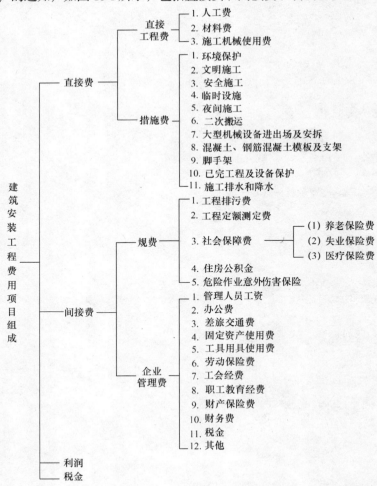

图 10-1 建筑安装工程费用项目组成

各项费用的定义如下：

1. 直接费

直接费是指施工过程中直接耗费的构成工程实体或有助于工程形成的各项支出。具体包括：

（1）人工费。人工费指直接从事建筑安装工程施工的生产工人开支的各项费用，包括工资、奖金、工资性的津贴、生产工人辅助工资、职工福利费、生产工人劳动保护费等等。

（2）材料费。包括施工过程中耗用的构成工程实体的原材料、辅助材料、构配件、零件、半成品的费用。

（3）机械使用费。包括施工过程中使用自有施工机械所发生的机械使用费和租用外单位（含内部机械设备租赁市场）施工机械的租赁费，以及施工机械安装、拆卸和进出场费。

（4）措施费。措施费是指完成工程项目施工，发生于该工程施工前和施工过程中非工程实体项目的费用。

2. 间接费

（1）规费。规费是指政府和有关部门规定必须缴纳的费用。

（2）企业管理费。企业管理费是指施工企业为组织施工生产和经营管理所发生的费用。

（三）成本虽说也是一种耗费，但和费用不是一个概念。

根据财务〔2003〕27号文《施工企业会计核算办法》的规定，工程成本的成本项目如图10-2所示，包括人工费、材料费、机械使用费、其他直接费和间接费。

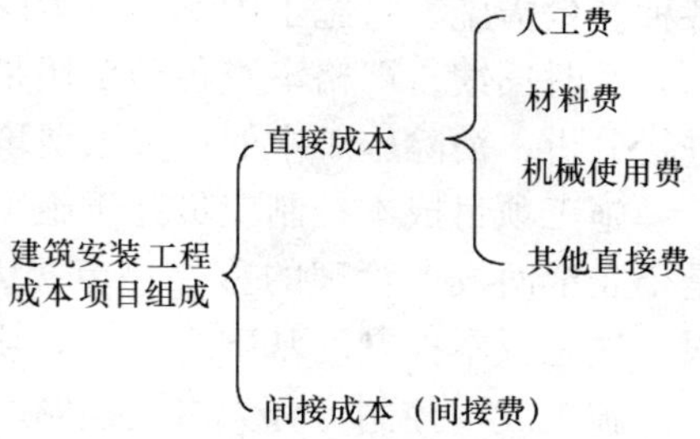

图10-2 成本项目组成

二、施工成本管理的任务、特点及程序

施工成本管理就是要在保证工期和质量满足要求的情况下，利用组织措施、经济措施、技术措施、合同措施把成本控制在计划范围内，并进一步寻求最大程度的成本节约。实际上项目一旦确定，则收入一定，如何降低工程成本，追求最大利润是项目管理的目标。施工成本管理的任务主要包括：成本预测、成本计划、成本控制、成本核算、成本分析和成本考核。

建筑企业成本管理的特点

1. 工程建设项目成本管理是一个动态管理的过程

工程建设项目的建设周期往往很长，在整个建设过程中，又受到各种内部、外部因素的影响，工程建设项目的成本在整个建设过程中不断地发生变化。因此，工程建设项目成本管理必须根据不断变化的内外部环境，不断地对成本进行组织、控制和调整，以保证工程建设项目成本的有效控制和监督。

2. 工程建设项目成本管理是一个复杂的系统工程

这主要由工程项目本身是一个复杂的系统所决定。从横向可以把成本管理分为：工程项目投标报价、成本预测、成本计划、统计、质量、信誉等。从纵向可以分为：组织、控制、核算、分析、跟踪和考核等。由此形成一个工程建设项目成本管理系统。

（一）施工成本预测

施工成本预测就是通过取得的历史数字资料，采用经验总结、统计分析及数学模型的方法对未来的成本水平及其可能发展趋势做出科学的估计，其实质就是在施工以前对成本进行估算。通过成本预测，可以使项目经理部在满足业主和施工企业要求的前提下，选择成本低、效率好的最佳成本方案，并能够在施工项目成本形成过程中，针对薄弱环节，加强成本控制，克服盲目性，提高预见性。因此，施工项目成本预测是施工项目成本决策与计划的依据。预测时，通常是对施工项目计划工期内影响其成本变化的各个因素进行分析，比照近期已完施工项目或将完施工项目的成本（单位成本），预测这些因素对工程成本中有关项目（成本项目）的影响程度，从而预测出工程的单位成本或总成本。

（二）施工成本计划

施工成本计划是以货币形式编制施工项目在计划期内的生产费用、成本水平、成本降低率以及为降低成本所采取的主要措施和规划的书面方案，它是建立施工项目成本管理责任制、开展成本控制和核算的基础。一般来说，一个施工项目成本计划应包括从开工到竣工所必需的施工成本，它是该施工项目降低成本的指导文件，是设立目标成本的依据。可以说，成本计划是目标成本的一种形式。

（三）施工成本控制

施工成本控制是指在施工过程中，对影响施工项目成本的各种因素加强管理，并采用各种有效措施，将施工中实际发生的各种消耗和支出严格控制在成本计划范围内，随时揭示并及时反馈，严格审查各项费用是否符合标准，计算实际成本和计划成本之间的差异并进行分析，消除施工中的损失浪费现象，发现和总结先进经验。

施工项目成本控制应贯穿于施工项目从投标阶段开始直到项目竣工验收的全过程，它是企业全面成本管理的重要环节。因此，必须明确各级管理组织和各级人员的责任和权限，这是成本控制的基础之一，必须给以足够的重视。

施工成本控制可分为事先控制、事中控制（过程控制）和事后控制。

（四）施工成本核算

施工成本核算是指按照规定开支范围对施工费用进行归集，计算出施工费用的实际发生额，并根据成本核算对象，采用适当的方法，计算出该施工项目的总成本和单位成本。施工项目成本核算所提供的各种成本信息是成本预测、成本计划、成本控制、成本分析和成本考核等各个环节的依据。

（五）施工成本分析

施工成本分析是在成本形成过程中，对施工项目成本进行的对比评价和总结工作。它贯穿于施工成本管理的全过程，主要利用施工项目的成本核算资料，与计划成本、预算成本以及类似施工项目的实际成本等进行比较，了解成本的变动情况，同时也要分析主要技术经济指标对成本的影响，系统地研究成本变动原因，检查成本计划的合理性，深入揭示成本变动的规律，以便有效地进行成本管理。

影响施工项目成本变动的因素有两个方面，一是外部的属于市场经济的因素，二是内部的属于企业经营管理的因素。作为项目经理，应该了解这些因素，但应将施工项目成本分析的重点放在影响施工项目成本升降的内部因素上。

成本分析具体分为综合分析和单位工程成本分析。

综合分析有：预算成本与实际成本进行比较；实际成本与计划成本进行比较；所属单位之间进行比较；与上年同期降低成本进行比较；单位工程成本的比较等。

单位工程成本分析包括：人工费的分析；材料费的分析；机械使用费的分析；措施费的分析；间接费的分析；技术组织措施完成情况的分析。

成本分析的基本方法包括：比较法、因素分析法、差额计算法和比率法。

（六）施工成本考核

施工成本考核是指施工项目完成后，对施工项目成本形成中的各责任者，按施工项目成本目标责任制的有关规定，将成本的实际指标与计划、定额、预算进行对比和考核，评定施工项目成本计划的完成情况和各责任者的业绩，并以此给以相应的奖励和处罚。通过成本考核，做到有奖有惩，赏罚分明，才能有效地调动企业的每一个职工在各自的施工岗位上努力完成目标成本的积极性。为降低施工项目成本和增加企业的积累，作出自己的贡献。

综上所述，成本管理的程序可表述如图 10-3 所示。

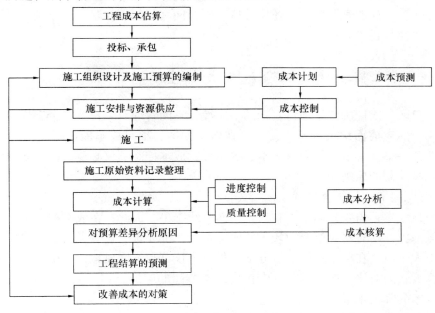

图 10-3　成本管理程序

三、施工成本管理的措施

为了取得施工成本管理的理想成果，应当从多方面采取措施实施管理，通常可以将这些措施归纳为组织措施、技术措施、经济措施、合同措施等四个方面。

（一）组织措施

组织措施是从施工成本管理的组织方面采取的措施，如实行项目经理责任制，落实施工成本管理的组织机构和人员，明确各级施工成本管理人员的任务和职能分工、权利和责任，编制本阶段施工成本控制工作计划和详细的工作流程图等。施工成本管理不仅是专业成本管理人员的工作，各级项目管理人员都负有成本控制责任。组织措施是其他各类措施的前提和保障，而且一般不需要增加什么费用，运用得当可以收到良好的效果。

（二）技术措施

技术措施不仅对解决施工成本管理过程中的技术问题是不可缺少的，而且对纠正施工成本管理目标偏差也有相当重要的作用。因此，运用技术纠偏措施的关键，一是要能提出多个不同的技术方案；二是要对不同的技术方案进行技术经济分析。在实践中，要避免仅从技术角度选定方案而忽视对其经济效果的分析论证。

（三）经济措施

经济措施是最易为人接受和采用的措施。管理人员应编制资金使用计划，确定、分解施工成本管理目标。对施工成本管理目标进行风险分析，并制定防范性对策。通过偏差原因分析和未完工程施工成本预测，可发现一些潜在的问题将引起未完工程施工成本的增加，对这些问题应以主动控制为出发点，及时采取预防措施。由此可见，经济措施的运用绝不仅仅是财务人员的事情。

（四）合同措施

成本管理要以合同为依据，因此合同措施就显得尤为重要。对于合同措施从广义上理解，除了参加合同谈判、修订合同条款、处理合同执行过程中的索赔问题、防止和处理好与业主和分包商之间的索赔之外，还应分析不同合同之间的相互联系和影响，对每一个合同作总体和具体分析等。

第二节 建筑工程施工成本控制的步骤和方法

工程项目的一次性决定了项目管理的一次性，它的管理对象只有一个工程项目，且将随着项目建设的完成而结束其历史使命。在施工期间，项目成本能否降低，有无经济效益，得失在此一举。为了确保项目成本必盈不亏，成本控制不仅必要，而且必须做好。

一、成本控制的原则

（一）开源与节流相结合原则

降低项目成本，需要一面增加收入，一面节约支出。因此，在成本控制中，也应坚持开源与节流原则。即对每一笔金额较大的成本费用，都要查一查有无与其相对应的预算收入，是否支大于收，在经常性的分部分项工程成本核算和月度成本核算中，也要进行实际成本与预算收入的对比分析，以便从中找出成本节超的原因，纠正项目成本的不利偏差，提高项目成本的降低水平。

（二）全面控制原则

1. 成本的全员控制

企业成本是一项综合性很强的指标，它涉及到企业中各个部门、单位和班组的工作业绩，也与每个职工的切身利益有关。因此，企业成本的高低需要大家关心，人人参与。

2. 成本的全过程控制

是指从一个具体项目的施工准备开始，经工程施工，到竣工交付使用后的保修期结束的各个阶段的每一项经济业务，都要纳入成本控制的轨道。

（三）目标管理原则

目标管理是贯彻执行计划的一种方法，它把计划的方针、任务、目的和措施等逐一加以分解，提出进一步的具体要求，并分别落实到执行计划的部门、单位直至个人。

（四）节约原则

主要指人力、财力、物力的节约。这是提高经济效益的核心，也是成本控制的一项最主要的基本原则。

二、施工成本控制的步骤

在确定了项目施工成本计划之后，必须定期地进行施工成本计划值与实际值的比较，当实际值偏离计划值时，分析产生偏差的原因，采取适当的纠偏措施，以确保施工成本控制目标的实现。其步骤如下：

1. 比较

按照某种确定的方式将施工成本计划值与实际值逐项进行比较，以发现施工成本是否已超支。

2. 分析

在比较的基础上，对比较的结果进行分析，以确定偏差的严重性及偏差产生的原因。这一步是施工成本控制工作的核心，其主要目的在于找出产生偏差的原因，从而采取有针对性的措施，减少或避免相同原因的再次发生或减少由此造成的损失。

3. 预测

根据项目实施情况估算整个项目完成时的施工成本。预测的目的在于为决策提供支持。

4. 纠偏

当工程项目的实际施工成本出现了偏差，应当根据工程的具体情况，偏差分析和预测的结果，采取适当的措施，以期达到使施工成本偏差尽可能小的目的，纠偏是施工成本控制中最具实质性的一步。只有通过纠偏，才能最终达到有效控制施工成本的目的。

5. 检查

它是指对工程的进展进行跟踪和检查，及时了解工程进展状况以及纠偏措施的执行情况和效果，为今后的工作积累经验。

三、施工成本控制的方法

施工成本控制的方法很多，这里主要介绍价值工程法，量本利法和净值法三种。

（一）价值工程法

1. 价值工程价值的计算公式：

$$V = F/C \tag{10-1}$$

式中　V——价值；

　　　F——功能；

　　　C——成本。

2. 提高价值的途径

按价值工程价值的公式 $V = F/C$ 分析，提高价值的途径有 5 条：

(1) 功能提高，成本不变；

(2) 功能不变，成本降低；

(3) 功能提高，成本降低；

(4) 降低辅助功能，大幅度降低成本；

(5) 功能大大提高，成本稍有提高。

我们应当选择价值系数低、降低成本潜力大的工程作为价值工程的对象，寻求对成本的有效降低。故价值分析的对象应以下述内容为重点：

选择数量大，应用面广的构配件；
选择成本高的工程和构配件；
选择结构复杂的工程和构配件；
选择体积与重量大的工程和构配件；
选择对产品功能提高起关键作用的构配件；
选择在使用中维修费用高、耗电量大或使用期的总费用较大的工程和构配件；
选择畅销产品，以保持优势，提高竞争力；
选择在施工（生产）中容易保证质量的工程和构配件；
选择施工（生产）难度大、多花费材料和工时的工程和构配件；
选择可利用新材料、新设备、新工艺、新结构及在科研上已有先进成果的工程和构配件。

3. 价值工程法的计算

(1) 计算功能系数

$$\text{某子项目功能系数} = \text{某子项目的功能得分}/\text{项目功能总得分} \tag{10-2}$$

(2) 计算成本系数

$$\text{某子项目成本系数} = \text{某子项目的施工计划成本}/\text{项目施工计划总成本} \tag{10-3}$$

(3) 计算价值系数

$$\text{某子项目价值系数} = \text{某子项目功能系数}/\text{某子项目成本系数} \tag{10-4}$$

(4) 计算项目目标成本

$$\text{项目目标成本} = \text{项目计划成本} - \text{项目成本降低额} \tag{10-5}$$

(5) 计算子项目的目标成本

$$\text{某子项目的目标成本} = \text{项目目标成本} \times \text{某子项目的功能系数} \tag{10-6}$$

(6) 计算子项目的成本降低额

$$\text{子项目的成本降低额} = \text{子项目的计划成本} - \text{子项目的目标成本} \tag{10-7}$$

(7) 找出成本降低额最大的项目作为控制对象

(二) 量本利法

量本利法就是利用产量、成本和利润三者之间的关系，寻求盈亏平衡点，利用盈亏平衡点来判断利润的大小和寻求降低成本，提高利润的途径。利润可按下式计算：

$$\text{利润} = \text{产量} \times \text{单价} - \text{可变成本} - \text{固定成本} \tag{10-8}$$

可变成本是随产量的增加而增加。
固定成本一般不随产量的变动而大幅增加。
往往实际成本与预算成本之间不是线性关系而是一条拟合直线。

(三) 挣值法的基本理论

挣值法是通过"三个费用"、"二个偏差"和"二个绩效"的比较对成本实施控制。

1. 三个费用

(1) 已完成工作预算费用

已完成工作预算费用为 $BCWP$，是指在某一时间已经完成的工作（或部分工作），以批准认可的预算为标准所需要的资金总额，由于业主正是根据这个值为承包商完成的工作量支付相应的费用,也就是承包商获得(挣得)的金额,故称挣得值或挣值。

$$BCWP = 已完成工程量 \times 预算单价 \tag{10-9}$$

(2) 计划完成工作预算费用

计划完成工作预算费用,简称 $BCWS$,即根据进度计划,在某一时刻应当完成的工作(或部分工作),以预算为标准所需要的资金总额,一般来说,除非合同有变更,$BCWS$ 在工作实施过程中应保持不变,即计算完成工作预算费为:

$$BCWS = 计划工程量 \times 预算单价 \tag{10-10}$$

(3) 已完成工作实际费用

已完成工作实际费用,简称 $ACWP$,即到某一时刻为止,已完成的工作(或部分工作)所实际花费的总金额。

2. 二个偏差

(1) 费用偏差 CV 按下式计算:

$$CV = BCWP - ACWP \tag{10-11}$$

当 CV 为负值时,即表示项目运行超出预算费用;当 CV 为正值时,表示项目运行节支,实际费用没有超出预算费用。

(2) 进度偏差 SV 按下式计算:

$$SV = BCWP - BCWS \tag{10-12}$$

当 SV 为负值时,表示进度延误,即实际进度落后计划进度,当 SV 为正值时,表示进度提前,即实际进度快于计划进度。

挣值法的三个基本费用参数和两个偏差的分析,可以直观地表示成图 10-4。

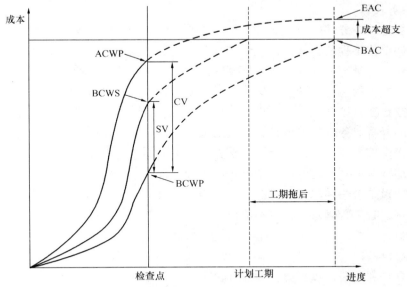

图 10-4 挣值法基本费用参数和偏差的分析关系

3. 二个绩效

(1) 费用绩效指数 CPI:

$$CPI = BCWP / ACWP \tag{10-13}$$

当 $CPI < 1$ 时,表示超支,即实际费用高于预算费用;当 $CPI > 1$ 时,表示节支,即实际费用低于预算费用。

(2) 进度绩效指数 SPI：

$$SPI = BCWP/BCWS \qquad (10\text{-}14)$$

当 $SPI<1$ 时，表示进度延误，即实际进度比计划进度拖后，当 $SPI>1$ 时，表示进度提前，即实际进度比计划进度快。

第三节 建筑工程施工成本核算与分析

一、施工成本核算

施工成本核算主要有会计核算、业务核算和统计核算等方法。

（一）会计核算

会计核算主要是价值核算。会计是对一定单位的经济业务进行计量、记录、分析和检查，作出预测、参与决策、实行监督，旨在实现最优经济效益的一种管理活动。它通过设置账户，复式记账、填制和审核凭证、登记账簿、成本计算、财产清查和编制会计报表等一系列有组织有系统的方法，来记录企业的一切生产经营活动，然后据以提出一些用货币来反映的有关各种综合性经济指标的数据。资产、负债、所有者权益、营业收入、成本、利润等会计六个要素指标，主要是通过会计来核算。至于其他指标，会计核算的记录中也是可以有所反映的，但在反映的广度和深度上有很大的局限性，一般不用会计核算来反映，由于会计记录具有连续性、系统性、综合性等特点，所以它是施工成本分析的重要依据。

（二）业务核算

业务核算是各业务部门根据业务工作的需要而建立的核算制度，它包括原始记录和计算登记表，如单位工程及分部分项工程进度登记，质量登记，工效、定额计算登记，物资消耗定额记录，测试记录等等。业务核算的范围比会计、统计核算要广，会计和统计核算一般是对已经发生的经济活动进行核算，而业务核算不但可以对已经发生的，而且还可以对尚未发生或正在发生的经济活动进行核算，看是否可以做，是否有经济效果。它的特点是，对个别的经济业务进行单项核算。只是记载单一的事项，最多也仅是略为整理或稍加归类，不求提供综合性、总括性指标。核算范围不太固定，方法也很灵活，不像会计核算和统计核算那样有一套特定的系统的方法。例如各种技术措施、新工艺等项目，可以核算已经完成的项目是否达到原定的目的，取得预期的效果，也可以对准备采取措施的项目进行核算和审查，看是否有效果，值不值得采纳，随时都可以进行。业务核算的目的，在于迅速取得资料，在经济活动中及时采取措施进行调整。

（三）统计核算

统计核算是利用会计核算资料和业务核算资料，把企业生产经营活动客观现状的大量数据，按统计方法加以系统整理，表明其规律性。它的计量尺度比会计宽，可以用货币计算，也可以用实物或劳动量计量。它通过全面调查和抽样调查等特有的方法，不仅能提供绝对数指标，还能提供相对数和平均数指标，可以计算当前的实际水平，确定变动速度，可以预测发展的趋势。统计除了主要研究大量的经济现象以外，也很重视个别先进事例与典型事例的研究。有时，为了使研究的对象更有典型性和代表性，还把一些偶然性的因素或次要的枝节问题予以剔除,为了对主要问题进行深入分析,不一定要求对企业的全部经济活动做出完整、全面、时序的反映。

二、施工成本分析

施工成本分析,就是根据会计核算,业务核算和统计核算提供的资料,对施工成本的形成过程和影响成本升降的因素进行分析,以寻求进一步降低成本的途径;另一方面,通过成本分析,可从账簿、报表反映的成本现象看清成本的实质,从而增强项目成本的透明度和可控性,为加强成本控制,实现项目成本目标创造条件。

施工成本分析的方法包括:比较法、因素分析法、差额计算法、比率法等基本方法。

(一)比较法

比较法,又称"指标对比分析法",就是通过技术经济指标的对比,检查目标的完成情况,分析产生差异的原因,进而挖掘内部潜力的方法。这种方法,具有通俗易懂、简单易行、便于掌握的特点,因而得到了广泛的应用,但在应用时必须注意各技术经济指标的可比性。比较法的应用,通常有下列几种形式:

1. 将实际指标与目标指标对比,以此检查目标完成情况,分析影响目标完成的积极因素和消极因素,以便及时采取措施,保证成本目标的实现。在进行实际指标与目标指标对比时,还应注意目标本身有无问题,如果目标本身出现问题,则应调整目标,重新正确评价实际工作的成绩。

2. 本期实际指标与上期实际指标对比。通过这种对比,可以看出各项技术经济指标的变动情况,反映施工管理水平的提高程度。

3. 与本行业平均水平、先进水平对比,通过这种对比,可以反映本项目的技术管理和经济管理与行业的平均水平和先进水平的差距,进而采取措施赶超先进水平。

(二)因素分析法

因素分析法又称连环置换法。这种方法可用来分析各种因素对成本的影响程度。在进行分析时,首先要假定众多因素中只有一个因素发生变化,而其他因素不变,计算出结果,而后逐个替换可变因素,分别比较其计算结果,以确定各个因素的变化对成本的影响程度。因素分析法的计算步骤如下:

(1) 确定分析对象,并计算出实际数与目标数的差异;
(2) 确定该指标是由哪几个因素组成的,并按其相互关系进行排序;
(3) 以目标数为基础,将各因素的目标数相乘,作为分析替代的基数;
(4) 将各个因素的实际数按照上面的排列顺序进行替换计算,并将替换后的实际数保留下来;
(5) 将每次替换计算所得的结果,与前一次的计算结果相比较,两者的差异即为该因素对成本的影响程度;
(6) 各个因素的影响程度之和,应与分析对象的总差异相等。

(三)差额计算法

差额计算法是因素分析法的一种简化形式,它利用各个因素的目标值与实际值的差额来计算其对成本的影响程度。

(四)比率法

比率法是指用两个以上的指标的比例进行分析的方法。它的基本特点是:先把对比分

析的数值变成相对数,再观察其相互之间的关系。常用的比率法有以下几种:

1. 相关比率法:由于项目经济活动的各个方面是相互联系,相互依存,又相互影响的,因而可以将两个性质不同而又相关的指标加以对比,求出比率,并以此来考察经营成果的好坏。例如:产值和工资是两个不同的概念,但它们的关系又是投入与产出的关系。在一般情况下,都希望以最少的工资支出完成最大的产值。因此,用产值工资率指标来考核人工费的支出水平,就很能说明问题。

2. 构成比率法:又称比重分析法或结构对比分析法。通过构成比率,可以考察成本总量的构成情况及各成本项目占成本总量的比重,同时也可看出量、本、利的比例关系(即预算成本、实际成本和降低成本的比例关系),从而为寻求降低成本的途径指明方向。

3. 动态比率法:动态比率法,就是将同类指标不同时期的数值进行对比,求出比率,以分析该项指标的发展方向和发展速度。动态比率的计算,通常采用基期指数和环比指数两种方法。

思 考 题

1. 何谓施工成本?
2. 建筑安装工程费用的组成项目。
3. 建筑安装工程成本项目的组成。
4. 施工成本管理的任务。
5. 施工成本管理的措施。
6. 施工成本计划的编制方法。
7. 简要概括施工成本的控制步骤。
8. 列出施工成本的三种控制方法。
9. 价值工程的基本原理。
10. 在价值工程法中,提高价值的途径有哪些?
11. 选择价值工程对象的原则。
12. 何谓量本利法?
13. 挣值法当中的三个费用是指?
14. 挣值法当中的二个偏差是指?
15. 挣值法当中的二个绩效是指?
16. 施工成本核算主要有哪些方法?
17. 何谓统计核算?
18. 施工成本分析的方法有哪些?
19. 何谓比较法?
20. 常用的比率法有哪几种?

第十一章 建筑工程施工质量、安全和文明施工管理

第一节 建筑工程施工质量管理

一、质量与质量管理的基本概念

(一) 质量的概念

众所周知,质量是企业的生存之本,发展之道,是企业追求的永恒主题。企业只有不断完善质量管理体系,促进质量管理和质量保证的规范化、国际化,提高企业管理水平和工作、生产效率,实现企业管理创新,树立企业的品牌,才能确立企业的竞争优势和市场地位,真正做大做强。

在日常生活中,人们每天都在消费各种各样的产品和服务,这些产品和服务有优有劣,它们的优劣代表了它们的质量,同时也代表了一个企业或组织的质量管理水平。实际上,质量和质量管理是日常生活中天天和事事都会遇到的问题。随着科学技术的不断发展,人们对产品的要求越来越丰富。以前人们对质量的要求仅是性能,后来进一步发展到使用寿命,再进一步要求有安全性,再后来又要求有可靠性,进而还要求有经济性和环境的协调性。这就发展到今天我们对建筑产品质量适用性、耐久性、安全性、可靠性、经济性和协调性的要求,即"六特性"。

1. 质量的概念

质量的概念一般有狭义和广义之分。狭义的质量是指产品质量,就是产品的好坏;而广义的质量不仅包含产品质量本身还包括产品形成过程的工作质量。产品质量是工作质量的表现,而工作质量是产品质量的保证。

目前,国内外对质量有一个共同的理解为:质量是满足明确的和隐含的需要的特性之总和(按《质量管理体系标准》GB/T 19000—2000)。

建筑工程项目从本质上说是一项拟建的建筑产品,它和一般产品具有同样的质量内涵,即满足明确的和隐含的需要的特性之总和。其中明确的需要是指法律、法规、技术标准和合同等所规定的要求,隐含的需要是指法律、法规或技术标准尚未作出明确规定,然而随着经济发展,科技进步及人们消费观念的变化,客观上已存在的某些需求。因此建筑产品的质量也就需要通过市场和营销活动加以识别,以不断进行质量的持续改进。其社会需求是否得到满足或满足的程度如何,必须用一系列定量或定性的特性指标来描述和评价,即用上述的六特性。

2. 建筑工程质量的概念

建筑工程质量简称工程质量,是指工程满足业主需要的,符合国家法律、法规、技术规范标准、设计文件及合同规定的特性综合。建筑工程作为一种特殊的产品,除具有一般产品共有的质量特性,如性能、寿命、可靠性、安全性、经济性等满足社会需要的使用价

值及其属性外,还具有特定的内涵。

建筑工程质量的特性主要表现在以下六个方面:

(1) 适用性。即功能,是指工程满足使用目的的各种性能。包括:理化性能,结构性能,使用性能,外观性能等。

(2) 耐久性。即寿命,是指工程在规定的条件下,满足规定功能要求使用的年限,也就是工程竣工后的合理使用寿命周期。

(3) 安全性。是指工程建成后在使用过程中保证结构安全、保证人身和环境免受危害的程度。

(4) 可靠性。是指工程在规定的时间和规定的条件下完成规定功能的能力。

(5) 经济性。是指工程从规划、勘察、设计、施工到整个产品使用寿命周期内的成本和消耗的费用。

(6) 协调性。是指工程与其周围生态环境协调,与所在地区经济环境协调以及与周围已建工程相协调,以协调可持续发展的要求。

上述六个方面的质量特性彼此之间是相互依存的,总体而言,适用、耐久、安全、可靠、经济、与环境协调性,都是必须达到的基本要求,缺一不可。

3. 建筑工程质量的特点

建筑工程质量的特点是由建筑工程本身和建筑生产的特点决定的。建筑工程(产品)及其生产的特点:一是产品的固定性,生产的流动性;二是产品多样性,生产的单件性;三是产品形体庞大、高投入、生产周期长、具有风险性;四是产品的社会性,生产的外部约束性。正是由于上述建筑工程的特点而形成了工程质量本身所具有的特点:

(1) 影响因素多:建筑工程质量受到多种因素的影响,如决策、设计、材料、机具设备、施工方法、施工工艺、技术措施、人员素质、工期、工程造价等,这些因素直接或间接地影响工程项目质量。

(2) 质量波动大:由于建筑生产的单件性、流动性,工程质量容易产生波动,且波动幅度大。同时由于影响工程质量的偶然性因素和系统性因素比较多,其中任一因素发生变动,都会使工程质量产生波动。为此,要严防出现系统性因素的质量变异,要把质量波动控制在偶然性因素范围内。因为偶然性是无法避免的,且引起的波动幅度较小;而系统性因素造成的波动较大,且是可以避免的。

(3) 质量隐蔽性:建筑工程在施工过程中,分项工程交接多、中间产品多、隐蔽工程多,因此质量存在隐蔽性。若在施工中不及时进行质量检查和监控,事后只能从表面上检查,就很难发现内在的质量问题,这样就容易产生判断错误,即第一类判断错误(将合格品判为不合格品)和第二类判断错误(将不合格品误认为合格品)。

(4) 终检的局限性:工程项目的终检(竣工验收)无法进行工程内在质量的检验,难以发现隐蔽的质量缺陷。因此,工程项目的终检存在一定的局限性。这就要求工程质量控制应以预防为主,重视事先、事中控制,防患于未然。

(5) 评价方法的特殊性:建筑工程质量的检查评定及验收是按检验批、分项工程、分部工程、单位工程进行的。检验批的质量是分项工程乃至整个工程质量检验的基础,检验批合格质量主要取决于主控项目和一般项目经抽样检验的结果。隐蔽工程在隐蔽前要检查合格后验收,涉及结构安全的试块、试件以及有关材料,应按规定进行见证取样检测;涉及结构安全和使用功能的重要分部工程要进行抽样检测。建筑工程质量是在施工单位按合格质量标准自行检查评定的基础上,由监理工程师(或建设单位项目负责人)组织有关单位、人员进行检验确认验收。这种评价方法体现了"验评分离、强化验收、完善手段、过程控制"的指导思想。

(二) 质量检验

质量检验(在施工企业也称质量检查)是采用特定检查手段,将产品的作业状况实测结果,与要求的质量标准进行对比,然后判定其是否达到优良或合格,是否符合设计和下道工序的要求。也可以说,建安工程的整个质量检查过程,就是人们常说的质量检查评定工作。工程质量检验评定,是决定每道工序是否符合质量要求,能否交付下一道工序继续施工,或者整个工程是否符合质量要求,能否交工等的技术业务活动。

质量检验验收的基本环节如图11-1所示。

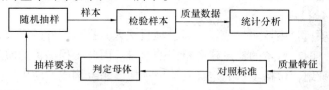

图11-1 质量检验验收基本环节示意图

(三) 质量管理与质量控制的概念

1. 质量管理体系认证标准基本知识

为了更好地推动企业建立更加完善的质量管理体系,实施充分的质量保证,建立国际贸易所需要的关于质量的共同语言和规则,国际标准化组织(ISO)于1976年成立了TC 176(质量管理和质量保证技术委员会),着手研究制定国际间遵循的质量管理和质量保证标准。1987年,ISO/TC 176发布了举世瞩目的ISO 9000系列标准,我国于1988年发布了与之相应的GB/T 10300系列标准,并"等效采用"。为了更好地与国际接轨,又于1992年10月发布了GB/T 19000系列标准,并"等同采用ISO 9000族标准"。1994年国际标准化组织发布了修订后的ISO 9000族标准后,我国及时将其等同转化为国家标准。为了更好地发挥ISO 9000族标准的作用,使其有更好的适用性和可操作性,2000年12月15日ISO正式发布新的ISO 9000、ISO 9001和ISO 9004国际标准。

2000年12月28日国家质量技术监督局正式发布GB/T 19000—2000(idt ISO 9000—2000)、GB/T 19001—2000(idt ISO 9001—2000)、GB/T 19004—2000(idt ISO 9004—2000)三个国家标准。但GB/T 19000-2000族核心标准由下列四部分组成:

(1) GB/T 19000—2000 质量管理体系——基础和术语;

(2) GB/T 19001—2000 质量管理体系——要求;

(3) GB/T 19004—2000 质量管理体系——业绩改进指南;

(4) ISO 19011 质量和环境审核指南。

值得注意的是,2000版ISO 9000族标准对质量全部实行ISO 9001的认证。

2. 质量管理

按照GB/T 19000—2000《质量管理体系标准》的定义:"质量管理是指确立质量方针及实施质量方针的全部职能及工作内容,并对其工作效果进行评价和改进的一系列工作"。按照质量管理的概念,组织必须通过建立质量管理体系实施质量管理。其中,质量方针是组织最高管理者的质量宗旨、经营理念和价值观的反映。在质量方针的指导下,通过组织的质量手册、程序性管理文件、质量记录的制定,并通过组织制度的落实、管理人员与资源的配置、质量活动的责任分工与权限界定等,形成组织质量管理体系的运行机制。

3. 质量控制

根据《GB/T 19000—2000 质量管理体系标准》中质量术语的定义:"质量控制是质量管理的一部分,致力于满足质量要求的一系列相关活动"。

质量控制包括采取的作业技术和管理活动。作业技术是直接产生产品或服务质量的条件;但并不是具备相关作业技术能力,都能产生合格的质量,在社会化大生产的条件下,还必须通过科学的管理,来组织和协调作业技术活动的过程,以充分发挥其质量形成能力,实现预期的质量目标。

由于建筑工程项目是由业主(或投资者、项目法人)提出明确的需求,然后再通过一次或多次承发包生产,即在特定的地点建造特定的项目。因此工程项目的质量总目标,是业主建设意图通过项目策划,包括项目的定义及建设规模、系统构成、使用功能和价值、规格档次标准等的定位策划和目标决策来提出的。工程项目质量控制,包括勘察设计、招标投标、施工安装,竣工验收各阶段,均应围绕着致力于满足业主要求的质量总目标而展开。

施工企业的质量管理的目的,就是为了建成经济、合理、适用、美观、耐久的工程。而建安工程的施工质量,又与勘察设计质量、辅助过程质量、检查质量和使用质量四个方面的质量紧密相关。这五个方面能否统一,统一到什么程度,就看分担这些工作的有关部门、环节的职工的工作能否协调以及协调一致的程度。因此,质量管理是指确立质量方针及实施质量方针的全部职能及工作内容,并对其工作效果进行评价和改进的一系列工作。施工企业的质量管理就是以我为主,尽量做好各自的工作。充分发挥企业中的技术工作、管理工作、组织工作、后勤工作、政治工作等各方面的作用,采取各种有效的保证质量措施,把可能影响产品(工程)质量的因素、环节和部位,在整体工作中全面加以控制和消除,以达到按质、按量、按期完成项目任务,建造出用户满意的工程(产品)。

4. 建筑工程质量控制的原则

勘察设计单位、施工单位在实施工程质量控制时,应遵循 GB/T 19000—2000 的八项质量管理原则。

在工程质量控制过程中,还应遵循以下几条原则:

(1) 坚持质量第一的原则。在进行投资、进度、质量三大目标控制时,在处理三者关系时,应坚持"百年大计,质量第一",在工程建设中自始至终把"质量第一"作为对工程质量控制的基本原则。

(2) 坚持以人为核心的原则。人是工程建设的决策者、组织者、管理者和操作者。在工程质量控制中,要以人为核心,重点控制人的素质和人的行为,充分发挥人的积极性和创造性,以人的工作质量保证工程质量。

(3) 坚持以预防为主的原则。工程质量控制要重点做好质量的事先控制和事中控制,以预防为主,加强过程和中间产品的质量检查和控制。

(4) 坚持质量标准的原则。质量标准是评价产品质量的尺度,工程质量是否符合合同规定的质量标准要求，应通过质量检验并与质量标准对照，符合质量标准要求的才是合格，不符合质量标准要求的就是不合格，必须返工处理。

（5）恪守国法与职业道德规范的原则。在建筑工程质量控制中，必须坚持守法与职业道德规范，要尊重科学，尊重事实，以数据资料为依据，客观地处理质量问题。要坚持原则，遵纪守法。

二、质量管理发展简史

国外质量管理发展的过程经历了三个阶段，大致是由质量检验阶段，进入统计质量管理阶段，再进一步发展成为全面质量管理阶段。

（一）质量检验阶段（1920~1940年）。20世纪20年代初期，美国的泰勒总结了工业革命的经验，提出了生产要获得较大的成果，在企业内部必须把计划和执行这两个环节分开，为保证计划的如期执行，在两者之间必须设一个检查的环节，按照标准的规定，对产品进行检验，区分合格品和废品。从此产生了检验质量管理。这一管理方法的变革，为当时工业生产提供了合理化管理的思想，产品的质量有了基本的保证，对生产的发展起到了推动作用。但是，这种质量检验管理方法纯属"事后检验"，其最大缺点是只能发现和剔除一些废品，而难以预防废品的产生。

（二）统计质量管理阶段（1940~1950年）。1920年前后，美国和英国开始将概率论和数理统计学应用于工业生产，出现了质量控制图与抽检法等统计质量管理方法，奠定了产品质量管理的科学基础。不过这一方法直到第二次世界大战，即40年代才得到广泛的应用。首先在美国运用数理统计方法来控制军用产品生产，做到事先发现和预防不良品的产生。在这一阶段，除了注重质量检查外，还强调采用数理统计方法。质量管理便从单纯的"事后检验"发展到"预防为主"，以及预防与检验相结合的阶段。

（三）全面质量管理阶段（从20世纪60年代起至今）。随着生产的迅速发展和科学技术的日新月异，对很多大型产品以及复杂系统的质量要求，特别是对安全、可靠性的要求显著提高了。人们发现，要达到产品的质量要求，单纯靠统计方法控制生产过程是很不够的，还需要有一个系统的组织管理工作。人们深刻认识到改变管理落后与人对质量的影响是保证质量的关键。这就逐步出现了全企业、全员、全过程实施的"三全"质量管理，即全面质量管理。

三、质量管理的基础工作

由于建筑工程具有单件性的特点，质量管理工作内容繁多，涉及面宽，范围广阔。如设计、施工、建材、建机等四个专业大口，以及围绕建筑工程服务的其他中介行业，都有各自不同的质量管理特性，但它们完成工程建设任务的目标却是一致的。鉴于此，各专业必须团结一致，共同努力，认真打好质量管理工作的基础。质量管理基础工作包括：质量教育工作，标准化工作，计量工作，质量情报工作、质量责任制及影响质量因素分析等。基础工作做得扎实与否，关系到建筑工程产品质量的好坏，也关系到建筑行业各企业的兴衰。

（一）质量教育工作

质量教育工作包括对质量管理知识的宣传与教育，技术教育与培训两个方面。

1. 质量宣传和教育。它的目的不仅仅是让企业（或组织）的全体成员了解本企业的质量目标、质量方针、质量管理的方法、质量管理措施和有关规章制度，明确每个人的质量责任，掌握有关的技术标准、规范、规程，使用正确的工作方法和安全操作规程、提高实际操作技能。而更重要的是提高和强化质量意识，真正使每个人都把质量当成企业的生命线，只有这样才能使企业的质量管理工作深入人心，落到实处。

2．技术教育与培训。随着科学技术的不断发展，新技术、新工艺、新材料和新设备的不断涌现，工程技术人员和建筑工人仅凭自己的经验和已有的知识已经不能满足现代建筑施工的要求，与时俱进结合生产实际，组织好生产技术和质量管理技术的培训或继续教育，采取不拘一格、因人施教、长（期）短（期）结合的方式，分期分批进行轮训。此外，还可以采用岗位练兵、操作表演、劳动竞赛和举办讲座等形式，有计划、分层次开展质量管理教育培训工作。不断提高全体建筑业职工的技术水平、业务水平和管理水平，以适应更大规模工程建设展的需要。

（二）标准化工作

标准是衡量产品质量和各项工作质量的尺度，又是企业进行技术活动和各项经营管理工作的依据。标准化与质量管理关系相当密切：标准化是质量管理的基础，质量管理是执行标准化的保证。国家已经把施工的标准下放给企业，由企业自主决定。目前的企业标准，主要分为技术标准和管理标准两大类。企业标准化，指的就是根据企业生产技术活动和经营管理工作的要求，实现程序化、统一化、制度化而制定的一系列符合实际需要的标准、规程、规则、作业指导书等等。

标准除了有国际标准外，还有我国国家标准、行业标准、地方标准、企业标准等。为了提高企业竞争力，企业程序的质量标准，应高于国家标准、行业标准和地方标准。

（三）计量理化工作

计量理化工作（包括测试、化学分析、物理分析等工作）是保证计量的量值准确和统一，确保技术标准的贯彻执行，保证零部件、构件互换和工程质量的重要手段和方法。如果没有计量理化这项基础工作，则会造成不堪设想的质量事故和重大安全事故。比如在一幢以混凝土为主体结构的建筑物在施工过程中，由于钢筋没有出厂质量证明书，也未按规定补做理化试验，便错误地把HRB335级钢筋作为HRB400级钢筋使用，这很可能会造成重大质量事故。又如一批混凝土结构构件的试块强度，由于测试方法或仪器误差太大，误将没有达到技术标准的试块评定为强度合格。这样不仅不能保证工程（产品）质量，而且也保证不了质量的稳定性。搞好计量理化工作，就是要把施工生产中所需要的量具、设备、仪器配齐配全，依法、进行检定，并在使用过程中注意维修保养，保证使用灵活，始终使它们处于良好的运行状态。

（四）质量情报工作

质量情报是指建筑工程（产品）在设计、施工过程中，各个环节有关工程质量和工作质量的信息。这些信息包括设计方案的合理性，施工准备和施工组织工作周密性，原材料质量的稳定性，施工操作认真程度等基本数据。原始记录和工程竣工、交付使用后反映出来的各种质量情报资料。这些情报资料对及时反映影响工程（产品）质量的因素和企业的生产技术与作业状态，与国内外同行、同类工程（产品）的差距，反映本企业技术水平、质量水平的高低起着非常重要的作用。

（五）质量责任制

建筑工程（产品）质量是建筑业企业经营管理的核心，是企业各项管理工作的综合反映。建立健全质量责任制，是质量管理的一项重要基础工作，只有将质量责任具体落实到企业各部门、每个员工身上，形成一个完整的质量保证体系，才能保证稳步提高工程（产品）质量。

企业的各级行政领导（包括技术领导）、职能部门、生产班组和个人都应在岗位责任制的基础上，建立和健全质量责任制，做到质量工作事事有人管，人人有专责，办事有标准，工作有检查，职责明确，功过分明。企业应该把本职工作与经济责任制挂起钩来，把同工程（产品）质量有关的成千上万项工作和广大职工的积极性有机结合起来，使全企业形成一个严密的、高效的质量责任管理系统。

（六）影响工程质量因素的分析工作

影响工程的因素很多，但归纳起来主要有五个方面，即人（Man）、材料（Material）、机械（Machine）、方法（Method）和环境（Environment），简称为4M1E因素。

1．人员素质。人是生产经营活动的主体，也是工程项目建设的决策者、管理者、操作者，人员的素质，都将直接和间接地对规划、决策、勘察、设计和施工的质量产生影响。因此，建筑行业实行经营资质管理和各类专业从业人员持证上岗制度是保证人员素质的重要管理措施。

2．工程材料。工程材料选用是否合理、产品是否合格、材质是否经过检验、保管使用是否得当等等，都将直接影响建筑工程的结构刚度和强度，影响工程外表及观感，影响工程的使用功能，影响工程的使用安全。

3．机械设备。机械设备可分为两类：一是指组成工程实体及配套的工艺设备和各类机具，它们构成了建筑设备安装工程或工业设备安装工程，形成完整的使用功能。二是指施工过程中使用的各类机具设备，简称施工机具设备，它们是施工生产的手段。机具设备对工程质量也有重要的影响。工程所用机具设备的产品质量优劣，直接影响工程使用功能质量。施工机具设备的类型是否符合工程施工特点，性能是否先进稳定，操作是否方便安全等，都将会影响工程项目的质量。

4．方法。在工程施工中，施工方案是否合理，施工工艺是否先进，施工操作是否正确，都将对工程质量产生重大的影响。大力推进采用新技术、新工艺、新方法，不断提高工艺技术水平，是保证工程质量稳定提高的重要因素。

5．环境条件。环境条件是指对工程质量特性起重要作用的环境因素，包括：工程技术环境，工程作业环境，工程管理环境，周边环境等。环境条件往往对工程质量产生特定的影响。加强环境管理，改进作业条件，把握好技术环境，辅以必要的措施，是控制环境对质量影响的重要保证。

四、全面质量管理简介

全面质量管理，是以组织全员参与为基础的质量管理形式。它是企业为了保证和提高产品质量而形成和运用的一套完整的质量管理活动体系、手段和方法，具体说，它就是根据提高产品（工程）质量的要求，充分发动全体职工，综合运用现代科学和管理技术的成果，把积极改善组织管理，研究革新专业技术和应用数理统计等科学方法结合起来，实现对生产（施工）全过程各因素的控制，多快好省地研制和生产（施工）出用户满意的优质产品（工程）的一套科学管理方法。全面质量管理代表了质量管理发展的最新阶段。20世纪80年代后期以来，全面质量管理得到了进一步的扩展和深化，逐渐由早期的TQC（Total Quality Control）演化成为TQM（Total Quality Management），其含义远远超出了一般意义上的质量管理的领域，而成为一种综合的、全面的经营管理方式和理念。我国从1978年推行全面质量管理以来，在理论和实践上都有一定的发展，并取得了成效，这为在我国贯彻实施ISO9000族国际标准奠定了基础，反之ISO9000族国际标准的贯彻和实施又为全面质量管理的深入发展创造了条件。我们应该在推行全面质量管理和贯彻实施ISO9000族国际标准的实践中，进一步探索、总结和提高，为形成有中国特色的全面质量管理而努力。

2000版的ISO9000族标准中对全面质量管理的定义为：一个组织以质量为中心，以全员参与为基础，目的在于通过让顾客满意和本组织所有成员及社会受益而达到长期成功的管理途径。这一定义反映了全面质量管理概念的最新发展，也得到了质量管理界广泛共识。全面质量管理的基本思想，是通过一定的组织措施和科学手段，来保证企业经营管理全过程的工作质量，以工作质量来保证产品（工程）质量，提高企业的经济效益和社会效益。我国专家总结实践中的经验，提出了"三全一多样"的观点。即推行全面质量管理，必须要满足"三全一多样"的基本要求。

（一）全过程质量管理

每一个产品或服务的质量，均有一个产生、形成和实现的过程。从全过程的角度来分析，质量产生、形成和实现的整个过程是由多个相互联系、相互影响的环节所组成的，每一个环节都或多或少地影响着最终的质量状况。为了保证和提高质量，就必须把影响质量的所有因素都进行控制。为此，全过程的质量管理包含了市场调研、产品的设计开发、生产、销售、服务等全部过程的质量管理。即：要保证产品或服务的质量，首先要搞好设计过程的质量管理，其次要搞好生产或作业过程的质量管理，最后是搞好使用过程的质量管理。要把质量形成全过程的各个影响因素控制起来，形成一个综合性的质量管理体系，做到以预防为主，防检结合，重点在预防。因此，全面质量管理强调以下两个思想：

1. 预防为主、不断改进的思想。优良的产品质量是设计和生产制造出来的而不是靠事后的检验决定的。事后的检验面对的是既成事实的产品质量。

根据这一基本道理，全面质量管理要求把管理工作的重点，从"事后把关，转移到"事前预防"上来；从管结果转变为管因素，实行"预防为主"的方针，把不合格品消灭在它的形成过程之中，做到"防患于未然"。当然，为了保证产品质量，防止不合格品出厂或流入下道工序，并把发现的问题及时反馈，防止再出现、再发生，加强质量检验在任何情况下都是必不可少的。强调预防为主、不断改进的思想，不仅不排斥质量检验，而且甚至要求其更加完善、更加科学。质量检验是全面质量管理的重要组成部分，是企业内行之有效的质量检验制度，必须坚持，并且要进一步使之科学化、完善化、规范化。

2. 为顾客服务的思想。这里所指的顾客是广义的，顾客有内部和外部之分：外部的顾客可以是最终的顾客，也可以是产品的经销商或再加工者；内部的顾客是企业的部门和人员。实行全过程的质量管理要求企业所有各个工作环节都必须树立为顾客服务的思想。内部顾客满意是外部顾客满意的基础。因此，在企业内部要树立海尔所提出的"下道工序是顾客"，"努力为下道工序服务"的思想。现代工业生产是一环扣一环，前道工序的质量会影响后道工序的质量，一道工序出了质量问题，就会影响整个过程以至产品质量。因此，要求每道工序的工序质量，都要经得起下道工序，即"顾客"的检验，满足下道工序的要求。大量的企业开展的"三工序"活动，即复查上道工序的质量，保证本道工序的质量，坚持优质、准时为下道工序服务是为顾客服务思想的在生产中的体现。只有每道工序在质量上都坚持高标准，都为下道工序着想，为下道工序提供最大的便利，企业才能目标一致地、协调地生产出符合规定要求，满足用户期望的产品。

可见，全过程的质量管理就意味着全面质量管理要"始于识别顾客的需要，终于满足顾客的需要"。

（二）全员质量管理

产品和服务质量是企业各方面、各部门、各环节工作质量的综合反映。企业中任何一个环节，任何一个人的工作质量都会不同程度地直接或间接地影响着产品质量或服务质量。因此，我们提倡产品质量人人有责，人人关心的产品质量和服务质量，人人做好本职工作，全体参加质量管理，确保生产出顾客满意的产品。要实现全员的质量管理，应当做好三个方面的工作：

1. 必须抓好全员的质量教育和培训。教育和培训的目的有两个方面。第一，加强职工的质量意识，牢固树立"质量第一"的思想。第二，提高员工的技术能力和管理能力，增强参与意识。在教育和培训过程中，要分析不同层次员工的需求，有针对性地开展教育和培训。

2. 要制定各部门、各级各类人员的质量责任制，明确任务和职权，各司其职，密切配合，以形成一个高效、协调、严密的质量管理工作的系统。这就要求企业的管理者要勇于授权、敢于放权。授权是现代质量管理的基本要求之一。原因在于，第一，顾客和其他相关方能否满意，企业能否对市场变化做出迅速反应决定了企业能否生存。而提高反应速度的重要和有效的方式就是授权。第二，企业的职工有强烈的参与意识，同时也有很高的聪明才智，赋予他们权力和相应的责任，也能够激发他们的积极性和创造性。其次，在明确职权和职责的同时，还应该要求各部门和相关人员对于质量作出相应的承诺。当然，为了激发他们的积极性和责任心，企业应该将质量责任同奖惩机制挂起钩来。只有这样，才能够确保责、权、利三者的统一。

3. 要开展多种形式的群众性质量管理活动，充分发挥广大职工的聪明才智和当家作主的进取精神。群众性质量管理活动的重要形式之一是质量管理小组（QC小组）。除了质量管理小组之外，还有很多群众性质量管理活动，如合理化建议制度与质量相关的劳动竞赛等。总之，企业应该发挥创造性，采取多种形式激发全员参与的积极性。

（三）全企业质量管理

全企业的质量管理可以从纵横两个方面来加以理解。从纵向的组织管理角度来看，质量目标的实现有赖于企业的上层、中层、基层管理乃至一线员工的通力协作，其中尤以高层管理能否全力以赴起着决定性的作用。从企业职能间的横向配合来看，要保证和提高产品质量必须使企业研制、维持和改进质量的所有活动构成为一个有效的整体。全企业的质量管理可以从两个角度来理解：

1. 从组织管理的角度来分析，每个企业都可以划分成高层管理、中层管理和操作层管理。"全企业质量管理"就是要求企业各管理层次都有明确的质量管理活动内容。当然，各层次活动的侧重点不同。上层管理侧重于质量决策，制订出企业的质量方针、质量目标、质量政策和质量计划，并统一组织、协调企业各部门、各环节、各类人员的质量管理活动，保证实现企业经营管理的最终目标；中层管理则要贯彻落实领导层的质量决策，运用一定的方法找到各部门的关键、薄弱环节或必须解决的重要事项，确定出本部门的目标和对策，更好地执行各自的质量职能，并对基层工作进行具体的业务管理；基层管理则要求每个职工都要严格地按标准、按规范进行生产，相互间进行分工合作，互相支持协助，并结合岗位工作，开展群众合理化建议和质量管理小组活动，不断进行作业条件和规范的改善。

2. 从质量职能角度分析，产品质量职能是分散在全企业的有关部门中的，要保证和提高产品质量，就必须将分散在企业各部门的质量职能充分发挥出来。但由于各部门的职责和作用不同，其质量管理的内容也不一样。为了有效地进行全面质量管理，就必须加强各部门之间的组织协调，并为了从组织上、制度上保证企业长期稳定地生产出符合规定要求、满足顾客期望的产品，最终必须要建立起全企业的质量管理体系，使企业的研制、维持和改进质量的活动构成为一个有机的整体。建立和健全全企业质量管理体系，是全面质量管理深化发展的重要标志。

可见，全企业的质量管理就是要"以质量为中心，领导重视、组织落实、体系完善"。

（四）多方法的质量管理

影响产品质量和服务质量的因素也越来越复杂：既有物质的因素，又有人的因素；既有技术的因素，又有管理的因素；既有企业内部的因素，又有随着现代科学技术的发展，对产品质量和服务质量提出了越来越高要求的企业外部的因素。要把这一系列的因素系统地控制起来，全面管好，就必须根据不同情况，区别不同的影响因素，广泛、灵活地运用多种多样的现代化管理办法来解决当代质量问题。

（五）工程质量保证体系

为保证建筑工程质量，在工程建设中，我国逐步建立了比较系统的工程质量管理的三个体系，即设计施工单位的全面质量管理保证体系、建设（监理单位）的质量检查体系和政府部门的工程质量监督体系。

1. 设计施工单位的全面质量管理保证体系

（1）质量保证的概念

质量保证是指企业对用户在工程质量方面作出的担保，即企业向用户保证其承建的工程在规定的期限内能满足的设计和使用功能。它充分体现了企业和用户之间的关系，即保证满足用户的质量要求，对工程的使用质量负责到底。

由此可见，要保证工程质量，必须从加强工程的规划设计开始，并确保从施工到竣工使用全过程的质量管理。因此，质量保证是质量管理的引申和发展，它不仅包括施工企业内部各个环节、各个部门对工程质量的全面管理，从而保证最终建筑产品的质量，而且还包括规划设计和工程交工后的服务等质量管理活动。质量管理是质量保证的基础，质量保证是质量管理的目的。

（2）质量保证的作用

质量保证的作用，表现在对工程建设和施工企业内部两个方面。

对工程建设，通过质量保证体系的正常运行，在确保工程建设质量和使用后服务质量的同时，为该工程设计、施工的全过程提供建设阶段有关专业系统的质量职能正常履行及质量效果评价的全部证据，并向建设单位表明，工程是遵循合同规定的质量保证计划完成的，质量是完全满足合同规定的要求。

对建筑业企业内部，通过质量保证活动，可有效地保证工程质量，或及时发现工程质量事故征兆，防止质量事故的发生，使施工工序处于正常状态之中，进而达到降低因质量问题产生的损失，提高企业的经济效益。

（3）质量保证的内容

质量保证的内容，贯穿于工程建设的全过程，按照建筑工程形成的过程分类，主要包括：规划设计阶段质量保证，采购和施工准备阶段质量保证，施工阶段质量保证，使用阶段质量保证。按照专业系统不同分类，主要包括：设计质量保证，施工组织管理质量保证，物资、器材供应质量保证，建筑安装质量保证，计量及检验质量保证，质量情报工作质量保证等。

（4）质量保证的途径

质量保证的途径包括：在工程建设中的以检查为手段的质量保证，以工序管理为手段的质量保证和以开发新技术、新工艺、新工程产品（以下简称"四新"）为手段的质量保证。

1）以检查为手段的质量保证

对照国家有关工程施工验收规范，对工程的质量是否合格作出最终评价，也就是事后把关，实质上不能通过它对质量加以控制。因此，它不能从根本上保证工程质量，而只不过是质量保证的一般措施和工作内容之一。

2）以工序管理为手段的质量保证

通过对工序的研究，从设计管理、规范施工工序，使之每个环节均处于严格的控制之中，以此保证最终的质量效果。但它也仅是对设计、施工中的工序进行了控制，并没有对规划和使用阶段实行有关的质量控制。

3）以"四新"为手段的质量保证

"四新"指的是新材料、新工艺、新结构、新技术，这是对工程从规划、设计、施工和使用的全过程实行的全面质量保证。这种质量保证克服了以上两种质量保证手段的不足，可以从根本上确保工程质量，这也是目前最高级别的质量保证手段。

（5）全面质量保证体系

全面质量保证体系是以保证和提高工程质量为目标，运用系统的概念和方法，把企业各部门、各环节的质量管理职能和活动合理地组织起来，形成一个有明确任务、职责权限分明，但又互相协调、互相促进的管理网络和有机整体，使质量管理制度化、标准化，从而生产出高质量的建筑产品。

工程实践证明，只有建立全面质量保证体系，并使其正常实施和运行，才能使建设单位、设计单位和施工单位，在风险、成本和利润三个方面达到最佳状态，我国的工程质量保证体系一般由思想保证、组织保证和工作保证三个子体系组成。

1）思想保证子体系

思想保证子体系就是参加工程建设的规划、勘测、设计和施工人员要有浓厚的质量意识，牢固树立"质量第一、用户第一"的思想，并全面掌握全面质量管理的基本思想、基本观点和基本方法，这是建立质量保证体系的前提和基础。

2）组织保证子体系

组织保证子体系就是工程建设质量管理的组织系统和工程形成过程中有关的组织机构

系统。这个子体系要求管理系统各层次中的专业技术管理部门，都要有专职负责的职能机构和人员。在施工现场，施工企业要设置兼职或专职的质量检验与控制人员，担负起相应的质量保证职责，以形成质量管理网络；在施工过程中，建设单位委托建设监理单位进行工程质量的监督、检查和指导，以确保组织的落实和正常活动的开展。

3）工作保证子体系

工作保证子体系就是参与工程建设规划、设计、施工的各部门、各环节、各质量形成过程的工作质量的综合。这个子体系若以工程产品形成过程来划分，可分为勘测设计过程质量保证子体系、施工过程质量保证子体系、辅助生产过程质量保证子体系、使用过程质量保证子体系等。

勘测设计过程质量保证子体系是工作保证子体系的重要组成部分，它和施工过程质量保证子体系一样，直接影响着工程形成的质量。这两者相比，施工过程质量保证子体系又是其核心和基础，是构成工作保证子体系的主要子体系，它又由"质量把关——质量检验"和"质量预防——工序管理"两个方面组成。

2. 建设（监理单位）的质量监控体系

工程项目实行建设监理制度，这是我国在建设领域管理体制改革中推行的一项科学管理制度。建设监理单位受业主的委托，在监理合同授权范围内，依据国家的法律、规范、标准和工程建设合同文件，对工程建设进行监督和管理。

在工程项目建设的实施阶段，监理工程师既要参加施工招标投标，又要对工程建设进行监督和检查，但主要是实施对工程施工阶段的监理工作。在施工阶段，监理人员不仅要进行合同管理、信息管理、进度控制和投资控制，而且对施工全过程中各道工序进行严格的质量控制。国家明文规定，凡进入施工现场的机械设备和原材料，必须经过监理人员检验合格后才可使用；每道施工工序都必须按批准的程序和工艺施工，必须经施工企业的"三检"（自检、交接检、专检），并经监理人员检查合格后，方可进入下道工序；工程的其他部位或关键工序，施工企业必须在监理人员到场旁站的情况下才能施工；所有的单位工程、分部工程、分项工程、检验批，必须由监理人员参加验收。

由以上可以看出，在工程建设中，将工程施工全过程的各工作环节的质量都严格地置于监理人员的控制之下，现场监理工程师拥有"质量确认权与否决权"。经过多年的监理实践，监理人员对工程质量的检查确认，已有一套完整的组织机构、工作制度、工作程序和工作方法，构成了工程项目建设的质量监控体系，对保证工程质量起到了关键性的作用。

3. 政府部门的工程质量监督体系

1984年我国部分省、自治区、直辖市和国务院有关部门，相继制定了质量监督条款，建立了质量监督机构，开展了质量监督工作。国务院［1984］123号文件《关于改革建筑业和地区建设管理体制若干问题的暂行规定》中明确指出：工程质量监督机构是各级政府的职能部门，代表其政府部门行使工程质量监督权，按照"监督、促进、帮助"的原则，积极支持、指导建设、设计、施工单位的质量管理工作，但不能代替各单位原有的质量管理职能。

各级工程质量监督体系，主要由各级工程质量监督站代表政府行使职能，对工程建设实施垂直的强制性监督，其工作具有强制性。其基本工作内容有：对施工队伍资质审查；

在施工中控制基础、结构的质量；对工程参与各主体的质量行为与管理程序进行监督检查；竣工验收合格5日内出具备案初审报告；参与工程事故处理、协助政府进行优质工程初步审查等。这对保证工程质量起到了保证作用。

通过上述内容将工程质量保证体系可以概括为：科学设计是灵魂，规范施工是基础，严格监理是关键，执法监督是保证。

（六）全面质量管理基本工作方法

1. 质量管理的工作程序：全面质量管理的一个重要理念，就是要注意抓工作质量。任何工作除了做好协调工作外，还必须有一个应该遵循的科学工作程序和方法，要分阶段、分步骤地做到层次分明，有条不紊的科学管理，才能使工作更切合客观实际，避免盲目性，从而不断提高工作质量和工作效率。因此质量管理工作要按照图11-2中的PDCA循环示意图中的计划（Plan）、实施（Do）、检查（Check）、处理（Action）四个阶段，循环前进、阶梯上升、大环套小环地的不断循环。

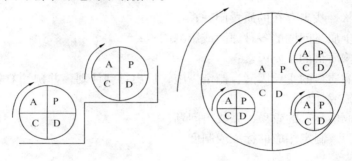

图11-2 PDCA循环

这个循环简称PDCA（取英文字头）循环，又称"戴明环"，循环示意见图11-3。

第一阶段是计划（也叫P阶段），包括制订企业质量方针、目标、活动计划和实施管理要点等。

质量管理的计划职能，包括确定或明确质量目标和制定实现质量目标的行动方案两方面。实践表明质量计划的严谨周密、经济合理和切实可行，是保证工作质量、产品质量和服务质量的前提条件。

第二个阶段是实施（也叫D阶段），即按计划的要求去做。

实施职能在于将质量的目标值，通过生产要素的投入、作业技术活动和产出过程，转换为质量的实际值。为保证工程质量的产出或形成过程能够达到预期的结果，在各项质量活动实施前，要根据质量管理计划进行行动方案的部署和交底。交底的目的在于使具体的作业者和管理者明确计划的意图和要求，掌握质量标准及其实现的程序与方法。在质量活动的实施过程中，则要求严格执行计划的行动方案，规范行为，把质量管理计划的各项规定和安排落实到具体的资源配置和作业技术活动中去。

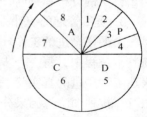

图11-3 四个阶段与八个步骤循环关系示意图

第三个阶段是检查（也叫C阶段），即计划实施之后要进行检查，看看实施效果，做对的要巩固，错的要进一步找出问题。

指对计划实施过程进行各种检查，包括作业者的自检、互检和专职管理者专检。各类检查也都包含两大方面：一是检查是否严格执行了计划的行动方案，实际条件是否发生了变化，不执行计划的原因；二是检查计划执行的结果，即产出的质量是否达到标准的要求，对此进行确认和评价。

第四个阶段是处理（也叫 A 阶段），把成功的经验加以肯定，形成标准，以后再干就按标准进行，没有解决的问题，反映到下期计划。

对于质量检查所发现的质量问题或质量不合格，及时进行原因分析，采取必要的措施，予以纠正，保持工程质量形成过程的受控状态。处置分为纠偏和预防改进两个方面。前者是采取应急措施，解决当前的质量偏差、问题或事故；后者是提出目前质量状况信息，并反馈管理部门，反思问题症结或计划时的不周，确定改进目标和措施，为今后类似问题的质量预防提供借鉴。

2.解决和改进问题的八个步骤，为了解决和改进质量问题，通常把 PDCA 循环进一步具体化为八个步骤：

(1) 分析现状，找出存在的质量问题；
(2) 分析产生质量问题的各种原因或影响因素；
(3) 找出影响质量的主要因素；
(4) 针对影响质量的主要因素，制定措施，提出行动计划，并预计效果；
(5) 执行措施或计划；
(6) 检查采取措施后的效果，并找出问题；
(7) 总结经验，制定相应的标准或制度；
(8) 提出尚未解决的问题。

以上 1、2、3、4 个步骤在计划（P）阶段，5 是实施阶段，6 是检查阶段，7、8 两个步骤就是处理阶段，如图 11-3 所示。这八个步骤中，需要利用大量的数据和资料，才能作出科学的分析和判断，对症下药，真正解决问题。

3.质量管理的统计方法：在全面质量管理过程中，一个过程，四个阶段，八个步骤，是一个循序渐进的工作环，是一个逐步充实，逐步完善，逐步深入细致的科学管理方法。在整个过程中，每一个步骤都要用数据来说话，都要经过对数据进行整理、分析、判断来表达工程质量的真实状态，从而使质量管理工作更加系统化、图表化。目前常用的统计方法有：排列图法、因果分析图法、分层法、频数直方图法（简称直方图）、控制图法（又称管理图）、散布图法（又称相关图）和调查表法（又称统计调查分析法）等。施工质量管理应用较多的是排列图、因果分析图、直方图、管理图等。

五、建筑工程施工质量控制、检查、验收及处理

(一) 建筑工程施工质量控制

1.建筑工程施工质量控制的目标

(1) 建筑工程施工质量控制的总体目标是贯彻执行建设工程质量法规和强制性标准，正确配置施工生产要素和采用科学管理的方法，实现工程项目预期的使用功能和质量标准。这是建筑工程参与各方的共同责任。

(2) 建设单位的质量控制目标是通过施工全过程的全面质量监督管理、协调和决策，保证竣工项目达到投资决策所确定的质量标准。

(3) 设计单位在施工阶段的质量控制目标，是通过对施工质量的验收签证、设计变更控制及纠正施工中所发现的设计问题，采纳变更设计的合理化建议等，保证竣工项目的各项施工结果与设计文件（包括变更文件）所规定的标准相一致。

（4）施工单位的质量控制目标是通过施工全过程的全面质量自控，保证交付满足施工合同及设计文件所规定的质量标准（含工程质量创优要求）的建筑工程产品。

（5）监理单位在施工阶段的质量控制目标是通过审核施工质量文件、报告、报表、现场旁站检查、平行检验、施工指令和结算支付控制等手段的应用，监控施工承包单位的质量活动行为，协调施工各方关系，正确履行工程质量的监督责任，以保证工程质量达到施工合同和设计文件所规定的质量标准。

2．建筑工程施工质量控制的过程

（1）施工质量控制的过程，包括施工准备质量控制、施工过程质量控制和施工验收质量控制。

1）施工准备质量控制是指工程项目开工前的全面施工准备和施工过程中各分部分项工程施工作业前的施工准备（或称施工作业准备）。此外，还包括季节性的特殊施工准备。施工准备质量是属于工作质量范畴，然而它对建筑工程产品质量的形成产生重要的影响。

2）施工过程的质量控制是指施工作业技术活动的投入与产出过程的质量控制，其内涵包括全过程施工生产及其中各分部分项工程的施工作业过程。

3）施工验收质量控制是指对已完工程验收时的质量控制，即工程产品质量控制。包括隐蔽工程验收、检验批验收、分项工程验收、分部工程验收、单位工程验收和整个建筑工程项目竣工验收过程的质量控制。

（2）施工质量控制过程既有施工承包方的质量控制职能，也有业主方、设计方、监理方、供应方及政府的工程质量监督部门的控制职能，他们具有各自不同的地位、责任和作用。

1）自控主体。施工承包方和供应方在施工阶段是质量自控主体，他们不能因为监控主体的存在和监控责任的实施而减轻或免除其质量责任。

2）监控主体。业主、监理、设计单位及政府的工程质量监督部门，在施工阶段是依据法律和合同对自控主体的质量行为和效果实施监督控制。

3）自控主体和监控主体在施工全过程相互依存、各司其职，共同推动着施工质量控制过程的发展和最终工程质量目标的实现。

（3）施工方作为工程施工质量的自控主体，既要遵循本企业质量管理体系的要求，也要根据其在所承建工程项目质量控制系统中的地位和责任，通过具体项目质量计划的编制与实施，有效地实现自主控制的目标。一般情况下，对施工承包企业而言，无论工程项目的功能类型、结构型式及复杂程度存在着怎样的差异，其施工质量控制过程都可归纳为以下相互作用的八个环节（见图11-4）：

1）工程调研和项目承接：全面了解工程情况和特点，掌握承包合同中工程质量控制的合同条件；

2）施工准备：图纸会审、施工组织设计、施工力量和设备的配置等；

3）材料采购；

4）施工生产；

5）试验与检验；

图 11-4 施工阶段质量控制环节

6) 工程功能检测；
7) 竣工验收；
8) 质量回访与保修。

(二) 建筑工程质量检查、验收

1. 建筑工程质量检查、验收在质量管理工作中的地位

建筑工程质量检查、验收是质量管理工作中的监督环节，并以此来衡量与确定施工工程质量的优劣。质量检查是依据质量标准和设计要求，采用一定的测试手段，对施工过程及施工成果进行检查，使不合格的工程不能交工，起到把关的作用。因为建筑产品（建筑物、构筑物）是通过一道道不同工序、不同工种的交叉作业逐渐形成检验批→分项工程→分部工程，最后形成单位工程。在这过程中操作者和操作地点在工程上不停地变化，使得工程的质量难于保证。对工程施工中的质量及时进行检查，发现问题立刻纠正，才能达到改善、提高质量的目的。建筑工程的质量检查、验收应该注意以下几个方面：

(1) 建筑工程采用的主要材料、半成品、成品、建筑构配件、器具和设备应进行现场验收。凡涉及安全、功能的有关产品，应按各专业工程质量验收规范规定进行复验，并应经工程师检查认可。

(2) 各工序应按施工技术标准进行质量控制，每道工序完成后，应进行检查。

(3) 相关各专业工种之间，应进行交接检验，并形成记录。经工程师检查认可。

2. 建筑工程施工质量检查验收程序及组织

建筑工程质量验收是对已完工的工程实体的外观质量及内在质量按规定程序检查后，确认其是否符合设计及各项验收标准的要求，可交付使用的一个重要环节，正确地进行工程项目质量的检查评定和验收，是保证工程质量的重要手段。鉴于建筑工程施工规模较大，专业分工较多，技术安全要求高等特点，国家相关行政管理部门对各类工程项目的质量验收标准制定了相应的规范，以保证工程验收的质量，工程验收应严格执行规范的要求和标准。

工程质量验收分为过程验收和竣工验收，其程序及组织包括：

(1) 施工过程中，隐蔽工程在隐蔽前通知工程师进行验收，并形成验收文件；

(2) 分部分项工程完成后，应在施工单位自行验收合格后，通知工程师验收，重要的分部分项应请设计单位参加验收；

(3) 单位工程完工后，施工单位应自行组织检查、评定，符合验收标准后，向建设单位提交验收申请；

(4) 建设单位收到验收申请后，应组织施工、勘察、设计、监理等单位的人员进行单位工程验收，明确验收结果，并形成验收报告；

(5) 按国家现行管理制度，房屋建筑工程及市政基础设施工程验收合格后，尚需在规定时间内，将验收文件报政府管理部门备案。

3. 建筑工程施工质量验收的指导思想

《建筑工程施工质量验收统一标准》GB 50300—2001 中规定，本次编制是将有关建筑工程的施工及验收规范和其工程质量检验评定标准合并，组成新的工程质量验收规范体系。实际上是重新建立一个技术标准体系，以统一建筑工程质量的验收方法、程序和质量指标。编制中坚持了"验评分离、强化验收、完善手段、过程控制"的指导思想。

4. 建筑工程施工质量评价标准

我国自2002年1月1日起废除《建筑安装工程质量检验评定统一标准》GBJ 300—88，执行《建筑工程施工质量验收统一标准》GB 50300—2001以及相应的验收规范。现行建筑工程施工质量验收规范只规定了质量合格标准，因为工程质量关系着人民生命财产安全和社会稳定，达不到合格的工程就不能交付使用。但目前施工单位的管理水平、技术水平差距较大，有的工程达到合格之后，为了提高企业的竞争力和信誉，还要将工程质量水平再提高。也有些建设单位为了本单位的自身利益，要求高水平的工程质量。2006年11月1日起实施的《建筑工程施工质量评价标准》GB/T 50375—2006，就为这些企业的创优工作提供了有效的评价平台，因为这一标准统一了基本评价指标和评价方法，它增加建设单位与施工单位的协调性，增强施工单位之间和工程项目之间的可比性，为创建优质工程提供了一个有较好可比性的评价基础平台。

本评价标准的主要评价方法是：按单位工程评价工程质量，按单位工程的专业性质和建筑部位划分成五部分，每部分分别从施工质量条件、性能检测、质量记录、尺寸偏差及限值实测、观感质量等五项内容来进行评价；同时将保证工程质量的施工现场质量保证条件也列入了评价范围。

（三）当建筑工程质量不符合要求时的处理

当建筑工程质量不符合要求时，应按下列《建筑工程施工质量验收统一标准》GB 50300—2001中的规定进行处理：

（1）经返工重做或更换器具、设备的检验批，应重新进行验收。

（2）经有资质的检测单位检测鉴定能够达到设计要求的检验批，应予以验收。

（3）经有资质的检测单位检测鉴定达不到设计要求、但经原设计单位核算认可能够满足结构安全和使用功能的检验批，可予以验收。

（4）经返修或加固处理的分项、分部工程，虽然改变外形尺寸但仍能满足安全使用要求，可按技术处理方案和协商文件进行验收。

（5）通过返修或加固处理仍不能满足安全使用要求的分部工程、单位（子单位）工程，严禁验收。

第二节　建筑工程安全生产管理

一、安全生产的基本概念

安全生产是为了使生产过程在符合物质条件和工作秩序下进行，防止发生人身伤亡和财产损失等生产事故，消除或控制危险、有害因素，保障人身安全与健康、设备和设施免受损坏、环境免遭破坏的总称。

安全生产管理，是管理的重要组成部分，是安全科学的一个分支。所谓安全生产管理，就是针对人们生产过程的安全问题，运用有效的资源，发挥人们的智慧，通过人们的努力，进行有关决策、计划、组织和控制等活动，实现生产过程中人与机器设备、物料、环境的和谐，达到安全生产的目标。

安全生产管理的目标，是减少和控制危害，减少和控制事故，尽量避免生产过程中由于事故所造成的人身伤害、财产损失、环境污染以及其他损失。安全生产管理包括安全生产法制管理、行政管理、监督检查、工艺技术管理、设备设施管理、作业环境和条件管理等。

安全生产管理的基本对象，是企业中的所有员工、设备设施、物料、环境、财务、信息等各个方面。安全生产管理的内容包括：安全生产管理机构和安全生产管理人员、安全生产责任制、安全生产管理规章制度、安全生产策划、安全培训教育、安全生产档案等。

建筑施工安全，是在工程施工中不出现伤亡事故、重大的职业病和中毒现象，就是说在工程施工中不仅要杜绝伤亡事故的发生，还要预防职业病和中毒事件的发生。

二、建筑工程安全生产管理

建筑工程安全管理是指对建筑活动过程中所涉及的安全进行的管理，包括建设行政主管部门对建设活动中的安全问题所进行的行业管理，以及从事建设活动的主体对自己建设活动的安全生产所进行的企业管理。从事建设活动的主体所进行的安全生产管理包括建设单位对安全生产的管理，设计单位对安全生产的管理，施工单位对建设工程安全生产的管理等。

由于建筑工程的行业特点，建筑工程施工的特殊性，从业人员的构成及流动性大的特征，使建筑工程业成为仅次于采矿业的重大事故频发的高风险行业。

安全生产，文明施工是党和国家一直以来十分关注的大事，我国安全生产从立法上就有《中华人民共和国劳动保护法》、《中华人民共和国建筑法》、《中华人民共和国安全生产法》、《中华人民共和国职业病防治法》等，2003年11月国务院又出台了《建筑工程安全生产管理条例》。建设部又发布了一系列关于安全生产的行政法规与标准规范，各地建设行政主管部门根据当地的实际，结合建设部2005年10月发布《建筑工程安全生产监督管理工作导则》颁布了诸多的规定和条例，针对建筑施工企业建立健全了安全生产许可证制度，建筑施工企业"三类人员"（企业负责人，项目负责人，专职安全管理人员简称"三类人员"）安全生产任职考核制度，建筑工程安全施工措施备案制度，建筑工程开工安全条件审查制度，施工现场特种作业人员持证上岗制度，施工起重机械使用登记制度，建筑工程生产安全事故应急救援制度，危及施工安全的工艺、设备、材料淘汰制度等一系列建筑工程安全生产监督管理制度，其目的就是要解决建筑工程安全生产和管理上存在的突出问题，切实贯彻"安全第一，预防为主"的方针，从根本上保护建筑工程从业人员的生命和社会财产安全，促进行业和国家建筑事业的发展。

2006年3月27日，在中共中央政治局第三十次集体学习时，胡锦涛总书记发表重要讲话，再次强调了安全生产工作的极端重要性，要求必须做到"思想认识上警钟长鸣、制度保证上严密有效、技术支撑上坚强有力、监督检查上严格细致、事故处理上严肃认真"。可见"安全生产，重于泰山"，已经也成为全社会的共识。

（一）建筑工程安全生产管理，必须坚持安全第一、预防为主的方针

"安全第一、预防为主"是国家安全生产工作长期经验的总结，是我国安全生产的总方针，它明确了安全的重要地位，是我们处理安全与各项工作的关系及确定安全工作的根本依据。建设单位、勘察单位、设计单位、施工单位、工程监理单位及其他与建筑工程安

全生产有关的单位，必须遵守安全生产法律、法规的规定，保证建筑工程安全生产，依法承担建筑工程安全生产责任。

（二）我国现行安全生产管理体制

我国现行安全生产管理由政府统一领导、行业依法监管、企业全面负责、社会监督支持。因此安全生产管理体制可以概括为"企业负责，行业管理，国家监察，群众监督"。

（三）安全生产管理的五种关系与六项管理原则

"安全要确保零事故，质量要确保零缺陷"是工程质量与安全追求的目标。为有效地将生产因素的状态控制好，在实施安全管理过程中，必须正确处理好五种关系，坚持六项管理原则。

1. 正确处理五种关系

（1）安全与危险并存。有危险才要进行安全管理。保持生产的安全状态，必须采取多种措施，以预防为主，危险因素就可以得到控制。

（2）安全与生产的统一。安全是生产的客观要求。生产有了安全保障，才能持续稳定地进行。生产活动中事故不断，生产势必陷于混乱、甚至瘫痪状态。

（3）安全与质量的包含。从广义上看，质量包括安全工作质量，安全概念也包含着质量，二者交互作用，互为因果。

（4）安全与速度的互保。安全与速度成正比例关系，速度应以安全作保障。

一味强调速度，置安全于不顾的做法是极其有害的。一旦形成安全事故，非但没有加快速度，反而会延误时间。

（5）安全与效益的兼顾。安全技术措施的实施，定会改善劳动条件，调动职工积极性，由此带来的经济效益足以使原来的投入得以补偿。

2. 坚持安全管理六项基本原则

（1）管生产同时管安全。安全管理是生产管理的重要组成部分。各级管理人员在管理生产的同时，必须负责管理安全工作。企业中各有关专职机构，都应在各自的业务工作范围内，对实现安全生产的要求负责。

要通过采取一系列安全预控措施，使项目部形成了人人懂安全、人人讲安全、人人重视安全的良好氛围，打造了一道坚固的安全防火墙。如从细节入手，加强高空作业知识、安全用电知识、消防安全知识、机械设备安全防护知识的培训与事前安全交底，使大家真正从思想上，从内心里，提高警惕，敲响警钟，使安全生产始终处于受控状态。

（2）明确安全管理的目的。没有明确目的的安全管理是一种盲目行为，既劳民伤财，又不能消除危险因素的存在。只有有针对性地进行两类控制——控制人的不安全行为和物的不安全状态，消除或避免事故，才能达到保护劳动者安全与健康的目的。

（3）贯彻"安全第一、预防为主"的方针。安全管理不是事故处理，而是在生产活动中，针对生产的特点，对生产因素采取鼓励措施，有效地控制不安全因素的发展与扩大，把可能发生的事故消灭在萌芽状态。

（4）坚持"四全"动态管理。安全管理涉及到生产活动的方方面面，涉及到从开工到竣工交付使用的全部生产过程，涉及到全部的生产时间和一切变化着的生产因素，是一切与生产有关的人员共同的工作。因此，在生产过程中，必须坚持全员、全过程、全方位、全天候的动态安全管理。

(5) 安全管理重在控制。在安全管理的四项工作内容中，对生产因素状态的控制，与安全管理目的关系更直接，作用更突出，因此，对生产中人的不安全行为和物的不安全状态进行动态控制，必须把事前控制与动态控制作为安全管理的重点。

如做到"四必须"，即：所有工程开工前必须编制有安全技术的施工组织设计及施工作业指导书，严格编、审、批程序；每一工序开工前，必须进行安全交底，所有制定的施工方案必须有安全注意事项和安全保证措施；特种作业人员必须进行专业培训，经考试合格后，持证上岗；班组在班前必须进行上岗交底、上岗检查、上岗记录和每周一次的"一讲评"安全活动等。

(6) 在管理中发展、提高。要不间断地摸索新的规律，总结管理、控制的办法和经验，指导新的变化后的管理。

如在"以人为本"的理念指导下，利用多种手段和方式，加大宣传教育力度，进一步牢固树立安全发展观，倡导安全文化，加强群众监督，提高全体从业人员的安全防范意识和职业技能，从而使安全管理不断上升到新的高度。

三、安全生产责任

现阶段已经比较成熟的安全生产管理制度有：安全生产责任制度；安全教育制度；安全检查制度；安全措施计划制度；伤亡事故和职业病统计报告处理制度；安全"三同时"制度等。

(一) 全面落实安全生产责任制

安全生产责任制是最基本的安全管理制度，是所有安全生产管理制度的核心。安全生产责任制就是按照安全生产管理方针和"管生产的同时必须管安全"的原则，将各级负责人员、各职能部门及其工作人员和各岗位生产工人在安全生产方面应做的事情及应负的责任加以明确规定的一种制度。

落实安全生产责任制是抓好安全生产工作的关键。企业落实安全生产主体责任，重点是建立健全以企业法定代表人为核心的责任体系，企业法定代表人是企业安全生产的第一责任人，要组织制定本企业安全规章制度和操作规程，保证安全生产投入有效实施，健全安全管理机构，配备安全专职管理人员，组织好安全生产培训教育。

企业落实安全生产责任制必须做到在计划、布置、检查、总结、评比生产的时候，同时计划、布置、检查、总结、评比安全工作。其内容可以分为两个方面：纵向方面是各级人员的安全生产责任制，即各类人员（从最高管理者、管理者代表到项目经理）的安全生产责任制；横向方面是各个部门的安全生产责任制，即各职能部门（如安全、环保、设备、技术、生产、财务等部门）的安全生产责任制。

(二) 全面落实安全教育制度

根据原劳动部《企业职工劳动安全卫生教育管理规定》（劳部发〔1995〕405号）和建设部《建筑业企业职工安全培训教育暂行规定》的有关规定，企业安全教育一般包括对管理人员、特种作业人员和企业员工的安全教育。

(三) 全面落实安全检查制度

安全检查制度是清除隐患、防止事故、改善劳动条件的重要手段，是企业安全生产管理工作的一项重要内容。通过安全检查可以发现企业及生产过程中的危险因素，以便有计划地采取措施，保证安全生产。

安全检查要深入生产的现场，主要针对生产过程中的劳动条件、生产设备以及相应的安全卫生设施和员工的操作行为是否符合安全生产的要求进行检查。为保证检查的效果，应根据检查的目的和内容成立多个适应安全生产检查工作需要的检查组，配备适当的力量，决不能敷衍走过场。

（四）全面落实安全措施计划制度

安全措施计划制度是指企业进行生产活动时，必须编制安全措施计划，它是企业有计划地改善劳动条件和安全卫生设施，防止工伤事故和职业病的重要措施之一，对企业加强劳动保护，改善劳动条件，保障职工的安全和健康。

（五）全面落实伤亡事故和职业病统计报告处理制度

伤亡事故和职业病统计报告及处理制度是我国职业健康安全的一项重要制度。这项制度的内容包括：依照国家法规的规定进行事故的报告；依照国家法规的规定进行事故的统计；依照国家法规的规定进行事故的调查和处理。

1. 生产安全事故的等级

2007年3月28日国务院第172次常务会议通过《生产安全事故报告和调查处理条例》，2007年4月9日公布，自2007年6月1日起施行。《生产安全事故报告和调查处理条例》第三条规定，根据生产安全事故（以下简称事故）造成的人员伤亡或者直接经济损失，事故一般分为以下等级（"以上"包括本数，所称的"以下"不包括本数）：

（1）特别重大事故：是指造成30人以上死亡，或者100人以上重伤（包括急性工业中毒，下同），或者1亿元以上直接经济损失的事故；

（2）重大事故：是指造成10人以上30人以下死亡，或者50人以上100人以下重伤，或者5000万元以上1亿元以下直接经济损失的事故；

（3）较大事故，是指造成3人以上10人以下死亡，或者10人以上50人以下重伤，或者1000万元以上5000万元以下直接经济损失的事故；

（4）一般事故，是指造成3人以下死亡，或者10人以下重伤，或者1000万元以下直接经济损失的事故。

2. 生产安全事故的报告

《生产安全事故报告和调查处理条例》第九条规定，事故发生后，事故现场有关人员应当立即向本单位负责人报告；单位负责人接到报告后，应当于1小时内向事故发生地县级以上人民政府安全生产监督管理部门和负有安全生产监督管理职责的有关部门报告。情况紧急时，事故现场有关人员可以直接向事故发生地县级以上人民政府安全生产监督管理部门和负有安全生产监督管理职责的有关部门报告。

3. 生产安全事故处理的"四不放过"原则

事故处理必须遵循一定的程序，坚持四不放过原则（事故原因查不清不放过，事故责任者没有严肃处理不放过，事故责任者和群众没有受到教育不放过，没有防范措施不放过）。通过对事故的严肃处理，可以总结出教训，为制定规程、规章提供第一手素材，做到亡羊补牢。

（六）全面落实安全"三同时"制度

安全"三同时"制度是指凡是我国境内新建、改建、扩建的基本建设项目（工程），技术改建项目（工程）和引进的建设项目，其安全生产设施必须符合国家规定的标准，必须与主体工程同时设计、同时施工、同时投入生产和使用。安全生产设施主要是指安全技术方面的设施、职业卫生方面的设施、生产辅助性设施。《中华人民共和国劳动法》第五十三条规定："新建、改建、扩建工程的劳动安全卫生设施必须与主体工程同时设计、同时施工、同时投入生产和使用"。《中华人民共和国安全生产法》第二十四条规定："生产经营单位新建、改建、扩建工程项目的安全设施，必须与主体工程同时设计、同时施工、同时投入生产和使用。"

（七）全面落实安全预评价制度

安全预评价是在建设工程项目前期，应用安全评价的原理和方法对工程项目的危险性、危害性进行预测性评价。

开展安全预评价工作，是贯彻落实"安全第一，预防为主"方针的重要手段，是企业实施科学化、规范化安全管理的工作基础。科学、系统地开展安全评价工作，不仅直接起到了消除危险有害因素、减少事故发生的作用，有利于全面提高企业的安全管理水平，而且有利于系统地、有针对性地加强对不安全状况的治理、改造，最大限度地降低安全生产风险。

四、安全生产有关的工作

1. 从事建设工程的新建、扩建、改建和拆除等活动，应当具备国家规定的注册资本、专业技术人员、技术装备和安全生产等条件，依法取得相应等级的资质证书，并在其资质等级许可的范围内承揽工程。

2. 主要负责人依法对本单位的安全生产工作全面负责。应当建立健全安全生产责任制度和安全生产教育培训制度，制定安全生产规章制度和操作规程，保证本单位安全生产条件所需资金的投入，对所承担的建设工程进行定期和专项安全检查，并做好安全检查记录。

3. 对列入建设工程概算的安全作业环境及安全施工措施所需费用，应当用于施工安全防护用具及设施的采购和更新、安全施工措施的落实、安全生产条件的改善，不得挪作他用。

4. 应当设立安全生产管理机构，配备专职安全生产管理人员。

5. 建设工程实行施工总承包的，由总承包单位对施工现场的安全生产负总责。

6. 垂直运输机械作业人员、安装拆卸工、爆破作业人员、起重信号工、登高架设作业人员等特种作业人员，必须按照国家有关规定经过专门的安全作业培训，并取得特种作业操作资格证书后，方可上岗作业。

7. 应当在施工组织设计中编制安全技术措施和施工现场临时用电方案，对下列达到一定规模的危险性较大的分部分项工程编制专项施工方案，并附具安全验算结果，经施工单位技术负责人、总监理工程师签字后实施，由专职安全生产管理人员进行现场监督：

（1）基坑支护与降水工程；

（2）土方开挖工程；

（3）模板工程；

（4）起重吊装工程；

（5）脚手架工程；

（6）拆除、爆破工程；

(7) 国务院建设行政主管部门或者其他有关部门规定的其他危险性较大的工程。

对所列工程中涉及深基坑、地下暗挖工程、高大模板工程的专项施工方案,应当组织专家进行论证、审查。

8. 建设工程施工前,负责项目管理的技术人员应当对有关安全施工的技术要求向施工作业班组、作业人员作出详细说明,并由双方签字确认。

9. 应当在施工现场入口处、施工起重机械、临时用电设施、脚手架、出入通道口、楼梯口、电梯井口、孔洞口、桥梁口、隧道口、基坑边沿、爆破物及有害危险气体和液体存放处等危险部位,设置明显的安全警示标志。安全警示标志必须符合国家标准。

10. 应当将施工现场的办公、生活区与作业区分开设置,并保持安全距离;办公、生活区的选址应当符合安全性要求。职工的膳食、饮水、休息场所等应当符合卫生标准。不得在尚未竣工的建筑物内设置员工集体宿舍。

11. 对因建设工程施工可能造成损害的毗邻建筑物、构筑物和地下管线等,应当采取专项防护措施。

12. 应当在施工现场建立消防安全责任制度,确定消防安全责任人,制定用火、用电、使用易燃易爆材料等各项消防安全管理制度和操作规程,设置消防通道、消防水源,配备消防设施和灭火器材,并在施工现场入口处设置明显标志。

13. 应当向作业人员提供安全防护用具和安全防护服装,并书面告知危险岗位的操作规程和违章操作的危害。

14. 作业人员应当遵守安全施工的强制性标准、规章制度和操作规程,正确使用安全防护用具、机械设备等。

15. 采购、租赁的安全防护用具、机械设备、施工机具及配件,应当具有生产(制造)许可证、产品合格证,并在进入施工现场前进行查验。

16. 在使用施工起重机械和整体提升脚手架、模板等自升式架设设施前和后,都应当组织有关单位进行验收,也可以委托具有相应资质的检验检测机构进行验收;使用承租的机械设备和施工机具及配件的,由施工总承包单位、分包单位、出租单位和安装单位共同进行验收。验收合格的方可使用。

17. 施工单位的主要负责人、项目负责人、专职安全生产管理人员应当经建设行政主管部门或者其他有关部门考核合格后方可任职。

18. 作业人员进入新的岗位或者新的施工现场前,应当接受安全生产教育培训。未经教育培训或者教育培训考核不合格的人员,不得上岗作业。

19. 应当为施工现场从事危险作业的人员办理意外伤害保险。

五、生产安全事故的应急救援和调查处理

(一)生产安全事故的应急救援制度

(1)县级以上地方人民政府建设行政主管部门应当根据本级人民政府的要求,制定本行政区域内建设工程特大生产安全事故应急救援预案。

(2)应当制定本单位生产安全事故应急救援预案,建立应急救援组织或者配备应急救援人员,配备必要的应急救援器材、设备,并定期组织演练。

(3)应当根据建设工程施工的特点、范围,对施工现场易发生重大事故的部位、环节进行监控,制定施工现场生产安全事故应急救援预案。实行施工总承包的,由总承包单位

统一组织编制建设工程生产安全事故应急救援预案，工程总承包单位和分包单位按照应急救援预案，各自建立应急救援组织或者配备应急救援人员，配备救援器材、设备，并定期组织演练。

（4）发生生产安全事故，应当按照国家有关伤亡事故报告和调查处理的规定，及时、如实地向负责安全生产监督管理的部门、建设行政主管部门或者其他有关部门报告；特种设备发生事故的，还应当同时向特种设备安全监督管理部门报告。接到报告的部门应当按照国家有关规定，如实上报。

实行施工总承包的建设工程，由总承包单位负责上报事故。

（5）发生生产安全事故后，应当采取措施防止事故扩大，保护事故现场。需要移动现场物品时，应当做出标记和书面记录，妥善保管有关证物。

（6）建设工程生产安全事故的调查、对事故责任单位和责任人的处罚与处理，按照有关法律、法规的规定执行。

（二）生产安全事故的应急救援方法

施工现场可能发生的安全事故常见的有：发生人身伤害事故；重大机械设备事故和火灾火险事故。

一旦发生生产安全事故，项目经理要保持冷静的头脑，迅速果断针对事故情况组织抢救和处理。因事故的性质和情况不同，所采取的抢救和处理方法也不同。对建筑施工现场有可能发生的事故，可以分以下几种抢救和处理方法。

1. 现场发生人员伤害时的抢救和处理方法

当现场发生人员伤害时，项目经理要不惜任何物质代价，及时组织，全力抢救伤员。抢救时要注意方式，防止在危险因素未排除时盲目抢救，再造成他人伤亡。如人员触电时，必须先切断电源，方可去接触伤者，以免造成多人连续触电伤亡。又如在井、沟内发生人员晕倒时，要迅速判断可能是缺氧还是中毒，而后采取相应措施，万万不可派人下井、沟盲目抢救。一些重大事故案例表明，生产安全事故由于抢救方法不善，可能使事故持续扩大，造成多人伤亡的重大恶性事故。项目经理与专职安全管理人员平时应该加强学习，掌握生产安全事故抢救的基本知识，特别是现场发生以下几种人身伤害事故时，更应该懂得妥善处理：

（1）人员从高处坠落受伤，除了对伤员明显外伤和肢体骨折部位要注意外，还要注意是否有内伤，人员坠落后很容易造成腹内损伤，如伤者腹痛、大小便失常等，更要警惕，组织有关人员认真检查。

（2）人员伤头部时，要特别重视，尤其是伤后脑和头两侧时，要及时送到能处理脑外伤的专业或综合性医院进行检查处理。对外伤不明显，但有头晕、头痛、昏迷等情况的受伤者注意进医院监护，以防脑内积血造成数日后发病死亡。

（3）人员触电要注意抢救方法，在使伤者脱离电源后，根据伤者情况要立即采取人工呼吸和胸外心脏挤压方法抢救，这是抢救触电者的最佳方法。千万不要急急忙忙地抬着或背着伤者送往医院，因为触电者此时心脏跳动微弱，呼吸短促，再一跑动就会耽误抢救时间，就会造成触电者死亡，对触电者在现场进行抢救是最可靠的办法。

2. 现场发生重大机械设备事故时的抢救和处理方法

当现场发现重大机械设备事故时，项目经理首先要判断是否伤人，是否有事态扩大的可能性，因机械设备事故伤人时要全力先救人，如有扩大事态的可能应立即通知有关部门，组织力量进行保护，控制事态发展，努力减少事故损失。

3. 现场发生火灾火险时的处理方法

当现场发生火灾火险时，项目经理要立即组织义务消防人员扑灭火灾火种，排除险情。但要注意判断所发生火灾的情况，较小的火情可以自行组织人员立即扑灭；已燃起的火情，现场人员不能扑灭时，要及时报告消防部门，请求援救，千万不可瞒报、迟报。特别是现场中易燃部位等处起火并蔓延时，更应及时上报，以防无法自救，延误时间，酿成失控大火。

4. 在抢救伤员、排除险情的同时保护现场

在抢救伤员、排除险情的同时，还必须注意保护现场，这是项目经理的职责。为了救人排险可以移动现场的材料设备，但要立即恢复原状。按照我国伤亡事故报告规程的要求，发生重大伤亡以后，要及时向上级主管部门汇报，并且要全力配合上级有关部门和司法部门了解事故情况，提供有关资料和情况，并接受检查。接到当地劳动部门和检查部门的正式通知后，方可撤消事故现场的保护。

项目经理在发生重大事故后，万万不可破坏现场，制造伪证，掩盖事故，甚至逃离现场躲避，有这类行为可能要加重承担刑事责任。

在现场发生重大事故后，除了以上四项必须做好的工作以外，项目经理还应特别注意稳定施工现场各类人员的情绪，对管理人员、班组进行专门的事故防范教育。更要提醒从事危险作业人员的警惕。一般应该暂停危险作业，待职工情绪平静后再组织施工，以防连续发生重大事故。

（三）生产安全事故的处理

1. 生产安全事故的处理程序

《生产安全事故报告和调查处理条例》2007年6月1日起施行。国务院1989年3月29日公布的《特别重大事故调查程序暂行规定》和1991年2月22日公布的《企业职工伤亡事故报告和处理规定》同时废止。

（1）报告安全事故

《生产安全事故报告和调查处理条例》规定，事故报告应当及时、准确、完整，任何单位和个人对事故不得迟报、漏报、谎报或者瞒报。事故发生后，事故现场有关人员应当立即向本单位负责人报告；单位负责人接到报告后，应当于1小时内向事故发生地县级以上人民政府安全生产监督管理部门和负有安全生产监督管理职责的有关部门报告，安全生产监督管理部门和负有安全生产监督管理职责的有关部门逐级上报事故情况，每级上报的时间不得超过2小时。报告事故应当包括下列内容：

1）事故发生单位概况；

2）事故发生的时间、地点以及事故现场情况；

3）事故的简要经过；

4）事故已经造成或者可能造成的伤亡人数（包括下落不明的人数）和初步估计的直接经济损失；

5）已经采取的措施；

6）其他应当报告的情况。

事故报告后出现新情况的，应当及时补报。自事故发生之日起 30 日内，事故造成的伤亡人数发生变化的，应当及时补报。道路交通事故、火灾事故自发生之日起 7 日内，事故造成的伤亡人数发生变化的，应当及时补报。

(2) 安全事故调查

特别重大事故由国务院或者国务院授权有关部门组织事故调查组进行调查。重大事故、较大事故、一般事故分别由事故发生地省级人民政府、设区的市级人民政府、县级人民政府负责调查。省级人民政府、设区的市级人民政府、县级人民政府可以直接组织事故调查组进行调查，也可以授权或者委托有关部门组织事故调查组进行调查。未造成人员伤亡的一般事故，县级人民政府也可以委托事故发生单位组织事故调查组进行调查。上级人民政府认为必要时，可以调查由下级人民政府负责调查的事故。

(3) 事故处理

重大事故、较大事故、一般事故，负责事故调查的人民政府应当自收到事故调查报告之日起 15 日内做出批复；特别重大事故，30 日内做出批复，特殊情况下，批复时间可以适当延长，但延长的时间最长不超过 30 日。

(4) 对事故责任人进行处理

有关机关应当按照人民政府的批复，依照法律、行政法规规定的权限和程序，对事故发生单位和有关人员进行行政处罚，对负有事故责任的国家工作人员进行处分。事故发生单位应当按照负责事故调查的人民政府的批复，对本单位负有事故责任的人员进行处理。负有事故责任的人员涉嫌犯罪的，依法追究刑事责任。

(5) 编写事故处理报告并上报

在事故调查处理完毕，并进行规定的检查验收或鉴定后，事故发生单位应尽快整理写出详细的事故处理报告，按规定上报。事故调查报告应当包括下列内容：

1) 事故发生单位概况；
2) 事故发生经过和事故救援情况；
3) 事故造成的人员伤亡和直接经济损失；
4) 事故发生的原因和事故性质；
5) 事故责任的认定以及对事故责任者的处理建议；
6) 事故防范和整改措施。

事故调查报告应当附具有关证据材料。事故调查组成员应当在事故调查报告上签名。

2. 安全事故的处理原则

在安全事故处理时，应严格遵守"四不放过"原则：

(1) 事故原因没有查清不放过；
(2) 事故责任人和员工没有受到教育不放过；
(3) 事故责任人没有受到处理不放过；
(4) 事故没有制定防范措施不放过。

3. 伤亡事故的处理规定

伤亡事故是指职工在劳动过程中发生的人身伤害、急性中毒事故。伤亡事故的调查和处理工作必须坚持实事求是、尊重科学的原则。事故调查组提出的事故处理意见和防范措施建议，由发生事故的企业及其主管部门负责处理。

第三节 建筑工程文明施工管理

一、文明施工的内容

《建设项目工程总承包管理规范》（GB/T 50358—2005），已经采用职业健康与环境保护管理取代了"文明施工"管理。根据《建设工程项目管理规范》（GB/T 50326—2006）的规定，文明施工是项目环境管理的一部分，是狭义的文明施工管理。文明施工与项目现场管理内容并列，文明施工内容缩小。文明施工仅包括下列工作：

(1) 进行现场文化建设。
(2) 规范场容，保持作业环境整洁卫生。
(3) 创造有序生产的条件。
(4) 减少对居民和环境的不利影响。

鉴于目前建设行政法规与规章仍然将文明施工与项目现场管理一起纳入文明施工管理的范围的实际情况。本文所讲的是广义的文明施工管理。即：文明施工与项目现场管理。

建设工程实行施工总承包的，由总承包单位对施工现场的文明施工实施统一管理。分包单位应当服从总承包单位的管理，并对分包范围内的文明施工向总承包单位负责。建设工程未实行施工总承包的，由建设单位统一协调管理，各施工单位按照承包范围分别负责。施工单位工程项目负责人对施工现场文明施工直接负责，组织编制实施文明施工方案，落实文明施工责任制，实行文明施工目标管理。

二、文明施工管理

（一）文明施工组织设计

在施工方案确定前，建设单位应会同设计、施工单位和有关部门对可能造成周围建筑物、构筑物、防汛设施、道路、地下管线损坏或堵塞的施工现场进行检查，并制定相应的技术措施，纳入施工组织设计。一般文明施工设计内容如下：

1. 施工现场平面布置图；

包括临时设施、现场交通、现场作业区、施工设备及机具的布置、成品、半成品、原材料的堆放位置等。大型工程平面布置因施工期较长，可按基础、主体、装修三阶段进行施工平面图设计。

2. 现场围护的设计；
3. 现场工程标志牌的设计；
4. 临时建筑物、构筑物、地面硬化、道路等单体设计；
5. 现场污水处理排放设计；
6. 粉尘、噪声控制措施；
7. 施工区域内现有市政管网和周围的建、构筑物的保护；
8. 现场卫生及安全保卫措施；
9. 现场文明施工管理组织机构及责任人。

（二）现场文明施工管理的内容

现场文明施工管理的内容非常丰富，各地具体要求不一，择其基本要点作一介绍。

1. 建筑工地周围必须设置遮挡围墙。围墙应用混凝土预制板或砖砌筑，封闭严密，并粉刷涂白，保持整洁完整。

（1）围挡材质采用砌体或者定型板材，有基础和墙帽。围挡外侧与道路衔接处要采用绿化或者硬化铺装措施。围挡必须稳固、安全、整洁、美观。

（2）城镇建成区、风景旅游区、市容景观道路、交通主干道及机场、码头、车站、广场的施工现场，围挡高度不得低于2.5m，其他地区围挡高度不得低于1.8m。

（3）围挡大门应当采用封闭门扇，大门入口设置应当符合消防要求，其净宽度最小不得小于5m。

（4）市政工程、道路维修及地下管线敷设工程项目工地围挡可以连续设置，也可以按工程进度分段设置。特殊情况不能进行围挡的，应当设置安全警示标志，并在工程险要处采取隔离措施。

2. 施工现场的施工区、办公区、生活区应当分开设置，实行区划管理。生活、办公设施应当科学合理布局，并符合城市环境、卫生、消防安全及安全文明施工标准化管理的有关规定。

3. 施工现场的场区应干净整齐，施工现场的楼梯口、电梯井口、预留洞口、通道口和建筑物临边部位应当设置整齐、标准的防护装置，各类警示标志设置明显。施工作业面应当保持良好的安全作业环境，余料及时清理、清扫，禁止随意丢弃。

4. 施工现场的各种设施、建筑材料、设备器材、现场制品、成品半成品、构配件等物料应当按照施工总平面图划定的区域存放，并设置标签。禁止混放或在施工现场外擅自占道堆放建筑材料、工程渣土和建筑垃圾。

5. 施工现场堆放砂、石等散体物料的，应当设置高度不低于0.5m的堆放池，并对物料裸露部分实施遮盖。土方、工程渣土和垃圾应当集中堆放，堆放高度不得超出围挡高度，并采取遮盖、固化措施。

6. 在施工现场设置食堂及就餐场所的，应当符合卫生管理规定，制定健全的生活卫生和预防食物中毒管理制度。

7. 建筑工地内的民工宿舍面积应符合卫生和居住要求，地面应用混凝土硬化，宿舍应保持整洁，不得男女混杂居住及居住与施工无关的人员。利用在建工程作为临时宿舍的，也应符合上述要求。

8. 坐落在建成区内的施工现场厕所，应当采用密闭水冲式，保持干净清洁。高层建筑施工应当隔层设置简易厕所。

9. 施工现场应当设置良好的排水系统和废水回收利用设施。防止污水、污泥污染周边道路，堵塞排水管道或河道。采用明沟排水的，沟顶应当设置盖板。禁止向饮用水源及各类河道、水域排水。

10. 临街或人口密集区的建筑物，应设置防止物体坠落的防护性设施。

11. 施工单位应当制定公共卫生突发事件应急预案。在施工现场应当配备符合有关规定要求的急救人员、保健医药箱和急救器材。

（三）建筑工地的主要出入口处应设置醒目"五牌一图"。

即在进门处悬挂现场入口处的醒目位置，应公示下列内容：

（1）工程概况；

（2）安全纪律；

(3) 防火须知；
(4) 安全生产与文明施工；
(5) 施工平面图；
(6) 项目经理部组织机构及主要管理人员名单。

第四节　单位工程验收、备案与保修

一、单位工程验收

（一）建筑工程质量验收的概念

建筑工程在施工单位自行质量检查评定的基础上，参与建设活动的其他有关单位共同对检验批、分项、分部、单位工程的质量进行抽样复查，根据相关标准以书面形式对工程质量达到合格与否作出确认。

（二）建筑工程质量验收的划分

建筑工程质量验收应划分为单位（子单位）工程、分部工程、分项工程和检验批。

1．单位工程：具备独立施工条件并能形成独立使用功能的建筑物或构筑物。建筑规模较大的单位工程，可将能形成独立使用功能的部分分为一个子单位工程。

2．分部工程：应按专业性质、建筑部位确定。当分部工程较大或较复杂时，可按材料种类、施工特点、施工程序、专业类别等划分为若干个子分部工程。

3．分项工程：应按主要工种、材料、施工工艺、设备类别进行划分。

4．检验批：根据施工及质量控制和专业验收需要按楼层、施工段、变形缝等进行划分。分项工程是由若干个检验批组成的。

单位工程质量等级划分为合格一个等级。合格的给予验收，不合格的不予验收。参加验收的单位有建设单位、勘察单位、设计单位、监理单位、施工单位和质量监督部门，前五家单位参与质量合格与否的评定，后者只对评定的程序、方法的合法性与否作评价，但有建议和保留意见的权利。

国家为了促进建筑工程管理工作的发展，统一建筑工程施工质量评价的基本指标和方法，鼓励施工企业创优，规范创优活动制定了《建筑工程施工质量评价标准》（GB/T 50375—2006），就是说今后凡是需要"创杯"的工程必须在竣工验收时进行建筑工程优良工程的评价，如果达到要求的可以进入优质工程评定的程序。

（三）工程施工质量验收要求

工程施工质量应按规范规定的下列要求进行验收：

(1) 建筑工程质量应符合《建筑工程施工质量验收统一标准》和相关专业验收规范的规定；
(2) 建筑工程施工应符合工程勘察、设计文件的要求；
(3) 参加工程施工质量验收的各方人员应具备规定的资格；
(4) 工程质量的验收均应在施工单位自行检查评定的基础上进行；
(5) 隐蔽工程在隐蔽前应由施工单位通知有关单位进行验收，并应形成验收文件；
(6) 涉及结构安全的试块、试件以及有关材料，应按规定进行见证取样检测；
(7) 检验批的质量应按主控项目和一般项目验收；

(8) 对涉及结构安全和使用功能的重要分部工程应进行抽样检测；

(9) 承担见证取样检测及有关结构安全检测的单位应具有相应资质；

(10) 工程的观感质量应由验收人员通过现场检查，并应共同确认。

(四) 建筑工程施工质量检查评定验收的基本内容及方法：

(1) 分部分项工程内容的抽样检查；

(2) 施工质量控制资料、安全与功能检测资料的检查，包括施工全过程的技术质量管理资料，其中又以原材料、施工检测、测量复核及功能性试验资料为重点检查内容；

(3) 工程外观质量的检查。

(五) 单位工程施工质量验收条件

建设单位收到工程验收报告后，应由建设单位（项目）负责人组织施工（含分包单位）、设计、监理等单位（项目）负责人进行单位（子单位）工程验收。一般建筑工程竣工验收应当具备下列条件：

(1) 完成建筑工程设计和合同约定的各项内容；

(2) 有完整的技术档案和施工管理资料；

(3) 有工程使用的主要建筑材料、建筑构配件和设备的进场试验报告；

(4) 有勘察、设计、施工、工程监理等单位分别签署的质量合格文件；

(5) 有施工单位签署的工程保修书。

(六) 单位（子单位）工程质量验收合格应符合下列规定：

(1) 单位（子单位）工程所含分部（子分部）工程的质量均应验收合格；

(2) 质量控制资料应完整；

(3) 单位（子单位）工程所含分部工程有关安全和功能的检测资料应完整；

(4) 主要功能项目的抽查结果应符合相关专业质量验收规范的规定；

(5) 观感质量应满足要求。

二、竣工备案

按国家现行管理制度，建筑工程及市政基础设施工程验收合格后，尚需在竣工验收合格后 15 日内，将建设工程竣工验收报告和规划、公安消防、环保等部门出具的认可文件或者准许使用文件报建设行政部门或其他有关部门备案。

(一) 建筑工程竣工验收备案程序

1. 建设单位办理工程竣工验收备案首先应当提交下列文件：

(1) 工程竣工验收备案表；

(2) 工程竣工验收报告；

(3) 法律法规规定应当由规划、公安消防、环保等部门出具的认可文件或者准许使用文件；

(4) 施工单位签署的工程质量保修书；

(5) 法律规章规定必须提供的其他文件。

2. 备案机关收到竣工验收备案文件，验收文件齐全后，在工程竣工验收备案表上签署收讫。一式两份，一份建设单位保存，一份留备案机关存档。

(二) 验收备案中的一些问题

1. 工程质量监督机构应在工程竣工验收之日起 5 日内，向备案机关提交工程质量监督报告。

2．备案机关发现建设单位在竣工验收过程中有违反规定行为的，应当在收讫竣工验收备案文件 15 日内，责令停止使用，重新组织竣工验收。

3．建设单位在工程竣工验收合格之日起 15 日内未办理工程竣工验收备案的，备案机关责令限期改正，处 20 万元以上 30 万元以下罚款。

4．建设单位将备案机关决定重新组织竣工验收的工程，在重新组织竣工验收前擅自使用的，备案机关将处以工程合同价 2% 以上 4% 以下罚款。

5．建设单位采用虚假证明文件办理工程竣工验收备案的，工程竣工验收无效，重新组织竣工验收，处以 20 万元以上 50 万元以下罚款。

6．备案机关决定重新组织竣工验收并责令停止使用的工程，建设单位擅自使用并造成使用人损失的，建设单位依法承担赔偿责任。

7．竣工验收备案文件齐全，备案机关不办理备案手续的，由有关机关责令改正，对直接责任人员给予行政处分。

三、竣工后保修

施工项目具有一次性的特点，工程竣工交验后，该工程项目组织机构即行撤消，根据下个施工项目的机构再根据具体情况进行重新组织。因此，工程质量回访和保修工作应由施工企业有关职能部门进行。建筑工程的保修制度是指建筑工程在竣工验收合格之日起，在一定的期限内工程发生的，确实是由于施工单位施工责任造成的建筑物使用功能不良或无法使用的问题，由施工单位负责修理，直至达到正常使用的标准。

（一）保修的范围

按照保修制度的要求，各种类型的建筑工程及建筑工程的各个部位都应该实行保修。《建设工程质量管理条例》第四十一条规定：建设工程在保修范围内和保修期内发生质量问题的，施工单位应当履行保修义务，并对造成的损失承担赔偿责任。

保修范围主要是那些属于施工单位的责任，特别是由于施工原因而造成的质量缺陷。

凡是由于用户使用不当或第三方造成建筑功能不良或损坏者，不属于保修范围，由责任方承担维修费用；不可抗力造成的缺陷，也不属于保修范围，由业主承担维修费用。

（二）房屋建筑工程质量保修的年限

《房屋建筑工程质量保修办法》第七条规定，在正常使用下，房屋建筑工程的最低保修期限为：

（1）地基基础和主体结构工程，为设计文件规定的该工程的合理使用年限；

（2）屋面防水工程、有防水要求的卫生间、房间和外墙面的防渗漏为 5 年；

（3）供热与供冷系统，为 2 个采暖期、供冷期；

（4）电气系统、给排水管道、设备安装为 2 年；

（5）装修工程为 2 年。

其他项目的保修年限由建设单位和施工单位约定。建设工程的保修期自竣工验收合格之日起计算。

（三）建设工程施工合同中的保修条款

建设工程施工合同中的保修条款应该包括以下内容：

（1）工程质量保修范围和内容；

(2) 质量保修期；
(3) 质量保修责任；
(4) 保修费用；
(5) 其他。

思 考 题

1. 质量与质量管理概念分别是什么？
2. 建筑工程质量的概念是什么？
3. 建筑工程质量有哪些特性？
4. 建筑施工质量有什么特点？
5. 什么是工作质量？
6. 质量检验的概念是什么？
7. 质量管理与质量控制两者有何区别？
8. 2000 年版质量认证有哪些国家标准？
9. 建筑工程质量控制的原则是什么？
10. 质量管理的基本工作包含哪些内容？
11. 影响质量的因素有哪几类？
12. 何为全面质量管理？
13. 全面质量管理的基本要求是什么？
14. 什么是 PDCA 循环？
15. 安全生产管理的概念和基本原则分别是什么？
16. 生产安全事故如何分类？生产安全事故按规定如何报告？
17. 生产安全事故的处理原则和程序分别是什么？
18. 按《建设工程安全生产管理条例》的规定，建筑工程施工应该编制哪几类专项施工方案？
19. 现行《建筑工程项目管理规范》规定的文明施工的基本内容是什么？"五牌一图"又是指什么内容？
20. 单位工程竣工验收质量合格应该符合什么条件？
21. 建筑工程质量强制保修的依据是什么？
22. 对工程质量缺陷的强制保修年限有什么具体规定？
23. 《建筑工程施工质量验收统一标准》的指导思想是什么？
24. 《建筑工程施工质量评价标准》制订的目的是什么？

第十二章 计算机辅助建筑工程项目管理

第一节 计算机辅助项目管理的概述

一、计算机辅助项目管理的意义

建筑工程项目管理随着工程项目的规模、性质和要求出现了许多根本性的变化而日趋复杂。对建筑工程项目实施全面规划和动态控制，需要处理大量的信息，并且要求及时、准确、全面，这样才能提高项目决策的效率，发挥信息的最大经济价值。对建筑工程项目建设过程中产生的大量数据单靠人工方法整理和计算已经远远不能满足项目管理的要求，并且许多信息的处理光靠手工方式是不能胜任的。因此，提高工程项目管理水平，应用计算机辅助项目管理是建筑工程项目管理中最有效和必需的手段。

计算机辅助工程项目管理有非常重要的意义，它可以极大地提高管理工作效率，大大地提高工程项目管理的水平。

1. 计算机能够快速、高效地处理项目产生的大量数据，提高信息处理的速度，准确提供工程项目管理所需的最新信息，辅助工程项目管理人员及时、正确地作出决定，从而实现对项目目标的控制。

2. 计算机能够存储大量的信息和数据，采用计算机辅助信息管理。可以集中储存与项目有关的各种信息，并能随时取出被存储的数据，使信息共享，为项目管理提供有效使用服务。

3. 计算机能够方便地形成各种形式、不同需求的项目报告的报表，提供不同等级的管理信息。

4. 利用计算机网络，可以提高数据传递的速度和效率，充分利用信息资源，沟通信息联系。

高水平的项目管理，离不开先进、科学的管理手段。在项目管理中应用计算机作为手段，可以辅助发现存在的问题，帮助编制项目规划，辅助进行控制决策，帮助实施跟踪检查。计算机辅助工程项目管理是有效实施项目管理的重要保证。

二、计算机辅助项目管理的主要任务

计算机辅助项目管理的主要任务，采用适当的软件对工程的有关数据进行处理，提供信息，便于决策。

（一）采集及处理数据

在日常工作中，我们大量接触的是各种数据，数据和信息既有联系又有区别。数据有不同的定义，从信息处理的角度出发，可以给数据如下的定义：数据是客观实体属性的反映，是一组表示数量、行为和目标，可以记录下来加以鉴别的符号。

数据，首先是客观实体属性的反映，客观实体通过各个角度的属性的描述，反映出与其他实体的区别。例如，在反映某个建筑工程质量时，我们通过对设计、施工单位资质、

人员、施工设备、使用的材料、构配件、施工方法、工程地质、天气、水文等各个角度的数据搜集汇总起来，就很好地反映了该工程的总体质量。这里的各个角度的数据，即是建筑工程这个实体的各种属性的反映。

数据有多种形态，我们这里所提到的数据是广义的数据概念，包括文字、数值、语言、图表、图形、颜色等多种形态。今天我们的计算机对此类数据都可以加以处理。例如：施工图纸、管理人员发出的指令、施工进度的网络图、管理的直方图、月报表等都是数据。

（二）收集和处理信息

信息和数据是不可分割的。信息来源于数据，又高于数据，信息是数据的灵魂，数据是信息的载体。对信息有不同的定义，从辩证唯物主义的角度出发，我们可以给信息如下的定义：信息是对数据的解释，反映了事物（事件）的客观规律，为使用者提供决策和管理所需要的依据。

信息首先是对数据的解释，数据通过某种处理，并经过人的进一步解释后得到信息。我们说，信息来源于数据，信息又不同于数据。原因是数据经过不同人的解释后有不同的结论，因为不同的人对客观规律的认识有差距，会得到不同的信息。这里，人的因素是第一位的，要得到真实的信息，要掌握事物的客观规律，需要提高对数据进行处理的人的素质。

通常人们往往在实际使用中把数据也称为信息，原因是信息的载体是数据，甚至有些数据就是信息。

信息也是事物的客观规律。辩证唯物主义认为，人们掌握事物的客观规律，就能把事情办好；反之，事情就办不好。这也是为什么要求我们掌握信息的原因，我们掌握信息实际上就是掌握了事物的客观规律。

我们使用信息的目的是为决策和管理服务。信息是决策和管理的基础，决策和管理依赖信息，正确的信息才能保证决策的正确，不正确的信息则会造成决策的失误，管理则更离不开信息。传统的管理是定性分析，现代的管理则是定量管理，定量管理离不开系统信息的支持。

三、工程项目管理的信息

在实施工程项目管理中。一个工程项目所涉及的信息类型广泛，专业多，信息量大，形式多样。从项目管理的角度，工程项目信息可分为以下几类：

1. 质量控制信息

包括国家质量政策及质量标准、工程建设项目的建设标准、质量目标分解体系、质量控制工作流程、质量控制工作制度、质量控制的风险分析、质量抽样检查的数据、验收的有关记录和报告等信息。对重要工程及隐蔽工程还应包括有关照片，录像等。

2. 进度控制信息

包括项目总进度规划、总进度计划，分进度目标，各阶段进度计划，单体工程计划，操作性计划，原材料采购计划，施工机械进场计划等；工程实际进度统计信息，施工日志，计划进度与实进度比较信息，工期定额及各种指标等。

3. 费用控制信息

费用控制信息包括：费用规划信息，如投资计划，估算、概算、预算资料，资金使用计划，各阶段费用计划，以及费用定额、指标等；实际费用信息，如已支出的各类费用，各种付款账单，工程计量数据，工程变更情况，现场签证，以及物价指数，人工、材料设备、机械台班的市场价格信息等；费用计划与实际值比较分析信息；费用的历史经验数据，现行数据，预测数据等。

4. 合同管理信息

合同信息的一个重要方面是建设单位与施工单位在招标过程中签订的合同文件信息，它们是施工项目实施的主要依据，包括合同协议书、中标通知书、投标书及附件、合同通用及专用条款、技术规范、图纸、其他有关文件。

5. 其他信息

风险控制信息，包括环境要素风险、项目系统结构风险、项目的行为主体产生的风险等等；安全控制信息，包括安全责任制、安全组织机构、安全教育与训练、安全管理措施、安全技术措施等；监理信息，包括监理过程中，监理工程师的一切指令、审核审批意见、监理文件等。

四、工程项目管理信息系统

工程项目管理信息系统是以工程项目为目标系统，利用计算机辅助工程项目管理的信息系统。

工程项目管理信息系统是一个针对工程项目的计算机应用软件系统，通过及时地对工程项目中的数据进行收集和加工，向工程项目部门提供有关信息，支持项目管理人员确定项目规划；在项目实施过程中控制项目目标，即费用目标、进度目标和质量目标。因此，工程项目管理信息系统也称为项目规划和控制信息系统。

五、工程项目文档管理

在实际工程中，许多信息由文档系统给出。文档管理指的是对作为信息载体的资料进行有序地收集、加工分解、编目、存档，并为项目各参加者提供专用的和常用的信息的过程。文档系统是管理信息系统的基础，是管理信息系统有效运行的前提条件。

许多项目经理经常哀叹在项目管理中资料太多、太繁杂。办公室到处都是文件，太零乱，没有秩序，要找到一份自己想要的文件却要花许多时间，不知道从哪里找起。这就是项目管理中缺乏有效的文档系统的表现。实质上，一个项目的文件再多，也没有一个大图书馆的资料多，但为什么人们到一个图书馆却可以在几分钟之内找到自己要找的一本书呢？这就是由于图书馆有一个功能很强的文档系统。所以在项目中也要建立像图书馆一样的文档系统。

文档系统有如下要求：

1. 系统性，即包括项目相关的，应进入信息系统运行的所有资料并限制它们的范围。事先要罗列各种资料并进行系统化。

2. 各个文档要有单一的标志，能够互相区别，这通常通过编码区别。

3. 文档管理责任的落实，即有专门人员或部门负责资料工作。

所以对具体的项目管理资料要确定：谁负责资料工作？什么资料？针对什么问题？什么内容和要求？何时收集、处理？向谁提供？

通常文件和资料是集中处理、保存和提供的。在项目过程中文档可能有三种方式：

（1）企业保存的关于项目的资料，这是在企业文档系统中，例如项目经理交给企业的各种报告、报表，这是上层系统需要的信息。

（2）项目集中的文档，这是关于全项目的相关文件，这必须有专门的地方并有专门人员负责。

（3）各部门专用的文档，它仅保存本部门专门资料。

当然这些文档在内容上可能有重复。例如一份重要的合同文件可能复制三份，部门保存一份、项目文档一份、企业一份。

（4）内容正确、实用，在文档处理过程中不失真。

第二节 常用的项目管理软件

现代项目管理必须使用先进的管理软件，项目管理软件的种类很多，功能各不相同，我们应该选择性能稳定的适合项目管理功能的管理软件。下面是几个常用的软件，以供选择。

一、Microsoft Project 2003 项目管理系统

Microsoft Project 是一个国际上享有盛誉的通用的项目管理工具软件，凝集了许多成熟的项目管理现代理论和方法。使用 Microsoft Project&Server 可以快速构建企业项目管理信息平台，提高企业现代化的项目管理能力和管理效率。

Microsoft Project 不仅可以快速、准确地创建项目计划，而且可以帮助项目经理实现项目进度、成本的控制、分析和预测，使项目工期大大缩短，资源得到有效利用，提高经济效益。最新版本 Microsoft Project 2003 在各方面功能又有所增强，尤其在项目的协同工作方面，项目经理、工作组成员及其他项目风险承担人，可以通过网络协作工具进行动态跟踪，突破时间和空间的局限，随时了解项目进度和当前状态，从而确保项目实施的顺利进行，为企业战略目标的实现提供支持。

Microsoft Project 的内容：制定项目计划、管理项目—视图和报表、资源管理、成本管理、项目控制和动态跟踪、Project 2003 灵活的定制技术、项目沟通管理、群体项目管理。具体操作见第三节。

二、建文软件项目管理系统

建文软件项目管理系统，以合同为约束，以进度为主线，以项目的成本控制为目标。针对公司项目分散，各个项目部距离总部比较远以及项目现场复杂、人员流动性大、投入的一次性、项目涉及的关联环节多、各种风险大以及企业集中管理难度大等业务特点，平台采用互联网和无线技术相结合的 B/S 多层开放结构体系，对工程项目进行远程控制和管理。决策层只需要拥有一台可以上网的计算机或者一部 GPRS 手机甚至是普通的手机即可对分散在各地的项目进行远程管理和控制。真正解决了施工企业分散作业与集中管理的矛盾。

在工程管理的诸多内容当中，进度计划管理是重点，是核心，抓住了进度计划管理，就等于抓住了主要矛盾，就抓住了纲。工程管理的很多内容都是围绕着进度计划管理来进行的。在利用项目管理系统编制工程施工进度计划时，以工程施工工序作业为实体，加上完成该作业需要的时间因素，如工期、开工时间、完工时间、以及和其他作业之间的逻辑关系，就构成了最基本的施工进度计划。

建文软件项目管理系统的主要特点是软件之中融合了先进的项目管理思维和方法，使得长期以来困扰大家的工期进度、费用和资源投入情况等无法整体性、动态管理的问题得到了很好的解决。此外，软件还能将工程的现行进度与目标管理有机地联系到一起，从而使得项目管理的思想和方法变为一种可操作性很强的、切实可行的手段。

1. 主要特点

（1）国内领先的纯粹的基于互联网的B/S结构的网络进度计划，真正做到了能上网就能进行项目管理，极大地提高了系统的可操作性和灵活性。

（2）兼容微软PROJECT项目数据，最大程度的利用用户已有资源，真正实现项目数据的完全共享。

（3）动态真实模拟施工现场任务，清晰表达各种作业关系（开始－开始SS、完成－开始FS、开始－完成SF、完成－完成FF）以及延迟、搭接、资源消耗、成本费用等任务信息。

（4）方便快捷地进行工作任务分解，建立完整的大纲任务结构和子网络，实现项目计划的分级控制与管理。

2. 主要功能

（1）项目范围管理：通过范围管理，明确项目管理的目标与边界，即对项目包括什么与不包括什么的定义与控制过程。这个过程用于确保项目组和项目关系人对作为项目结果的项目产品以及生产这些产品所用到的过程有一个共同的理解。

（2）项目进度管理：运用网络计划技术进行项目进度计划的编制、优化与实际进度的追踪管理。

（3）项目资源管理：通过挂接行业、地区与企业定额实现资源的精确分析与计算，在此基础上进行资源计划的编制、优化与追踪管理。

（4）项目成本管理：与资源管理模块结合，采用从下而上的成本累算方式计算项目的实际成本，同时运用成本的分析技术对项目实际运行效果进行有效控制。

（5）项目沟通管理：包括项目的沟通管理、项目的报告、项目施工日记和项目的知识管理。

（6）项目质量管理：可根据项目进度，针对施工过程中的开竣工文件、施工组织设计方案、工程质量计划、施工过程控制资料、测量记录、技术交底、检验批质量验收记录，以及分部分项验收资料等进行全方位管理控制，实现了工程质量管理资料的归类、检索与统计，并对项目的优良率等质量指标进行自动统计与报警提示，为企业对工程质量管理提供了有力的决策依据和支持。

（7）项目安全管理：紧密结合建设部强制性行业标准《建筑施工安全检查标准》，配合国务院关于《建设工程安全生产管理条例》的实施，提供工程项目安全措施分析、设计、实施和监控，而且提供安全动态分析的信息流，为建筑施工安全生产情况提供科学的评价和决策依据，极大地提高了安全生产工作和文明施工的管理水平，实现安全检查评价工作的标准化、规范化。

三、北京梦龙科技－项目管理平台

梦龙项目管理平台依据项目管理理论，从实际应用的角度出发，对项目的进度、成本、质量进行控制，同时对项目中所有涉及到的文档和合同进行管理。在任何时候，能够及时地查找到需要的文档。该系统采用灵活的插件形式，根据行业的不同和企业用户的实际需要，提供不同的功能模块进行定制组合，为用户提供一套最合理、最有效的项目管理解决方案。

功能特点：

1. 对项目的管理

以项目树的形式对项目进行管理，尤其在项目分布广泛、数量众多的情况下，这种形式非常有效。辅助以项目地理信息模块，按照项目所在地区进行查看，能够非常清晰地了解项目的各种地理信息。

2. 可扩展的项目信息

不同行业、用户需要查看的项目信息有所不同，项目信息模块除提供相对固定的信息，如名称、编号、时间等外，还以自定义信息的方式提供了扩展项目信息的功能，用户可以根据自己的实际需要，增加若干项信息。

3. 项目进度控制

对项目进度的控制，目前最科学有效的方式是网络计划。在网络计划图中，各个不同的工作以及工作和工作之间的关系，能够很清晰得以体现。

项目阶段模块：从更宏观的角度展现了项目的进展情况以及阶段划分，它能够告诉用户，当前时间项目正在进行的阶段是什么，进展情况如何，以及离目标有多远，还需要哪几个阶段，每个阶段有什么要求等。

项目形象进度：是另一个与项目进度相关的模块，它以多媒体的形式，包含项目的实际场景照片、图像等，更加生动地体现了项目的进度。

4. 项目成本控制

项目的成本控制是一个项目是否能够成功最关键的一方面，它以项目的挣值曲线体现所有关于项目成本方面的数据，包括成本现状、趋势、成本进度、成本性能等。通过曲线的分析结果，用户能够很清晰地了解到项目的当前成本状态（是否超出计划，是否超出预算），如果出现成本问题，可以及时地采取必要的补救措施。

5. 项目文档管理

一个项目从审批开始，经过立项、运作阶段，到结题验收，一直到最后的总结阶段，会有众多杂乱无章的文档产生。项目文档管理模块会把这些文档以一种有序的方式组织起来，并且存档。在任意时刻，可以查询找到关于该项目的任一文档。

6. 项目合同管理

任何一个项目都会有一份或者多份合同，较大的项目中会涉及到甲方乙方身份的改变。随着项目的进展，合同资金会不断地变化，其中的原因包括：合同变更而导致的资金变化，合同金额的支付过程等。项目合同管理模块不仅提供了对合同的查询功能，更重要的是，它能够对当前时间，项目中所有的合同的资金现状进行统计，准确地报告资金盈亏状况，供用户参考，进行决策。

四、Microsoft Office 企业项目管理（EPM）解决方案

Microsoft Office 企业项目管理（EPM）解决方案可以在项目和项目管理人员之间实现强大的协调能力、规范化操作、集中化的资源管理和高水平的项目资源报告。软件特点：

1. 实现企业项目管理的战略性调整

要让战略性目标变为现实，则要求有这样的技术：足够强大，以支持您的核心业务；同时还必须足够灵活，以容纳现有的业务流程。Microsoft Office 企业项目管理（EPM）解决方案就提供了这样的体系结构，因此机构可以获得可见性、洞察力以及对项目资产的控制，同时还能改进效率、缩短周期、减少成本并且提高质量。

2．用集合性资产的方式管理项目，以实现更明智的决策

通过不断地识别符合公司战略的计划，并且优先考虑这些计划和进行不断的投入，可以更有效地管理公司的计划资产。这样一来，就可以确保公司仅将精力放在有助于提高最终收益的活动上。

3．Microsoft Office EPM 解决方案可以更有效地管理计划资产

（1）使用层次式的性能报告（它们用图表方式显示了关键性的业务尺度）对项目状态进行客观评估，并且快速识别有风险的以及表现欠佳的项目。

（2）与其他关键信息一起，将关键项目数据以 Web 内容的方式集成到管理层的面前，从而可以更全面地了解业务。

（3）使用强大的分析工具来识别发展趋势和问题区域，从而深入了解整体资产的质量。

（4）使用假设应用建模功能，了解折中之举的影响并对战略进行评估，以减小风险。

4．优化整个机构内的资源，实现持续发展能力

员工是机构内最为宝贵的——通常也是最为昂贵的资产。为了实现最大限度的效率和性价比，关键是要将正确的人员分配到正确的项目组中。

但是，管理整个机构的人员是一个复杂的任务。由于资源信息通常掌握在不同的部门手中，因此要准确预测短期和长期的资源需求需要，往往比较困难。如果机构不能全面了解员工的技能和工作安排，它将无法根据计划资产的要求并站在全局角度上招聘、部署和开发资源。

5．优化项目管理能力，实现竞争优势

不论是提供产品还是服务，所有机构都需要符合项目期限、预算和投资方的期望。为了维持用户满意度和符合用户的期望，项目错误或延迟是绝对不允许的。

为了保持竞争力，要求不断地采用新举措来进一步缩短周期、减小成本和控制质量，从而改进项目的提交过程。这些新举措要求熟练的人员、规范化的流程以及高级的技术——这些需要靠有效的项目管理来统一并且驱动。

6．加强全企业的协作，提高生产效率

有效的交流是获得项目成功不可缺的。在畅通的交流渠道中，小组成员可以通过共享信息和顺畅的合作来完成任务和服务，并且迅速响应变化。

然而，项目小组在机构上和地理位置上正变得越来越分散，这不利于提高生产效率。为了保持协调和质量，将更加需要有能力将各个小组成员连接起来的技术。

Microsoft Office EPM 解决方案提供了能够加强机构各个层次上的协作和责任的体系结构。

五、清华斯维尔智能项目管理软件 6.0

（一）软件概述

智能项目管理 6.0 软件是深圳市清华斯维尔软件科技有限公司在充分汲取国内外同类

软件优点的基础上,将网络计划及优化技术应用于建设项目的实际管理中,以国内建筑行业普遍采用的横道图、双代号时标网络图作为项目进度管理与控制的主要工具。通过挂接各类工程定额实现对项目资源、成本的精确分析与计算。不仅能够从宏观上控制工期、成本,还能从微观上协调人力、设备、材料的具体使用。

(二)主要特点

1. 严格遵循建设部最新颁布的《工程网络计划技术规程》、《网络计划技术》等国家标准,提供单起单终、过桥线、时间参数双代号网络图等重要功能。

2. 智能流水、搭接、冬歇期、逻辑网络图等功能更好的满足实际绘图与管理的需要。

3. 图表类型丰富实用、制作快速精美,充分满足工程项目投标与施工控制的各类需求。

4. 实用的矢量图控制功能、全方位的图形属性自定义、任务样式自定义功能极大地增强了软件的灵活性。

5. 动态真实地模拟施工现场任务,清晰表达各种作业关系(开始-开始SS、完成-开始FS、开始-完成SF、完成-完成FF)以及延迟、搭接、资源消耗、成本费用等任务信息。

6. 方便快捷地进行工程任务分解,建立完整的大纲任务结构和子网络,实现项目计划的分级控制与管理。

7. 兼容微软 Project2000 项目数据,智能生成双代号网络图,最大程度地利用用户已有资源,真正实现项目数据的完全共享。

8. 适应性强,能满足单机、网络用户的项目管理需求,适应大、中、小型施工企业的实际应用。

(三)主要功能

1. 项目管理

以树型结构的层次关系组织实际项目并允许同时打开多个项目文件进行操作,系统自动存盘。

2. 数据录入

可方便地选择在图形界面或表格界面中完成各类任务信息的录入工作。

3. 视图切换

可随时选择在横道图、双代号、单代号、资源曲线等视图界面间进行切换,从不同角度观察、分析实际项目。同时在一个视图内进行数据操作时,其他视图动态适时改变。

4. 编辑处理

可随时插入、修改、删除、添加任务,实现或取消任务间的四类逻辑关系,进行升级或降级的子网操作,流水、搭接网络操作,以及任务查找等功能。

5. 图形处理

能够对网络图、横道图进行放大、缩小、拉长、缩短、鹰眼、全图等显示,以及对网络的各类属性进行编辑等操作,也可利用矢量图自绘制图形,每个视图均可以存为 Emf 图形。

6. 数据管理与导入

实现项目数据的备份与恢复以及导入 Project2000 项目数据、各类定额数据库、工料机数据库数据等操作。

7. 图表打印

可方便地打出施工横道图、单代号网络图、双代号网络图、双代号逻辑时标网、资源需求曲线图、关键任务表、任务网络时间参数计算表等多种图表。

第三节 Microsoft Project 基本操作方法介绍

一、创建计划

（一）新建计划文件

创建日程的第一步是新建文件、计划项目的开始日期或完成日期，并输入其他的常规项目信息。如果用户没有输入项目的开始日期或完成日期，Microsoft Project 自动将当前日期设为项目的开始日期。

请执行操作：

（1）单击"新建"。

（2）输入开始日期或完成日期。

如果要输入开始日期，请在"开始日期"框中键入项目的开始日期。

如果要输入完成日期，选择"日程排定方法"框中的"从项目完成日起日程排定"，然后在"完成日期"框中键入完成日期，从该日期起排定项目日程。

提示：如果项目计划有所改动，可单击"项目"菜单中"项目信息"命令，随时更新项目信息。例如，由于需要雇佣新的项目经理，延迟了项目的开始日期，则可以单击"项目信息"命令以更新开始日期。

（二）更改项目的开始结束日期

Microsoft Project 基于用户输入的开始日期计算项目的完成日期，或基于用户输入的完成日期计算项目的开始日期。如果没有输入项目的开始日期，Microsoft Project 默认当前日期为项目开始日期。

执行操作：

（1）单击"项目"菜单中"项目信息"命令。

（2）输入项目开始日期或完成日期。

如果要输入开始日期，则在"开始日期"框中输入计划项目开始的日期。

如果要输入完成日期，则选取"日程排定方法"框中"从项目完成日起日程排定"，并在"完成日期"框中键入完成日期，Microsoft Project 自该日期起排定项目日程。

（三）输入任务及其工期

通常，项目是由一系列相互关联的任务组成。一个任务代表了一定量的工作，并有明确的可交付结果；它应当是很短的，以便定期跟踪其进展情况。任务通常应介于一天到两周之间。

按照发生的先后顺序输入任务，然后估计完成每项任务所需的时间，将估计值作为工期输入。Microsoft Project 利用工期计算完成任务的工作量。

注释：请不要为每项任务都在"开始时间"和"完成时间"域中输入日期，Microsoft Project 根据任务的相关性计算其开始和完成的日期。

执行操作：
(1) 单击"视图"菜单中"甘特图"命令。
(2) 在"任务名称"域中键入任务名称，然后按 Tab 键。Microsoft Project 为此任务输入估计为一个工作日的工期，并且工期值后面带有一个问号。
(3) 在"工期"域中，键入每项任务的工作时间，单位可以是月、星期、工作日、小时或分钟，不包括非工作时间。您也可以利用下面这些缩写：月 = mo、星期 = w、工作日 = d、小时 = h、分钟 = m，为了标明是估计工期，请在工期之后键入一个问号。
(4) 按 Enter 键。

（四）删除任务

执行操作：
(1) 单击"视图栏"中"甘特图"。
(2) 在"任务名称"域中，选取希望删除的任务。
(3) 单击"编辑"菜单中"删除任务"命令。
提示：删除任务后，立即单击"撤消删除"按钮，可恢复该任务。
注释：如果删除了一个摘要任务，同时也就删除了该摘要任务下的所有子任务。删除一个任务后，Microsoft Project 将自动对剩余的任务重新编号。

（五）输入周期性任务

在 Microsoft Project 中可方便地输入和更改周期性任务。用户可将任务的发生频率设置为每天、每周、每月或每年，也可以指定任务每次发生所持续的时间（工期）、任务何时发生以及两次发生之间的时间段（时间期间或指定的发生次数）。

执行操作：
(1) 单击"视图栏"中"甘特图"。
(2) 在"任务名称"域中，选定将在其上插入周期性任务的任务行。
(3) 单击"插入"菜单中"周期性任务"命令。
(4) 在"名称"框中，键入任务的名称。
(5) 在"工期"框中，键入任务发生的工期。
(6) 在"发生频率"下面，选取到任务下一次发生的时间间隔。
选取的选项决定左边选项组的名称是否显示为"每天"、"每周"、"每月"或"每年"。
(7) 在"每天"、"每周"、"每月"或"每年"选项组下，选取任务发生的频率。
(8) 在"期间"选项组中，在"从"框和"到"框中分别键入日期，或在"共发生"框中键入任务发生的次数。
如果没在"从"框中键入日期，则 Microsoft Project 以项目的开始日期作为任务的开始日期。
注释：插入任务后，Microsoft Project 将自动对项目中的任务重新编号。

（六）添加任务注释

用户可以在任务中添加备注，以便跟踪任务的执行情况和其他有用信息。"备注"是刷新首次输入任务时对任务的期望的一种便利方式。

执行操作：
(1) 单击"视图栏"中"甘特图"、"资源工作表"、"资源使用状况"。

(2) 在"任务名称"域中，选取希望添加备注的任务。
(3) 单击"任务备注"。
(4) 在"备注"框中，键入备注内容。

（七）创建阶段点

阶段点是一个工期为零、用于标识日程中重要事项的简单任务，例如用于表示一个主要阶段的完工。当键入任务的工期为零时，Microsoft Project 将在"甘特图"中该任务开始的日期处显示阶段点符号。

执行操作：
(1) 单击"视图栏"中"甘特图"。
(2) 在需要更改其工期的任务"工期"域中，键入"0 天"。
(3) 按下 Enter 键。

提示：可以不更改工期而直接将任务标记为阶段点，单击"任务信息"，然后选取"高级"选项卡，选中"标记为阶段点"复选框即可。

（八）创建和删除任务链接

项目中的任务通常以特定的顺序发生。例如，准备墙壁，粉刷墙壁，然后悬挂钟表等。在输入任务时，Microsoft Project 在项目的开始日期排定任务日程。为了排序任务以便在正确的时间开始执行，可以链接相关的任务，并指定其相关性的类型。然后，通过设置任务的开始日期和结束日期，错开甘特图条形图以显示新日期，并显示相关任务之间的链接线等一系列操作，来排定任务的日程。

1. 创建任务连接

在项目日程中，任务间以多种不同的方式相关联。如果某任务开始或结束后另一任务才能开始，称前者称为前置任务；与前置任务的开始或结束日期相关的另一任务，则称为后续任务。

用户决定了任务顺序后，就开始链接这些相关任务。例如，有些任务需在其他任务开始前开始或结束，而有些任务则与前置任务的开始或结束时间相关。

执行操作：
(1) 单击"视图栏"中"甘特图"。
(2) 在"任务名称"域中，选取两个或多个希望建立链接的任务。
(3) 单击"链接任务"。

如果将链接多个任务，则应以链接的顺序选取任务。

Microsoft Project 自动创建完成-开始类型的任务链接，可以将该链接更改为开始-开始、完成-完成或开始-完成类型的链接。

2. 更改任务连接

执行操作：
(1) 单击"视图栏"中"甘特图"。
(2) 双击希望更改的任务链接线。
(3) 在"类型"框中，选取所需的任务相关性。

提示：简单的完成-开始链接并不能满足所有的情况。Microsoft Project 还提供了其他的任务链接类型，以便项目与实际情况相符。例如，如果两个任务需要同时开始，则可以创建开始-开始链接；如果两个任务需要同时完成，则创建完成-完成链接。

3. 删除任务连接

执行操作：

（1）单击"视图栏"中"甘特图"。

（2）在"任务名称"域中，选取需要删除其链接的任务。

（3）单击"取消任务链接"。

（九）设置任务在适当的日期开始或完成

一般，项目中的任务按一定的顺序进行。例如，基础浇筑应该是先挖土、然后做垫层和绑扎基础钢筋、支模板，最后才能浇注混凝土。默认情况下，首次输入任务时，Microsoft Project 将其开始日期设置为项目的开始日期。为了排序各任务，使其按正确的时间顺序进行，用户应在相关任务间建立链接，并指定其间相关性的类型。在多数情况下，一个任务将在另一个任务完成后开始。当然有的情况下，两个任务可能会同时或差不多同时开始或完成。

（十）设置任务在指定日期开始或完成

输入任务时，Microsoft Project 基于用户输入的任务信息，安排任务尽早开始。可是，有时希望日程能反映实际情况中的时间限制。这种情况下，用户可以设置任务的限制，使之在某特定日期开始或完成，或开始得越晚越好。限制任务能限制 Microsoft Project 排定日程的能力，除非是不得已，请尽量不要设置任务限制。

（十一）在特定日期开始或完成任务

用户可以键入任务工期，然后让 Microsoft Project 根据任务的相关性自动计算任务的开始日期和结束日期，依次高效地排定任务日程。仅当任务必须在特定日期开始和完成时，才需要用户输入开始日期和结束日期，然后让 Microsoft Project 计算任务工期。

执行下列操作：

（1）单击"视图栏"中"甘特图"。

（2）在"任务名称"域中，选取所需的任务，然后单击"任务信息"。

（3）选取"高级"选项卡。

（4）在"类型"框中，选取一个任务限制类型。

（5）如果没有选取"越晚越好"或"越早越好"，则需在"日期"框中键入一个任务限制日期。

如果键入了任务的开始日期，或拖动甘特图条形图更改了任务的开始日期，则 Microsoft Project 基于新的开始日期将任务限制设置为"不得早于…开始"（SNET）；如果键入了任务的结束日期，Microsoft Project 将分配给任务"不得早于…结束"（FNET）限制。

（十二）重叠或延迟链接任务

请执行下列操作：

（1）单击"视图栏"中"甘特图"。

（2）在"任务名称"域中，选取所需的任务，然后单击"任务信息"。

（3）选取前置任务选项卡。

（4）在"延隔时间"域中，以工期或前置任务工期百分比的形式键入所需的前置重叠时间或延隔时间。

以负数或负百分比形式键入前置重叠时间，以正数或正百分比形式键入延隔时间。

提示：双击"甘特图"中的链接线，然后在"任务相关性"对话框中键入前置重叠时间或延隔时间，可快速为后续任务添加前置重叠时间或延隔时间。

（十三）中断任务的执行

有时需要中断任务的执行。例如，可能有一个资源撤离此项任务，而接替者只能在一个月后才能开始工作。可以拆分任务，以表明没有开展工作的时间阶段。如果事先知道将会出现任务中断，可在创建任务时即进行拆分。如果是在任务开始后发生中断，也可以拆分任务，并通过拆分来表明何时将继续进行剩余部分的工作。

（十四）拆分任务

用户可以拆分任务以便于局部处理任务，然后再重新恢复任务日程。

执行操作：

（1）单击"视图栏"中"甘特图"。

（2）单击"任务拆分"。

（3）将指针指向希望拆分的任务条形图，然后在任务条中希望拆分处单击。

提示：可以通过单击并向右拖动任务条形图，延长任务间的分隔。

注释：如果拖动拆分任务的某部分，使其与另一部分相接触，则可以删除任务的拆分。

（十五）更改项目日历

用户可以更改项目日历的工作日和工作时间，以反映项目中每个人员分配给任务的工作日和工作时间，可以指定非常规律的非工作日和非工作时间（例如周末和晚上为非工作日），也可以指定特定的非工作日（例如假日）。

执行操作：

（1）单击"工具"菜单中"更改工作时间"命令。

（2）在日历中选定日期。

如果要更改整个日历中位于工作周中同一位置的所有工作日的工作时间，则在日历上方选取该列。

（3）选取"使用默认值"、"非任务日"或"工作日"。

（4）如果在第3步中选取了"工作日"，则需在"从"框中键入任务的开始时间，在"到"框中键入任务的完成时间。

（十六）设置任务的默认开始日期

可以通过设置项目的开始日期，以指示最初希望任务开始的时间。输入任务后，Microsoft Project 排定任务在指定的日期开始执行。当然，并不是所有的任务都需要立即开始。因此，在输入有关任务的详细信息后，譬如相关性或限制，Microsoft Project 会设置更为现实的开始日期。如果任务不能按照希望的默认时间开始执行，可以更改整个项目的开始日期。Microsoft Project 将重新排定与其他任务无关或限制了特定日期的任务的开始日期。

（十七）改变工作周的开始日期

用户可以更改 Microsoft Project 时间刻度中工作周的开始日期。

执行操作：

(1) 单击"工具"菜单中"选项"命令，然后选取"日历"选项卡。
(2) 在"每周开始于"框中，选取所需的工作周开始日期。

注释："日历"视图总将星期日作为每周的第一天。

（十八）更改工作日默认的开始时间和完成时间

如果用户没有指定任务的时间，Microsoft Project 使用默认的任务日开始时间和结束时间。例如，如果输入的任务结束日期是 10/15/97，但没有输入结束时间，则 Microsoft Project 将使用默认的工作日结束时间；如果您的工作日需要更早或更晚地开始或结束，则需要更改默认值。

执行操作：
(1) 单击"工具"菜单中"选项"命令，然后选取"日历"选项卡。
(2) 在"默认开始时间"和"默认结束日期"框中，键入所需的工作日默认开始时间和结束时间。
(3) 单击"设为默认值"按钮。

如果要更改现有项目中任意新任务或现有任务的开始时间或结束时间，也需要更改工作时间。单击"工具"菜单中"更改工作时间"命令，选取要更改的日期，然后在"从"框和"到"框中键入新的开始时间和结束时间。如果要更改整个日历中位于工作周中同一位置的所有工作日的工作时间，请在日历的上方选取该列。

二、给任务分配人员资源

（一）项目中使用资源的原因

给任务分配资源是项目成功的一个重要部分。当您需要达到下述目标时，应进行资源分配：

(1) 跟踪分配给任务的人员和设备所投入的工作量。
(2) 确保明确的责任划分以及对项目过程的充分了解。只有责任明确，才能减少失误造成的风险。
(3) 在计划任务的完成时间及完成任务所需的时间时，需要较大的灵活性。
(4) 监视资源是否分配了太少或太多的工时。
(5) 跟踪资源成本。

注释：如果用户没有输入资源信息，Microsoft Project 将根据任务工期和任务相关性信息来计算任务日程。

如果资源分配影响了完成任务所需的时间，则这种日程排定方式称为投入比导向日程控制方法。Microsoft Project 基于资源分配计算资源成本和任务成本（如果输入了成本信息）以及已执行的工作量。如果任务工期固定，则排定任务日程时，Microsoft Project 将忽略资源工时。例如，"油漆干燥"就是一个固定工期任务，因为刷漆花费的工时无法影响油漆干燥所需的时间。

在分配资源之前，用户可以通过创建资源列表，一次输入项目中所有资源的信息，这将节省给任务分配资源的时间。用户还可以创建一个列表以便于添加和分配项目的资源。

在给任务分配资源时，Microsoft Project 将指定某资源投入到某任务中的工时。该工时是依据资源的工作日程（或资源日历）和其他任务的工作分配而排定的。例如，如果给某资源分配了一个为期 1 天的任务，而该资源是全天投入工作，则将安排其用一整天的时间来完成这项任务，并从最早可用的时间开始工作，该时间应和任务的所有限制相符，并和资源的工作时间相符。

给任务分配资源后，"甘特图"中的任务条形图旁边将显示该资源名称。

可以通过以下资源分配方式调整日程和任务工期：

（1）给任务分配多个资源；

（2）给任务分配可交换人员或设备的多个资源单位，以此缩短日程；

（3）能同时完成多个任务时，尽量给各任务分配部分工作时间的资源；

（4）管理同一任务中多个资源的工作顺序。

更改或删除资源分配，以了解该资源分配对日程的影响。

如果分配给资源的工时超出有效时间范围，则 Microsoft Project 在将其分配给任务的同时说明该资源过度分配，这样用户可以了解该分配存在问题并给予解决。

（二）分配和删除资源

一个资源可以是单个的人或一台设备，例如资源：蒋思文，也可以是一个工作组，如管道工人小组。默认情况下，Microsoft Project 基于分配给每项任务的资源数目和资源耗费在任务上的工作时间来计算每项任务的工期。例如，如果原先将两个全日制工作的资源分配给为期两天的任务，现又要将资源改为半日制工作，则 Microsoft Project 将此项任务的工期设为 4 天。

1．分配资源

执行操作：

（1）单击"视图栏"中"甘特图"。

（2）在"任务名称"域中，选取要分配资源的任务，然后单击"分配资源"。

（3）在"名称"域中，选取要分配给任务的资源，或单击"地址"按钮，从电子邮件通讯录中选定资源。

1）如果要分配部分时间工作的资源，请在"单位"域中键入少于 100 的百分比，指定资源执行该任务所需的实际时间。

2）如果要分配多个不同的资源，请选取这些资源。

3）如果要分配多个相同的资源（诸如两个木匠），请在"单位"域中键入大于 100 的百分比。

如果必要，可以在"名称"域中键入新资源的名称。

（4）单击"分配"按钮。

"名称"域左端的选中标记说明资源已经分配给了选定任务。

注释：给任务分配额外资源时，如果任务设置了投入比导向日程排定方法，则任务工期将因为资源的增多而缩短。有关"投入比导向日程排定"的详细信息，请单击 。

提示：

（1）当日程更改时，可能需要用其他资源替换分配资源。您可以直接用其他资源替换某资源，而不必先删除已分配的资源，然后再分配其他资源。在"资源分配"对话框中，选取需要替换的已分配资源，然后单击"替换"按钮，再选取希望分配给任务的一个或多个资源，单击"确定"按钮即可完成资源替换。

（2）如果完成日程中一些工作后，需要重新分配资源，那么如果正在"甘特图"或其他 Microsoft Project 视图中进行操作，可以继续显示"分配资源"对话框。

2．删除资源

执行操作：

（1）单击"视图栏"中"甘特图"。

（2）在"任务名称"域中，选取某任务，然后单击"分配资源"。

（3）选取需要删除的资源。

（4）单击"删除"按钮。

从任务中删除已分配的资源后，这些任务的工期将更改。分配给已删除资源的工时将重新分配给剩余的资源。如果不希望这种情况发生在某些任务上，应取消这些任务的投入比导向日程排定方式。

（三）将人员和设备与任务联系起来

项目中通过指明哪一资源指定给哪一任务，可以在 Microsoft Project 中分配资源。可以将资源分配给任一任务，并可随时更改工作分配。

（四）创建项目的资源列表

在给任务分配资源之前，可以为项目创建资源列表，以便在项目开始前更清晰地定义工作组。资源列表包括资源名称和资源可用的最大单位。

执行操作：

（1）单击"视图栏"中的"资源工作表"。

（2）指向"视图"菜单中的"表"子菜单，并单击"项目"命令。

（3）在"资源名称"域中，键入资源名称。

（4）如果您要指定资源组，则在"组"域中键入名称。

（5）如果必要，则以百分比形式在"最大单位"域中键入该资源可用的单位值。

例如，键入 300% 则指定了某资源的三个全天工作单位。

（6）适当地改变其他域中的默认信息。

（7）对每个资源重复第 3 步到第 6 步。

注释：为了使用 Microsoft Project 的工作组功能，必须输入电子邮件名称。

提示：在使用"甘特图"或其他任务视图时，可在其中输入其余的资源名称。如果要分配其余的资源，单击"分配资源"，然后在"名称"域中键入资源名称即可。也可以通过单击"地址"并在电子邮件通讯录中选取一个资源，以完成分配。

（五）给任务分配资源

执行操作：

（1）单击"视图栏"中"甘特图"。

（2）在"任务名称"域中，选取要分配资源的任务，然后单击"分配资源"。

（3）在"名称"域中，选取要分配给任务的资源，或单击"地址"按钮，从电子邮件通讯录中选定资源。

1）如果要分配部分时间工作的资源，请在"单位"域中键入少于 100 的百分比，指定资源执行该任务所需的实际时间。

2）如果要分配多个不同的资源，请选取这些资源。

3）如果要分配多个相同的资源（诸如两个木匠），请在"单位"域中键入大于 100 的百分比。

如果必要，可以在"名称"域中键入新资源的名称。

(4) 单击"分配"按钮。

"名称"域左端的选中标记说明资源已经分配给了选定任务。

注释：给任务分配额外资源时，如果任务设置了投入比导向日程排定方法，则任务工期将因为资源的增多而缩短。有关"投入比导向日程排定"的详细信息，请单击 。

提示：

(1) 当日程更改时，可能需要用其他资源替换分配资源。您可以直接用其他资源替换某资源，而不必先删除已分配的资源，然后再分配其他资源。在"资源分配"对话框中，选取需要替换的已分配资源，然后单击"替换"按钮，再选取希望分配给任务的一个或多个资源，单击"确定"按钮即可完成资源替换。

(2) 如果完成日程中一些工作后，需要重新分配资源，那么如果正在"甘特图"或其他 Microsoft Project 视图中进行操作，可以继续显示"分配资源"对话框。

(六) 删除任务中的资源

执行操作：

(1) 单击"视图栏"中"甘特图"。

(2) 在"任务名称"域中，选取某任务，然后单击"分配资源"。

(3) 选取需要删除的资源。

(4) 单击"删除"按钮。

注释：从任务中删除已分配的资源后，这些任务的工期将更改。分配给已删除资源的工时将重新分配给剩余的资源。如果不希望这种情况发生在某些任务上，应取消这些任务的"投入比导向日程排定"方式。

(七) 将资源分配给工作组

可以在项目中创建资源组，然后使用筛选器查看只包含特定工作组中资源的任务。

执行操作：

(1) 单击"视图栏"中的"资源工作表"。

(2) 指向"视图"菜单中的"表"子菜单，然后单击"项目"命令。

(3) 对希望分配给某工作组的资源，在其"组"域中键入组名。

注释：资源工作组不能分配给任务。

(八) 给某一任务分配多个相同的资源

使用 Microsoft Project，可以给任务分配多个相同类型的资源（例如两个泥工），也可以分配多个不同类型的单独资源。

执行操作：

(1) 单击"视图栏"中"甘特图"。

(2) 在"任务名称"域中，选取任务，然后单击"分配资源"。

(3) 在"名称"域中，键入资源名称或选取现有资源。也可以单击"地址"按钮，从电子邮件通讯录中新建资源。

(4) 在"单位"域中，键入大于 100 的百分比。

(5) 单击"分配"按钮。

（九）给任务分配部分工作时间的资源

如果希望资源在某任务中部分工作，而在其他任务中全职工作，请执行下列操作：

(1) 单击"视图栏"中"甘特图"。

(2) 在"任务名称"域中，选取任务，然后单击"分配资源"。

(3) 在"名称"域中，键入资源名称或选定现有资源。也可以单击"地址"按钮从电子邮件通讯录中新建资源。

(4) 在"单位"域中，键入小于 100 的百分比。

(5) 单击"分配"按钮。

（十）管理任务中资源的工作时间

可以指定分配给任务的资源工作时间。例如，通过延迟一个或多个资源的开始时间，可以错开多个资源在同一任务中开始工作的时间。延迟某资源工作的开始时间之后，Microsoft Project 将重新计算该资源执行任务的开始日期和投入的时间。

执行操作：

(1) 单击"视图栏"中"任务分配状况"。

(2) 在"任务名称"域中，选取希望更改的资源。

(3) 单击"工作分配信息"，然后选取"常规"选项卡。

(4) 在"开始"框或"完成"框中，键入资源开始工作或完成工作的日期。

（十一）使用日历

1. 分配资源日历

项目日历指定项目中所有资源的默认工作日程。用户可以设置项目日历指定非工作时间（例如本公司的假日），可以设置基准日历以指定共享的资源信息，并能修改个别资源的日历以指定该资源的工作时间、假期、缺席时间以及病假天数。

执行操作：

(1) 单击"视图栏"中"资源工作表"。

(2) 在"资源名称"域中，选取希望更改其日历的资源。

(3) 单击"资源信息"，然后选取"工作时间"选项卡。

(4) 在"基准日历"框中，选取希望分配给资源的日历。

提示：可以为多个资源创建基准日历

2. 新建基准日历

创建资源时，Microsoft Project 将标准日历设置为该资源的默认基准日历。用户也可以为工作时间及休息时间相同的资源组创建同一基准日历。

执行操作：

(1) 单击"工具"菜单中"更改工作时间"命令。

(2) 单击"新建"按钮。

(3) 在"名称"框中，键入新基准日历的名称：

1) 如果希望新建一个默认日历，选取"新建基准日历"；

2) 如果希望基于现有日历创建新日历，选取"复制"按钮，然后选取"日历"框中的日历名称。

(4) 单击"确定"按钮。

（5）在日历中，选取需要更改的日期。

如果需要更改整个日历中位于工作周中同一位置的所有工作日的工作时间，请在日历上方选取该列。

（6）选取"使用默认设置"、"非工作日"或"工作日"。

（7）如果在第 6 步中选取了"工作日"，则在"从"框中键入开始工作的时间，在"到"框中键入工作结束的时间。

提示：若要快速删除对日历的全部更改，请选取日历中全部日期并单击"使用默认设置"按钮。

为多个资源创建基准日历时，需要将该日历分配给每个资源，以便 Microsoft Project 使用该日历信息排定这些资源的工作日程。

3. 设置工作时间和休息时间

由于存在节假日和倒班，怎样才能告知 Microsoft Project 资源何时可用？使用Microsoft Project 的日历，可以选择并设置工作日或非工作日。例如，默认情况下，日历中的周末都标记为非工作日。还可以使用日历来表示每个工作日各自的工作小时。

4. 设置资源的工作时间和休息时间

默认情况下，项目中所有资源均使用标准项目日历，该日历中定义的工作时间和休息时间就是每个资源的默认工作时间和休息时间。如果该标准日历是用户使用的唯一日历，则不必为单个资源更改此日历。

执行操作：

（1）单击"工具"菜单中"更改工作时间"命令。

（2）在"项目"框中，选取其日历需要更改的资源。

（3）选取日历中需要更改的日期。

如果需要更改整个日历中位于工作周中同一位置的所有工作日的工作时间，请在日历上方选取整列。

（4）单击"使用默认设置"、"非任务日"或"任务日"。

（5）如果在第 4 步单击了"任务日"，则在"从"框中键入开始工作的时间，在"到"框中键入工作结束的时间。

夜班日历和倒班日历

用户可以创建夜班基准日历或倒班基准日历，并将其分配给资源组或用该日历设置每个资源的工作时间。

如果某资源的夜班工作时间跨越了 2 天（如晚上 11：00 到上午 7：00），则需要输入前一天午夜之前的时间及后一天午夜之后的时间。例如，午夜之前的时间可以从 11pm 到 12pm，午夜之后的时间可以从第二天的 12pm 到 7am。工作周的第一天仅在晚上开展工作，工作周的最后一天仅在上午凌晨开展工作。

三、使用大纲创建项目层次结构

（一）设置任务的大纲模式

通过设置任务列表的大纲模式来创建任务分层结构并汇总相关任务。可以为部分任务列表创建大纲模式，也可以为整个任务列表创建大纲模式。大纲模式的优点如下：

（1）使得长任务列表易于阅读；

(2) 将项目分成明确的阶段，以易于跟踪项目进度；
(3) 创建高级图片，供项目经理查看。
（二）通过降级和升级使任务成为摘要任务和子任务
大纲能帮助用户将任务组织成为摘要任务和子任务。在默认情况下，摘要任务被加粗，而子任务与摘要任务之间有一个缩进值。
执行操作：
(1) 单击"视图栏"中"甘特图"。
(2) 在"任务名称"域中，选取需要降级或升级的任务。
(3) 单击"降级"为任务设置缩进值，或单击"升级"使任务突出。
提示：
(1) 使用鼠标就可以迅速地降级或升级任务。将指针指向任务名称的第一个字母，待光标变成一个双向箭头时，向右拖动可以使任务降级，向左拖动可以使任务升级。
(2) 如果需要撤消大纲模式，请升级所有子任务和另一级的摘要任务，使所有任务恢复到同一大纲级别。
以分层结构的顺序放置任务并不能自动创建任务相关性。如果希望创建任务相关性，则需要链接任务。
（三）显示并隐藏子任务
在大纲中，用户可以显示或隐藏摘要任务的子任务。例如，您可能需要隐藏子任务以便只显示最高级别的任务，然后打印该视图以创建项目的一个摘要报表，或者仅显示您关心的子任务。通过显示全部子任务，可以快速显示整个项目中所有大纲级别的全部任务。
执行操作：
(1) 单击"视图栏"中的"甘特图"。
(2) 在"任务名称"域中，选取摘要任务，其中包含了需要显示的子任务或需要隐藏的子任务。
(3) 单击"显示子任务"以显示子任务，或单击"隐藏子任务"以隐藏子任务。
如果需要显示所有子任务，请单击"显示所有子任务"。
提示：
(1) 单击摘要任务的大纲符号，可以显示和隐藏子任务。大纲符号为说明显示了摘要任务中的子任务，大纲符号为说明隐藏了摘要任务中的子任务。
(2) 如果已设置日程的大纲模式，可以方便地重新排定项目各阶段。当移动或删除一个摘要任务时，也自动对其所有的子任务做了移动或删除操作。
(3) 在"资源使用状况"或"任务分配状况"视图中，可以用类似于子任务缩进的格式显示任务分配和资源分配。显示和隐藏子任务的方式同样适用于工作分配。如果需要分别显示或隐藏子任务中的工作分配，请单击"显示工作分配"或"隐藏工作分配"。
（四）显示或隐藏大纲符号
大纲符号仅在摘要任务中显示。大纲符号为：说明显示了摘要任务中的子任务，或大纲符号为：说明隐藏了摘要任务中的子任务。
执行操作：
(1) 单击"视图栏"中"甘特图"。

(2) 单击"工具"菜单中"选项",然后选取"视图"选项卡。
(3) 在"大纲选项"下,选中"显示大纲符号"复选框。

注释:如果摘要任务旁显示了大纲符号,单击其可以显示或隐藏子任务;双击摘要任务却不会执行显示或隐藏子任务的操作,而是显示"任务信息"对话框。

(五) 查看大纲编号

建立日程的大纲模式后,Microsoft Project 自动给每个任务分配大纲编号。当用户在日程中移动任一任务时,这些大纲编号将自动更新。

执行操作:
(1) 单"视图栏"中"甘特图"。
(2) 单击"工具"菜单中"选项",然后选取"视图"选项卡。
(3) 在"大纲选项"下,选中"显示大纲编号"复选框。

内置大纲编号随任务显示在"任务名称"域中,用户不能对其进行编辑。

(六) 使用工作分解结构

在 Microsoft Project 中,内置大纲编号用作默认的工作分解结构(WBS)码。通过更改默认的大纲编号,以自定义 WBS 域中的 WBS 码,用户可向日程中的任务添加自己的编号系统。

执行操作:
(1) 单击"视图栏"中"甘特图"。
(2) 在"任务名称"域中,选取需要分配 WBS 码的任务。
(3) 单击"任务信息"。
(4) 选取"高级"选项卡。
(5) 在"WBS 码"框中,键入要分配给任务的代码:

1) WBS 码不会更改内置的大纲编号。为了在任务工作表中直接显示、输入或编辑 WBS 码,应在其中插入一列,作为 WBS 域。

2) 由于在摘要任务和子任务之间不能自动计算 WBS 码,需要用户输入每个任务的 WBS 码。

3) 不同于内置大纲编号,当用户添加、移动、删除或重排任务时,WBS 码不能自动更新,必须人工进行调整。

(七) 更改大纲模式中任务的显示选项

通过删除缩进、隐藏摘要任务或大纲符号,或显示大纲编号,用户可以更改大纲模式中任务的外观。

执行操作:
(1) 单击"工具"菜单中"选项",然后选取"视图"选项卡。
(2) 在"大纲选项"下,选中所需选项。

(八) 对任务或资源进行移动或复制

创建日程时,可能需要对任务或资源进行重排。尽管可以随时对任务或资源进行复制或移动,但最好是在创建任务相关性之前完成此项工作。在默认情况下,对任务或资源进行复制或移动时,Microsoft Project 将重新建立任务相关性。此外,Microsoft Project 还将复制或移动与任务或资源相关的以下信息:①子任务(如果选定内容为摘要任务);②备注;

③接对象或嵌入对象。

(1) 在"标识号"域中,选择要复制或移动的任务或资源其操作为:

1) 要选择某一行,请单击该行任务或资源的标识号;

2) 要选择一组相邻的行,请按住 Shift 键,然后单击该组第一行和最后一行的标识号;

3) 选择多个不相邻的行,请按住 Ctrl 键,然后单击各个标识号。

(2) 要移动任务或资源,请单击"剪切",要复制任务或资源,请单击"复制"。

(3) 在"标识号"域中,选择要粘贴选定内容的任务或资源。

(4) 单击"粘贴"。

如果目标行中有信息,则新行将插入到目标行上。

提示:移动任务或资源时,可以将 Microsoft Project 设置为不重新建立任务相关性。具体方法是:单击"工具"菜单中的"选项"命令,选取"日程"选项卡,然后清除"自动链接插入或移动的任务"复选框。

(九) 对视图进行排序

用户能以某条件为依据对任务或资源进行排序,诸如任务名称、期限和资源名称等。当需要顺序查看任务时,排序非常有用。例如,可以查看将尽快开始或完成的任务。

排序结果在切换视图时不会更改,并且将在关闭项目文件时保存起来。但是,自定义的排序结果不能保存。

执行操作:

(1) 指向"项目"菜单中"排序",然后选取所需的选项。

(2) 如果需要自定义,请指向"排序"子菜单,并单击"排序方式"命令。

(3) 在"主要关键字"框中,选取需要进行排序的域,再选取"递增"或"递减"选项以指定排序顺序。

(4) 如果同时要对另一个域进行排序,请在"次要关键字"框中选取该域,然后选取"递增"或"递减"选项以指定排序顺序。

(5) 如果同时还要对其他域进行排序,请在"第三关键字"框中选取该域,然后选取"递增"或"递减"选项以指定排序顺序。

(6) 如果需要永久性地对任务进行重新编号,请选中"重新编号任务"复选框。

(7) 为了在排序时保持任务的大纲结构,以便保持摘要任务和子任务的一致,请选中"保持大纲结构"复选框。

(8) 如果要恢复默认的排序顺序,请单击"重设"按钮。

注释:单击"重设"只能将"排序"对话框中的排序选项恢复为默认顺序。如果排序时选中了"重新编号任务"复选框,则单击"重设"按钮将不能重设任务的编号顺序。

四、打印和报表

(一) 打印的内容

使用 Microsoft Project,可以采用符合需求的视图或报表,打印有关任务、资源、成本和进度的信息。

(二) 打印前预览项目

在打印视图或报表前,查看信息在实际打印中的样式,这一点通常很有用。在创建

Microsoft Project 报表时，报表的打印预览会自动显示在"打印预览"窗口中。而要预览项目视图，您还需要单击"打印预览"。

在"打印预览"窗口中，可以：

（1）放大或缩小视图或报表，以方便查看其中的详细内容；
（2）显示多页或一页；
（3）调整打印方向；
（4）调整视图和报表中信息的比例；
（5）编辑视图中的页眉、页脚和图例；
（6）编辑报表中的页眉和页脚；
（7）设置打印选项（譬如打印页的范围和打印份数）；
（8）打印视图或报表。

不能在"打印预览"窗口中编辑视图或报表本身。

提示：打印前可以预览任何 Microsoft Project 视图或报表。

（三）打印视图

打印视图的方法有以下两种：使用"标准"工具栏上的"打印"按钮，或使用"文件"菜单中的"打印"命令。

在使用"打印"按钮（位于"标准"工具栏上）时，将会以最近保存的打印设置打印视图。如果没有保存任何打印设置，则使用默认的打印设置。如果使用"打印"按钮，则不会在"打印预览"窗口中显示将要打印的视图。不能使用"打印"按钮打印报表。

当使用"打印"命令（位于"文件"菜单）时，可以更改打印选项，并在打印前预览视图。预览时，可以查看某一页面或所有页面；还可以在预览时更改打印页面的外观并查看更改效果。

单击"打印"。

提示：

（1）要使用"打印"命令可以修改打印选项后打印视图，请单击"文件"菜单中的"打印"命令，选取所需选项，然后单击"确定"按钮。

（2）如果要使用"打印"命令预览视图，只需单击"打印"对话框中的"预览"按钮。单击"打印预览"窗口中的"打印"按钮，则返回"打印"对话框。

（3）如果处于预览状态，通过单击"打印预览"窗口中的"页面设置"按钮，可更改视图打印页的外观。如果要返回"打印预览"窗口，请单击"页面设置"对话框中的"打印预览"按钮。

（四）打印报表

打印报表有几种不同的方法，根据需要可以采用不同的方法更改报表并查看报表的变动。

执行操作：

（1）单击"视图"菜单中的"报表"命令。
（2）选取所需的报表类型，然后单击"选定"按钮。

如果选择"自定义"，请进一步选取"报表"列表的一个选项，然后继续步骤 4 往下执行。

(3) 选取所需的报表，然后单击"选定"按钮。
(4) 单击"打印"按钮。

提示：可以更改报表页面的外观，并在打印前查看更改结果。单击"打印预览"窗口中的"页面设置"按钮，进行所需的更改，然后单击"打印预览"按钮返回"打印预览"窗口。打印报表前，可以在"打印预览"和"页面设置"窗口之间多次切换。

也可以在不使用"打印预览"的前提下打印任一视图。具体做法是：单击"视图"菜单中的"报表"命令，选取"自定义"，然后单击"选定"按钮。在"报表"列表中，选取所需的报表，然后单击"打印"按钮。如果需要，可以更改相应的打印选项，然后单击"确定"按钮。建一个间隔。

思 考 题

1. 计算机辅助项目管理的意义？
2. 计算机辅助项目管理的主要任务是什么？
3. 什么是信息？什么是数据？
4. 信息和数据是什么样的关系？
5. 试述工程项目管理的信息内容。
6. 什么是工程项目管理信息系统？
7. 工程项目文档系统的要求是什么？
8. 试描述 Microsoft Project 2003 项目管系统。
9. 试描述建文软件项目管理系统。
10. 建文软件项目管理系统有何主要特点？
11. 试述北京梦龙科技-项目管理平台。
12. 北京梦龙科技-项目管理平台有何功能特点。
13. Microsoft Office 企业项目管理（EPM）解决方案有什么特点？
14. 试描述清华斯维尔智能项目管理软件 6.0。
15. 清华斯维尔智能项目管理软件 6.0 的主要特点是什么？
16. 清华斯维尔智能项目管理软件 6.0 有哪些主要的功能？
17. Microsoft Project 如何创建计划？
18. Microsoft Project 如何给任务分配人员资源？
19. Microsoft Project 如何使用大纲创建项目层次结构？
20. Microsoft Project 如何打印报表？

主要参考文献

1. 建设部．建设工程项目管理规范．北京：中国建筑工业出版，2006
2. 马纯杰．建筑工程项目管理．杭州：浙江大学出版社，2007
3. 梁世连．工程项目管理．北京：中国建材工业出版社，2004
4. 陈烈．公路工程项目管理．北京：人民交通出版社，2002
5. 丁士昭等．建设工程项目管理．北京：中国建筑工业出版，2004
6. 吴涛，丛培经．建设工程项目管理规范实施手册．北京：中国建筑工业出版社，2002
7. 中国建设监理协会．2004年全国监理工程师执业资格考试辅导资料（上）．北京：知识产权出版社，2004
8. 中国建筑业协会，清华大学，中国建筑总公司合编．房屋建筑工程项目管理：北京：中国建筑工业出版社，2004
9. 曹吉鸣．网络计划技术与施工组织设计．上海：同济大学出版社，2001
10. 危道军．建筑工程施工组织．北京：中国建筑工业出版社，2004
11. 刘伊生．建设工程招投标与合同管理．北京：机械工业出版社，2003
12. 苟伯让．建设工程合同管理与索赔．北京：机械工业出版社，2003
13. 黄景瑗．土木工程施工招投标与合同管理．北京：知识产权出版社，2002
14. 中国建设监理协会．建设工程监理概论．北京：知识产权出版社，2003
15. 全国建筑施工企业项目经理培训教材编写委员会．工程招投标与合同管理．北京：中国建筑工业出版社，2002
16. 宁素莹．建设工程招标投标与管理．北京：中国建材工业出版社，2003
17. 李继业．建筑施工组织与管理．北京：科学出版社，2001
18. 刘元芳，李兆亮主编．建设工程招标投标实用指南——实务与案例分析．北京：中国建材工业出版社，2006
19. 赵浩．建设工程索赔理论与实务．北京：中国电力出版社，2006
20. 梁镒，潘文，丁本信合著．建设工程合同管理与案例分析．北京：中国建筑工业出版社，2004
21. 周学军．工程项目投标招标策略与案例．济南：山东科学技术出版社，2005
22. 刘小平．建筑工程项目管理．北京：高等教育出版社，2002

全国高职高专教育土建类专业教学指导委员会规划推荐教材

（工程造价与建筑管理类专业适用）

征订号	书 名	定价	作者	备 注
15809	建筑经济（第二版）	22.00	吴泽	国家"十一五"规划教材
16528	建筑构造与识图（第二版）	38.00	高远 张艳芳	土建学科"十一五"规划教材
16911	建筑结构基础与识图（第二版）	23.00	杨太生	国家"十一五"规划教材
12559	建筑设备安装识图与施工工艺	24.00	汤万龙 刘玲	土建学科"十一五"规划教材
15813	建筑与装饰材料（第二版）	23.00	宋岩丽	国家"十一五"规划教材
16506	建筑工程预算（第三版）	32.00	袁建新 迟晓明	国家"十一五"规划教材
15811	工程量清单计价（第二版）	27.00	袁建新	国家"十一五"规划教材
16532	建筑设备安装工程预算（第二版）	19.00	景星蓉	国家"十一五"规划教材
16918	建筑装饰工程预算（第二版）	16.00	但霞 何永萍	土建学科"十一五"规划教材
12558	工程造价控制	15.00	张凌云	土建学科"十一五"规划教材
16533	工程建设定额原理与实务（第二版）	21.00	何辉 吴瑛	国家"十一五"规划教材
16530	建筑工程项目管理（第二版）	32.00	项建国	国家"十一五"规划教材
14201	建筑电气工程识图·工艺·预算（第二版）	33.00	杨光臣	国家"十一五"规划教材
13533	管道工程施工与预算（第二版）	30.00	景星蓉	国家"十一五"规划教材
16529	建筑施工工艺	30.00	丁宪良 魏杰	土建学科"十一五"规划教材

欲了解更多信息，请登录中国建筑工业出版社网站:http://www.cabp.com.cn 查询。